高职高专机电类专业系列教材

数控编程与加工一体化教程

刘志刚　邰　鑫　主编

西安电子科技大学出版社

内 容 简 介

本书针对西门子 SINUMERIK 802D 系统进行编程和加工训练，主要内容包括：数控车削篇(SINUMERIK 802D 数控车削基础知识和操作、SINUMERIK 802D 数控车床的编程指令及编程方法、SINUMERIK 802D 数控车床编程综合训练)，数控铣削篇(数控铣削的基础知识与操作、SINUMERIK 802D 数控铣床的编程指令及编程方法、数控铣床操作技能强化训练、MasterCAM 自动编程)，数控仿真篇(SINUMERIK 802D 数控车床仿真操作、SINUMERIK 802D 数控铣床仿真操作)。本书浅显易懂，图文并茂，理论与实际紧密结合，并列举了较多的编程实例。

本书可作为高职高专数控技术、机械制造、模具、机电一体化、计算机辅助设计等专业的教材，也可作为数控机床操作人员的培训教材，还可作为数控技术人员的参考用书。

图书在版编目(CIP)数据

数控编程与加工一体化教程/刘志刚，郜鑫主编. —西安：西安电子科技大学出版社，2013.9(2024.8 重印)
ISBN 978-7-5606-3159-2

Ⅰ.① 数… Ⅱ.① 刘… ② 郜… Ⅲ. ① 数控机床—程序设计—高等职业教育—教材 ② 数控机床—加工—高等职业教育—教材 Ⅳ.① TG659

中国版本图书馆 CIP 数据核字(2013)第 206189 号

策　　划　马晓娟
责任编辑　张　玮　马晓娟
出版发行　西安电子科技大学出版社(西安市太白南路 2 号)
电　　话　(029)88202421　88201467　　邮　　编　710071
网　　址　www.xduph.com　　电子邮箱　xdupfxb001@163.com
经　　销　新华书店
印刷单位　咸阳华盛印务有限责任公司
版　　次　2013 年 9 月第 1 版　2024 年 8 月第 9 次印刷
开　　本　787 毫米×1092 毫米　1/16　印 张　15.5
字　　数　368 千字
定　　价　36.00 元
ISBN 978 - 7 - 5606 - 3159 - 2
XDUP 3451001-9

前　言

为满足高职高专工学结合培养模式的需要，提高数控技术专业学生解决实际问题的能力，编者结合国家数控机床操作工职业技能鉴定标准编写了本教程。

本教程针对西门子 SINUMERIK 802D 系统进行编程和加工训练，包含数控车削篇、数控铣削篇及数控仿真篇三部分内容，共计九个项目和若干任务。

本教程具有如下优点：

(1) 针对性强。针对培养目标设置实践任务，内容编排上循序渐进、由易到难。

(2) 实用性强。理论与实践结合，学练交替，突出对学生工艺分析、编程与操作技能的培养，突出对学生综合应用能力的培养。

(3) 考核作用强。任务中的评分原则和评分标准便于学生自检和教师检测学习效果。

(4) 指导性强。每个任务都明确学习任务、目标及需要培养的能力，便于学生自学和教师组织教学。

本教程可作为数控、机电类专业学生进行数控编程与操作训练时的教材，也可作为数控机床操作工人的培训用书。

本教程由河南工业职业技术学院机电系刘志刚、郇鑫主编。其中数控车削篇由赵晓燕(项目一、项目三)、刘志刚(项目二)编写，数控铣削篇由郇鑫(项目四、项目六)、朱文琦(项目五)、史亚贝(项目七)编写，数控仿真篇由王景编写。

在编写本教程的过程中，得到了河南工业职业技术学院机电系领导和数控技术教研室老师的大力支持和帮助，在此表示衷心感谢。由于编者水平有限，谬误欠妥之处恳请读者批评指正。

作　者

2013 年 3 月

前言

目 录

第一部分 数控车削篇

第二部分 数控铣削篇

第三部分　数控仿真篇

第一部分

数控车削篇

项目一 SINUMERIK 802D 数控车削基础知识和操作

任务一 安全教育

【任务目标】

(1) 掌握数控车床操作规程。

(2) 熟悉砂轮机操作规程。

(3) 清楚并遵守实训中心实训纪律。

【相关知识】

一、数控车床操作规程

(1) 工作前必须戴好劳动保护品，女生戴好工作帽，不准围围巾，禁止穿高跟鞋。操作时不准戴手套，不准吸烟，不准与他人闲谈，精神要集中。

(2) 打开配电柜总电源开关后，由工作人员打开稳压电源开关，并手动调整输出电压范围为 380 V ± 10 V，然后置于自动位置，检查三相输出电压指示是否全部在 380 V ± 10 V 范围内，若超出该范围，则不允许启动数控机床；操作人员应轮班不定时巡视，确认电压指示正常，确认机床正常工作。

(3) 开车前应对车床进行一次全面检查，检查润滑系统和机床各部位的安全装置，确认各部位情况正常；卡盘上的工件卡紧牢靠，使用的卡具必须坚固牢靠，方可开车。转动的卡具如有突出部位，应特别注意，不得突出过长。

(4) 开机顺序：先打开外部总电源，再打开机床总电源，最后打开 NC 电源。

(5) 操作顺序如下：

① 启动 NC 系统。

② 返回机床参考点。

③ 按设计要求准备刀具，并装入刀架。

④ 装夹工件毛坯。

⑤ 调节并确定加工工件原点(对刀)。

⑥ 输入工件坐标系。

⑦ 输入刀具数据。

⑧ 输入或传入加工数据。

⑨ 程序试运行(校验)。

⑩ 试切削(测量尺寸、调试并用于批量生产)。

⑪ 执行自动加工过程。

⑫ 卸下加工后的工件及刀具，并放回原位。

(6) 关机顺序：按下机床上的“急停”键→关闭数控系统电源→关闭机床主机。

(7) 程序编好后，必须经过指导教师或工作人员的检查和空运行无误后，方可开机操作。应根据《数控车床操作说明书》的要求进行操作。

(8) 上落件时，要做到“三退一锁”(“三退”即退刀、退滑板、退尾座，“一锁”即机床锁住)，压刀时禁止用套管紧固。

(9) 加工长的工件时，一般不得超出主轴的后端，如有超出，则必须采取防护措施和设置明显标志。

(10) 车床滑动导轨面上不得放置工、夹、量具和工件等物，卡盘扳手不得随便放在卡盘上。

(11) 工件运转中，不得使用卡扳、卡尺、千分尺进行测量；操作者不得隔车面探身取物或传递物品；不得用手触摸和用棉丝擦拭工件、刀头，也不得更换刀具；加工件不能放置在机床上，以免掉下伤人，严禁闲谈、看书报；不得擅自离开工作岗位，如需离岗，则必须关车切断电源。

(12) 车床工作时，不得用手清除铁屑，须用铁钩子，并注意断屑作业，如出现长铁屑，则必须及时处理。

(13) 上落大件时，必须垫好木板垫，避免撞碰床面；高速切削、高速车螺纹和加工脆性材料时，必须戴防护眼镜，关闭机床防护门。

(14) 在操作中，禁止将脚蹬在床面、丝杠及床身油盘上，并经常注意车床运行情况，当出现异音、异状或传动系统故障时，应立即“急停”，将车刀退出，并及时向老师报告。断电后重新启动车床运行程序时，应先将刀具放回机床参考点。

(15) 不应在工作地点堆放过多过高的毛坯、成品，应码放整齐，保持通道畅通。

(16) 加工结束后，应做好机床卫生和保养工作，将工、量具清点、保养并锁放好，车床尾座放在床身尾部，车刀架停放在距车床尾部导轨的三分之一处，填写交接记录本。

(17) 未经工作人员及教师许可不得操作和修理设备。

(18) 使用工具应向教师及工作人员借取，用完及时归还，如有损坏、丢失则须照价赔偿。

二、砂轮机操作规程

(1) 砂轮机有下列情况之一者，不允许使用：

① 没有出厂合格证或成分、粒度、尺寸以及额定线速度不符合要求。

② 轻敲检查时，声音嘶哑。

③ 受潮、有裂纹或碰撞伤痕，中心孔铅套松动或轴孔配合过松、过紧。

(2) 砂轮安装应注意以下事项：

① 往轴上安装砂轮时，动作要轻稳，决不允许用硬东西敲打。

② 砂轮两侧卡盘要对称，并用硬纸片垫好。

③ 砂轮轴孔不合适时，不可强装，以免发生危险。

④ 安装砂轮防护罩接地线和排尘装置时，防护罩的角度应不小于 240°，中心线以上的开口角度不应大于65°，防护罩与砂轮外圆的间隙应在20～30 mm之间。

⑤ 砂轮托板间隙不得超过5 mm，并位于砂轮水平中心线以下3 mm左右为宜。

⑥ 安装好的砂轮必须进行5 min的空转，运转人员站在两侧位置，无明显振动和其他问题时方可投入使用。

(3) 砂轮旋转方向应与轴头螺纹旋转方向相反，正对砂轮旋转的方向不得站人。

(4) 不得用远离砂轮机的开关来操纵砂轮机的开停。

(5) 除修整刀具、刃面外，一般不宜用砂轮的侧面磨削；对厚度小于20 mm的砂轮，禁止使用其侧面磨削；砂轮的圆表面出现不规整时应及时修理。

(6) 磨削时要牢握工件，并缓慢接近砂轮，用力不可过猛，不允许两人同时在一砂轮上磨削。

(7) 细小工件必须用工具夹持，不能直接用手拿。

(8) 磨削时必须戴防护眼镜，且不能正对砂轮旋转方向站立，使用砂轮机时，砂轮方向应避开人行道和设备，或应加防护挡板。

(9) 严禁在砂轮上磨沟，要经常检查砂轮，做到安全运转，防止崩裂。

三、实训注意事项

(1) 必须严格按照数控车间的规章制度进行数控实训，着装要符合要求。

(2) 每位学生必须坚守岗位，不允许随便串岗。

(3) 在实训时必须准时到实训车间进行实训，不允许迟到和早退。

(4) 在实训期间保持良好的数控中心环境卫生，使用完机床后要清扫现场和擦拭机床。

(5) 在安装工件毛坯的时候，要注意夹紧毛坯，防止在试切时毛坯松动，导致刀具损坏。

(6) 加工时要时刻注意切削用量的选择和控制，找出最合适的切削参数。

(7) 在加工时应通过刀补控制零件的尺寸。

(8) 在校验时，应检查程序的语法和走刀点位置是否正确。

(9) 加工后要去除零件边棱处的毛刺。

任务二 数控编程基础

【任务目标】

(1) 了解数控编程的概念、编程方式。

(2) 掌握数控程序编制的内容步骤。

(3) 了解数控常用代码。

(4) 掌握数控程序的格式。

【任务引入】

在卧式 SINUMERIK 802D 数控车床上精加工图 1-2-1 所示的轴类零件，并切断。

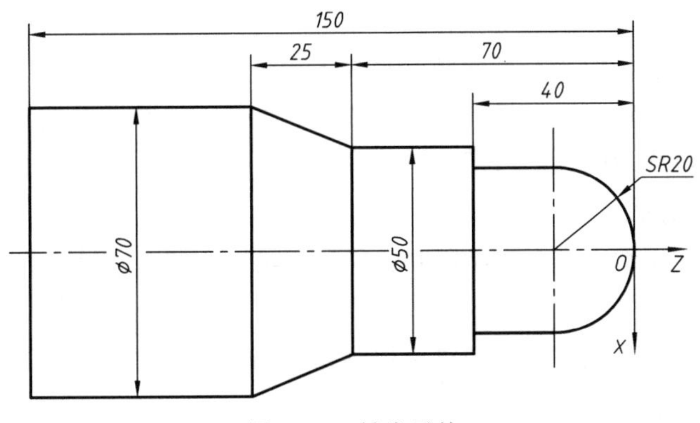

图 1-2-1　轴类零件

编写程序如下：

```
SK101
N010 T1;
N020 M03 S800;
N030 G00 X0 Z3;
N040 G03 X40 Z-20 CR=20 F0.1;
N050 G01 Z-40;
N060 X50;
N070 Z-70;
N080 X70 Z-95;
N090 Z-150;
N100 G00 X200 Z200;
N110 T2 S300;
N120 G00 X80 Z-154;
N130 G01 X0 F0.05;
N140 G00 X200 Z200;
N150 M05;
N160 M02;
```

【相关知识】

一、数控编程的概念、编程方式

1. 数控编程的概念

数控机床在加工零件前，首先要进行程序编制，简称编程。数控编程就是将加工零件的加工顺序、刀具运动轨迹的尺寸数据、工艺参数(主轴转速、进给速度、背吃刀量等)以及辅助操作(换刀、主轴正反转、冷却液开关、刀具的夹紧与松开等)加工信息，用规定的代码，按一定的格式编写出加工程序的过程。理想的加工程序不仅应保证能加工出符合图样要求的合格工件，而且还应使数控机床的功能得到合理的应用和充分的发挥，保证安全、可靠、高效地工作。

特别强调：不同的数控系统其代码的含义不尽相同，因此编程人员在编程前除应充分了解数控加工的特点，还应了解数控机床的规格、性能以及数控系统所具备的功能及编程指令代码。这一点，应养成良好习惯，以减少错误产生。

2．数控编程的方式

数控编程分为手工编程、自动编程和计算机高级语言编程三种方式。

1) 手工编程

手工编程指主要由人工完成数控机床程序编制各个阶段的工作。

(1) 手工编程的意义。

手工编程主要用在形状不十分复杂和程序较短的零件加工上，比如由直线、圆弧组成的轮廓的加工。它简便、快捷，对机床操作者或编程人员没有特殊要求，具有灵活性好和编程费用少等优点。

手工编程应用广泛，即使在自动编程高速发展的今天，手工编程的重要地位也是不可取代的，它是自动编程的基础。在先进的自动编程中，许多重要的经验都来源于手工编程，手工编程的内容不断丰富，推动了自动编程的发展。

(2) 手工编程的不足。

手工编程既繁琐、费时又复杂，且容易产生错误，其主要原因有以下几点：

① 零件图上给出的零件形状数据往往比较少，编程时经常需要进行一些较复杂的数学计算，计算过程费时费力，容易产生人为的错误。

② 加工复杂形面零件轮廓时，图样给出的是零件轮廓的相关尺寸，而机床实际控制的是刀具刀位点的运动轨迹。当数控系统没有刀具半径补偿功能时，就需要人工计算出刀位点运动轨迹的坐标值，这种计算过程相对比较复杂。即使系统有刀具半径补偿功能，也要用到一些刀具补偿指令，并需计算一些数据，整个过程比较复杂、繁琐，容易产生错误。

③ 手工编程时，编程人员必须对所用机床和数控系统及编程中所用到的各种指令、代码都非常熟悉。在单人多机编程时，由于数控机床所用的指令、代码、程序段格式及其他一些编程规定不一样，因而就给编程工作带来了易于混淆而出错的可能性。

2) 自动编程

自动编程是利用计算机专用软件编制数控加工程序的过程。编程人员只需要根据零件图样的要求，使用数控语言，由计算机自动进行数值计算及后置处理，编制出零件加工程序，加工程序通过直接通信的方式送入数控机床，控制机床工作。自动编程使得一些计算繁琐、手工编程困难甚至无法编出的程序能够顺利地完成。自动编程主要用图形交互自动编程系统实现，这个系统利用 CAD 技术建立加工零件的数字三维模型(二维模型)及其表达图形，通过计算机软件的编辑处理生成零件的数控加工程序，并通过接口与 CNC 机床之间进行数据传输，实现数控加工。当前此类软件主要有 MasterCAM、Pro/E、UG 等。

3) 计算机高级语言编程

该方式主要借助计算机高级语言进行编程。编程人员只要熟悉机床加工程序的格式，使用自己所熟悉的语言就能编程。该法仅适用于可用数学表达式表达的加工对象，如椭圆、抛物线轮廓等。

3．数控程序编制的内容与步骤

数控机床是一种按照输入的数字信息进行自动加工的机床，因此，在数控机床上加工零件有一个程序编制的问题。程序编制就是根据加工零件的图样和加工工艺，将零件加工工艺过程及加工过程中需要的辅助动作，如换刀、冷却、夹紧、主轴正/反转等，按照加工顺序和数控机床中规定的指令代码及程序格式编成加工程序单，再将程序单中的全部内容输入到数控机床数控装置的过程。

程序编制的一般过程如下：

(1) 分析零件图样。首先要根据零件的材料、形状、尺寸、精度、毛坯形状和热处理要求等确定加工方案，选择合适的机床。

(2) 工艺处理。工艺处理涉及的问题较多，主要考虑以下几点：

① 确定加工方案。此时应按照充分发挥数控机床功能的原则，使用合适的数控机床，确定合理的加工方法。

② 刀具、夹具的选择。数控加工用刀具由加工方法、切削用量及其他与加工有关的因素来确定。数控加工一般不需要专用的、复杂的夹具，在选择夹具时应特别注意要有利于迅速完成工件的定位和夹紧过程，以减少辅助时间，所选夹具还应便于安装，便于协调工件和机床坐标系的尺寸关系。

③ 选择对刀点。程序编制时正确地选择对刀点是很重要的。对刀点的选择原则是：所选的对刀点应使程序编制简单；对刀点应选在容易找正，且加工过程中便于检查的位置；为提高零件的加工精度，对刀点应尽量设置在零件的设计基准或工艺基准上。

④ 确定加工路线。在能够保证零件加工精度和表面粗糙度的前提下，要尽量缩短加工路线，减少进刀和换刀次数，保证加工安全可靠。

⑤ 确定切削用量。即确定切削深度、主轴转速、进给速度等，具体数值应根据数控机床使用说明书的规定、被加工工件的材料、加工以及其他要求并结合实际经验来确定。同时，对毛坯的基准面和加工余量要有一定的要求，以便装夹毛坯，使加工能顺利进行。

(3) 计算(数学处理)刀具运动轨迹。工艺处理完成后，根据零件的几何尺寸、加工路线计算数控机床所需的输入数据。一般的数控系统都具有直线插补和圆弧插补的功能，所以对于由直线和圆弧组成的较简单的平面零件，只需计算出零件轮廓的相邻几何元素的交点或切点(称为基点)的坐标值；对于较复杂的零件，或当零件的几何形状与数控系统的插补功能不一致时，就需要进行较为复杂的数值计算。例如，非圆曲线需要用直线段或圆弧段来逼近，计算出相邻逼近直线或圆弧的交点或切点(称为节点)的坐标值，编制程序时要输入这些数据。

(4) 编写加工程序单。完成工艺处理与运动轨迹运算后，根据计算出的运动轨迹坐标值和已确定的加工顺序、加工路线、切削参数和辅助动作，以及所使用的数控系统的指令、程序段格式，按数控机床规定使用的功能代码及程序格式，编写加工程序单。

(5) 输入程序。编好的程序可以通过下列几种方式输入数控装置：可以按规定的代码存入穿孔纸带、磁盘等程序介质中，变成数控装置能读取的信息，送入数控装置；可以用手动方式，通过操作面板的按键将程序输入数控装置；如果是专用计算机编程或用通用微机进行的计算机辅助编程，则可以通过通信接口，直接传入数控装置。

(6) 校验程序。编好的程序在正式加工之前，需要经过检测。一般采用空走刀检测，在不装夹工件的情况下启动数控机床，进行空运行，观察运动轨迹是否正确。也可采用空运转画图检测，还可在具有图形模拟功能的数控机床上，进行工件图形的模拟加工，检查工件图形的正确性。

(7) 首件试切。以上这些方法(即步骤(1)～(6))只能检查运动是否正确，不能检查出由于刀具调整不当或编程计算不准而造成的误差，因此，必须用首件试切的方法进行实际切削检查，进一步考察程序的正确性，并检查加工精度是否满足要求。若实际切削不符合要求，则应修改程序或采取补偿措施。试切一般采用铝件、塑料、石蜡等易切材料进行。

二、常用代码介绍

数控程序中所用的代码，主要有准备功能 G 代码、辅助功能 M 代码、进给功能 F 代码、主轴转速功能 S 代码、刀具功能 T 代码等。在数控编程中，用各种 G 指令和 M 指令来描述工艺过程的各种操作和运动特征。G、M 代码因数控系统差异而不尽相同，这里主要介绍 SINUMERIK 802D 系统。

1. 准备功能(G 指令)

G 指令使数控机床建立起某种加工指令方式，如规定刀具和工件的相对运动轨迹(即规定插补功能)、刀具补偿、固定循环、机床坐标系、坐标平面等多种加工功能。G 指令由地址符 G 和后面的数字组成，是程序的主要内容。具体的 SINUMERIK 802D 系统 G 指令可参见附表 1。

G 指令分为模态指令和非模态指令。

模态指令(续效指令)：字母相同的为一组，同组的任意两个 G 指令不能同时出现在一个程序段中，若同时出现则最后一个指令有效。模态指令在一个程序段中一经指定，便保持到以后程序段中，直到出现同组的另一个指令时才失效。在某一程序段中一经应用某一模态 G 指令，如果后续的程序段中还有相同功能的操作，且没有出现过同组 G 指令，则在后续的程序段中可以不再指定和书写这一功能指令。

非模态指令(暂态指令)：只有书写了该指令码才有效，即只在所出现的程序段有效。

2. 辅助功能(M 指令)

M 指令用于指定主轴的启停、正反转、冷却液的开关、工件或刀具的夹紧与松开、刀具的更换等。M 指令由指令地址符 M 和后面的两位数字组成。M 指令分为续效指令与非续效指令。具体的 SINUMERIK 802D 系统 M 指令可参见附表 2。

常用 M 指令如下：

(1) M00：程序停止指令。M00 使程序停止在本段状态，不执行下段。执行完含有 M00 的程序段后，机床的主轴、进给、冷却都自动停止(需注意 SINUMERIK 802D 中的该功能不能使主轴停转)，但全部现存的模态信息保持不变，重按控制面板上的循环启动键，便可继续执行后续程序。该指令可用于自动加工过程中停车进行测量工件尺寸、工件调头、手动变速等操作。

(2) M01：计划停止指令。该指令与 M00 相似，不同地是必须预先在控制面板上按下“任选停止”键，当执行到 M01 时程序才停止；否则，机床仍不停地继续执行后续的程序段。该指令常用于工件尺寸的停机抽样检查等，当检查完成后，可按启动键继续执行以后的程序。

(3) M02：程序结束指令。用此指令可使主轴、进给、冷却全部停止，并使机床复位。M02 必须出现在程序的最后一个程序段中，表示加工程序全部结束。

(4) M03、M04、M05：主轴正转、反转、停止指令。M03 表示主轴正转，M04 表示主轴反转，M05 表示主轴停止。

(5) M06：换刀指令。该指令用于具有自动换刀装置的机床。

3．进给功能(F 指令)

F 指令为进给速度指令，用来指定坐标轴移动进给的速度。F 指令为续效指令，一经设定后如未被重新指定，则先前所设定的进给速度继续有效。该指令一般有以下两种表示方法：

(1) 每分钟进给量，单位为 mm/min。例如：F150 表示每分钟进给 150 mm。

(2) 每转进给量，单位为 mm/r。例如：F0.2 表示主轴转一转刀具进给 0.2 mm。西门子系统的车床进给单位一般默认为 mm/r。

4．主轴转速功能(S 指令)

S 指令用来指定主轴转速，用字母 S 及后面的 1～4 位数字表示，有恒转速(单位为 r/min)和恒线速(单位为 m/min)两种指令方式。S 指令只是设定主轴转速的大小，并不会使主轴回转，必须有 M03(主轴正转)或 M04(主轴反转)指令时，主轴才开始旋转。S 指令是续效指令。

5．刀具功能(T 指令)

T 指令用于选择所需的刀具，同时还可用来指定刀具补偿号。SINUMERIK 802D 系统规定每把刀最多可有 9 个刀沿号(刀补值)，若选用的刀沿号为 D1，则可省略不写。

需要说明的是：尽管数控代码是国际通用的，但是各个数控系统制造厂家往往自定了一些编程规则，不同的系统有不同的指令方法和含义，具体应用时要参阅该数控机床的编程说明书，遵守编程手册规定，这样编制的程序才能为具体的数控系统所接受。

三、数控程序的格式

本书以 SINUMERIK 802D 数控系统为例来讲解格式、编程和操作等内容，以后凡不做特殊说明的均采用此系统。

1．数控加工程序的结构

一个完整的数控加工程序可分为程序号、程序段、程序结束指令等几个部分。程序号又名程序名，置于程序开头，用做一个具体加工程序存储、调用的标记。为了区别不同程序，可在程序的最前端加上程序号码，以便进行程序检索。

每个程序均有一个程序名。在编制程序时可以按以下规则确定程序名：

(1) 开始的两个字符必须是字母。

(2) 仅使用字母、数字或下划线。

(3) 不得使用分隔符。

(4) 小数点仅用于标识文件的扩展名。

(5) 最多使用 25 个字符。

工件加工程序由若干个程序段组成，程序段是控制机床的一种语句，表示一个完整的运动或操作。程序结束指令用 M02 或 M30 代码，放在最后一个程序段作为整个程序的结束。

下面对图 1-2-2 所示的工件加工进行编程。

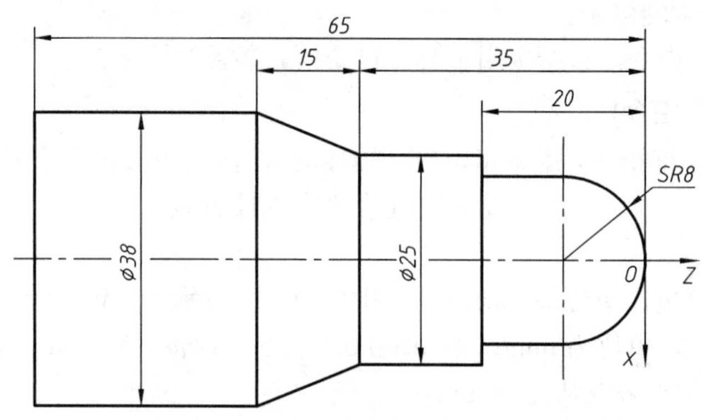

图 1-2-2　工件加工示例

HG189	(程序名)
N10　T1；	(建立工件坐标系，选择 T1 号刀)
N20　M03 S1000；	(主轴正转，转速为每分钟 1000 转)
N30　G00 X0 Z3；	(快速运动靠近切削起点)
N40　G01 Z0 F0.1；	(工作进给运动至切削起点)
N50　G03 X16 Z-8 CR=8；	(*SR*8 半球加工)
N60　G01 Z-20；	(φ20 圆柱加工)
N70　X25；	(端面加工)
N80　Z-35；	(φ25 圆柱加工)
N90　X38 Z-50；	(圆锥加工)
N100 Z-68；	(φ38 圆柱加工)
N110 G00 X200 Z200；	(刀具回位)
N120 M05；	(主轴停止)
N130 M02；	(程序结束)

上例为一个完整的零件精加工程序，程序名为 HG189。该程序中每一行即称为一个程序段，共由 13 个程序段组成，每个程序段以程序号“N”开头。M02 作为整个程序的结束。

2. 程序段的组成

一个程序段表示一个完整的加工工步或动作。程序段由程序段号、若干程序字和程序结束符组成。

程序段号N又称为程序段名，由地址N和数字组成。数字大小的顺序不表示加工或控制顺序，只是程序段的识别标记。在编程时，数字大小可以不连续，也可以颠倒，还可以部分或全部省略，但一般习惯按顺序并以5或10的倍数编程，以备插入新的程序段。

程序字由一组排列有序的字符组成，如G00、G01、X120、M02等，表示一种功能指令。每个“字”是控制系统的具体指令，由一个地址文字(地址符)和数字组成，字母、数字、符号统称为字符。例如X250为一个字，表示X向尺寸为250 mm；F0.2为一个字，表示进给速度为0.2 mm/r。每个程序段由按照一定顺序和规定排列的“字”组成。

程序段末尾的“;”为程序段结束符号。

3. 程序段的格式

程序段格式指程序中的字、字符、数据的安排规则。不同的数控系统往往有不同的程序段格式，格式不符合规定，数控系统便不能接受，则程序将不被执行而出现报警提示，故必须依据所操作数控系统的指令格式书写指令。

程序段的格式可分为固定顺序程序段格式、分隔符程序格式和可变程序段格式。数控机床发展初期采用的固定顺序程序段格式以及后来的分隔符程序格式，现已不用或很少使用，最常用的是地址可变程序段格式，简称字地址程序格式。其形式如下：

N_G_X_Y_Z_… F_S_T_M_;

例如：

N10　G01　X40 Z0 F0.2

其中：N为程序段地址码，用于指令程序段号；G为指令动作方式的准备功能地址，G01为直线插补指令；X为坐标轴地址，后面的数字表示刀具移动的目标点坐标；F为进给量指令地址，后面的数字表示进给量。

在程序段中除程序段号与程序段结束符外，其余各字的顺序并不严格，可先可后，但为便于编写，习惯上可按N，G，X，Y，Z，…，P，S，T，M的顺序编程。

字地址程序格式具有程序简单、可读性强、易于检查的特点，程序段的长短，随字数和字长(位数)都是可变的。一个程序段中字的数目与字的位数(字长)可按需给定，不需要的代码字以及与上段相同的续效字可以不写，使程序简化、缩短。现代数控机床中广泛采用这种格式。

【任务实施】

1. 实践任务

现场熟悉数控机床及数控编程。

2. 具体要求

(1) 观察并记录(见表1-2-1)现场数控车床型号与系统。

(2) 现场观察SINUMERIK 802D系统车床编程的格式要求及编程特点。

表 1-2-1　任务实施表

数控车床		组　成	
车床型号		按钮	功能
数控系统			

【任务评价】

现场抽查学生对 SINUMERIK 802D 系统车床编程的格式要求及编程特点掌握情况。

【任务总结】

整理材料，总结在实施过程中掌握了什么知识、学会了什么技能、发现了什么技巧、出现了什么问题、如何解决问题等。

【任务拓展】

本系统与其他西门子数控车削系统的编程特点及编程格式有何异同？

任务三　数控机床的操作面板

【任务目标】

(1) 熟悉机床坐标系轴及轴向的规定。
(2) 熟练掌握数控机床的操作面板。
(3) 熟练利用控制面板操作机床。
(4) 熟练利用 MDI 面板输入程序并编辑。

【任务引入】

利于 MDI 面板对图 1-3-1 所示的工件输入程序并进行编辑。具体要求如下：
(1) 利用控制面板操作机床各轴运动。
(2) 利用 MDI 面板输入程序并进行编辑。

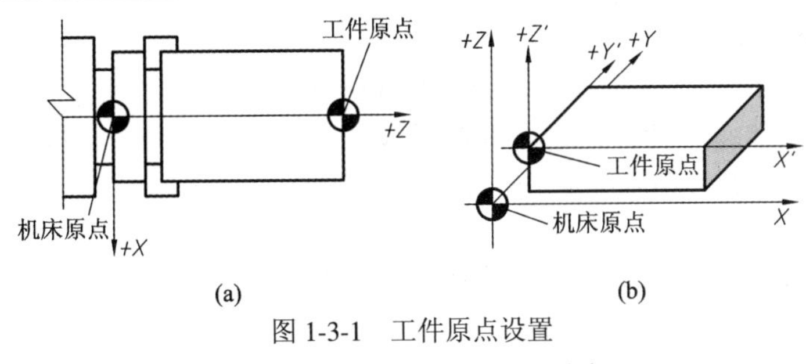

(a) (b)

图 1-3-1 工件原点设置

(a) 数控车床；(b) 数控铣床

【相关知识】

一、机床坐标系

数控机床坐标系是用来确定刀具运动路径的依据。为了保证数控机床的运行、操作及程序编制的一致性，并使编制的程序对同类型数控机床具有互换性，数控标准统一规定了机床坐标系各轴的名称和运动方向。

1. 标准坐标系的规定

对数控机床中的坐标系和运动方向的命名，ISO 标准和我国 JB3052—82 部颁标准都统一规定采用标准的右手笛卡儿直角坐标系。标准中规定直线进给运动用右手直角笛卡儿坐标系 *X*、*Y*、*Z* 表示，常称为基本坐标系。*X*、*Y*、*Z* 坐标轴的相互关系用右手定则决定。如图 1-3-2 所示，图中大拇指的指向为 *X* 轴的正方向，食指指向为 *Y* 轴的正方向，中指指向为 *Z* 轴的正方向。围绕 *X*、*Y*、*Z* 轴旋转的圆周进给坐标轴分别用 *A*、*B*、*C* 表示。根据右手螺旋法则，可以方便地确定 *A*、*B*、*C* 三个旋转坐标轴。以大拇指指向 +*X*、+*Y*、+*Z* 方向，则食指、中指等的指向是圆周进给运动 +*A*、+*B*、+*C* 方向。

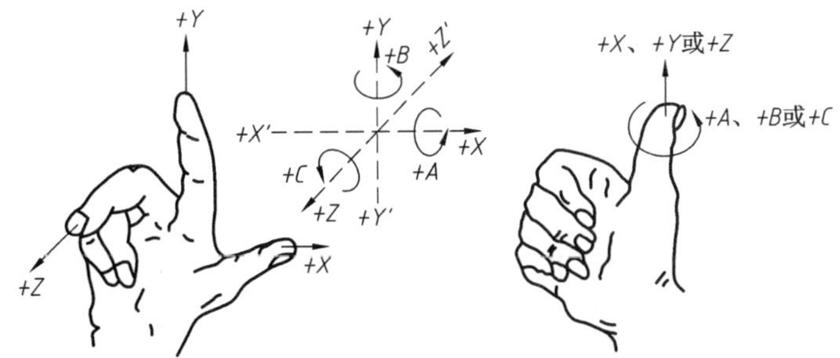

图 1-3-2 右手笛卡儿坐标系

2. 运动方向的确定

机床的进给运动，有的是由刀具向工件运动来实现的，有的是由工作台带着工件向刀具运动来实现的。为了在不知道刀具、工件之间如何做相对运动的情况下，便于确定机床的进给操作和编程，统一规定标准坐标系 *X*、*Y*、*Z* 作为刀具(相对于工件)运动的坐标系，增大刀具与工件距离的方向为坐标正方向，即坐标系的正方向都是假定工件静止、刀具相对于工件运动来确定的。考虑到刀具与工件是一对相对运动，即刀具向某一方向运动等同于工件向其相反方向运动的特点，图 1-3-2 中虚线所示的 +*X*、+*Y*、+*Z* 必然是工件(相对于刀具)正向运动的坐标系。

3．坐标轴的确定

(1) Z 轴的确定。统一规定与机床主轴重合或平行的坐标为 Z 轴，远离工件的方向为正方向。机床主轴是传递切削运动转矩的轴。例如，数控车床、数控外圆磨床是主轴带动工件旋转，数控铣床、数控钻床等是主轴带动刀具旋转。

(2) X 轴的确定。X 轴为水平的、平行于工件装夹面的轴。

对于于工过程中主轴带动工件旋转的机床，如数控车床、数控磨床等，X 轴沿工件的径向并平行于横向拖板，刀具或砂轮远离工件旋转中心的方向为 X 轴的正方向。

对于如铣床、钻床、镗床等刀具旋转的机床，若 Z 轴水平(主轴是卧式的)，则当从主轴(刀具)向工件看时，X 轴的正向指向右边，如数控卧式镗床、铣床；若 Z 轴垂直(主轴是立式的)，则对于单立柱机床，当从主轴向立柱看时，X 轴的正向指向右边；而对于双立柱机床，当从主轴向左侧立柱看时，X 轴的正向指向右边。

(3) Y 轴的确定。根据 X、Z 轴及其方向，可按右手直角笛卡儿坐标系，利用右手螺旋法则确定 Y 轴。

根据 X、Y、Z 轴及其方向，利用右手螺旋法则即可确定 A、B、C 的方向。一些数控机床的坐标系如图 1-3-3 所示。

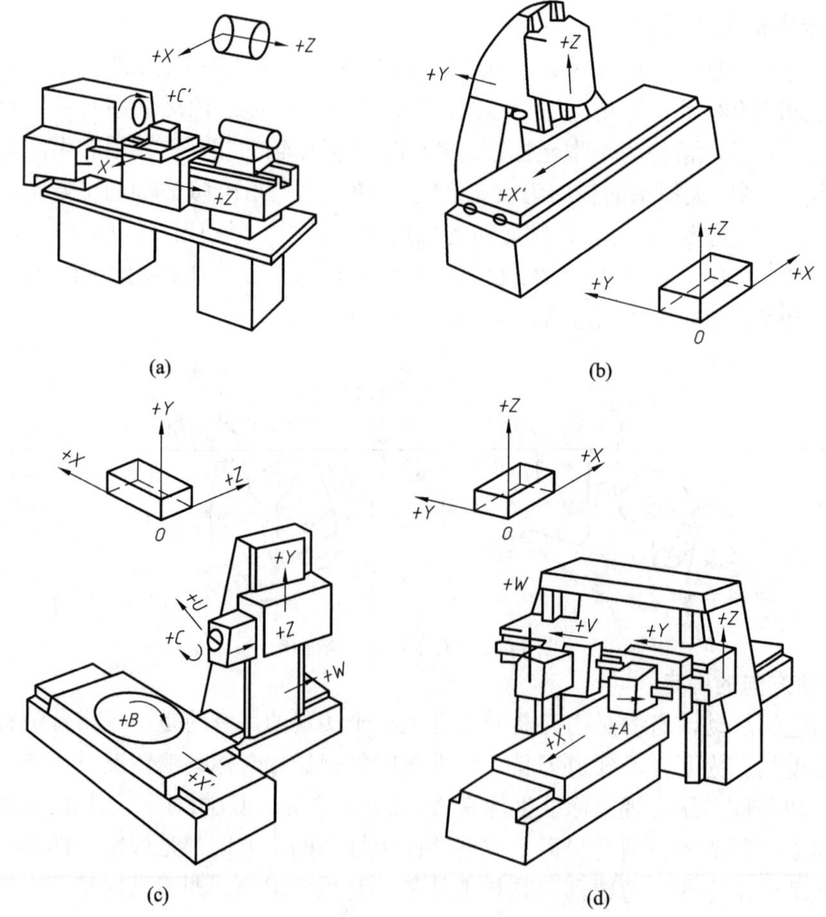

图 1-3-3 数控机床坐标系

(a) 数控车床坐标系；(b) 数控铣床坐标系；(c) 数控镗床坐标系；(d) 数控龙门铣床坐标系

二、机床原点和机床参考点

1. 机床原点

机床原点是机床坐标系的原点，是工件坐标系、机床参考点的基准点，又称为机械原点或机床零点。它是机床上的一个固定点，其位置是由机床设计和制造单位确定的，通常不允许用户改变，如图 1-3-4 所示。数控车床的机床原点一般在卡盘前端面或后端面的中心；数控铣床的机床原点，根据生产厂家的不同而不一致，有的在机床工作台的中心，有的在进给行程的终点。

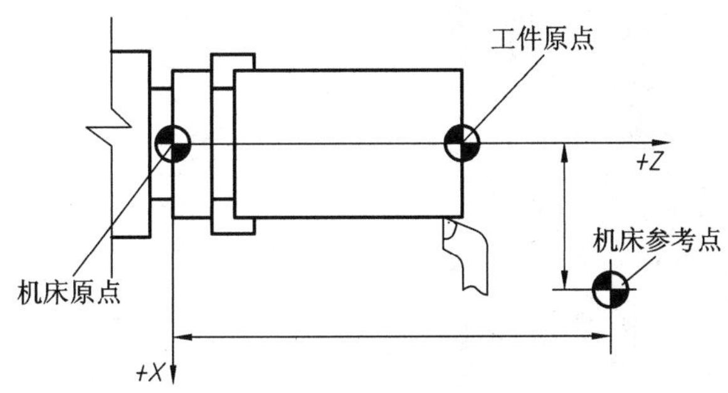

图 1-3-4　数控机床的机床原点与参考点

2. 机床参考点

机床参考点是机床坐标系中一个固定不变的点，是机床各运动部件在各自的正向自动退至极限的一个点(由限位开关精密定位)，如图 1-3-4 所示。机床参考点已由机床制造厂家测定后输入数控系统，并记录在机床说明书中，用户不得更改。

实际上，机床参考点是机床上最具体的一个机械固定点，既是运动部件返回时的一个固定点，又是各轴启动时的一个固定点，而机床零点(机床原点)只是系统内运算的基准点，处于机床何处无关紧要。机床参考点对机床原点的坐标是一个已知定值，可以根据该点在机床坐标系中的坐标值间接确定机床原点的位置。

在机床接通电源后，通常要做回零操作，使刀具或工作台运动到机床参考点。注意，通常我们所说的回零操作，其实是指机床返回参考点的操作，并非返回机床零点。当返回参考点的工作完成后，显示器即显示出机床参考点在机床坐标系中的坐标值，表明机床坐标系已经自动建立。机床在回参考点时所显示的数值表示参考点与机床零点间的工作范围，该数值被存储在 CNC 系统中，并在系统中建立了机床零点作为系统内运算的基准点；也有的机床在返回参考点时，显示为零(*X*0，*Z*0)，这表示该参考点被建立在机床零点上。

返回参考点的操作是对基准的重新核定，可消除由于种种原因产生的基准偏差。在数控加工程序中可用相关指令使刀具经过一个中间点自动返回参考点，每次返回参考点时所显示的数值必须相同，否则加工有误差。

三、操作面板

SINUMERIK 802D 系统键盘及键符意义如图 1-3-5 所示。

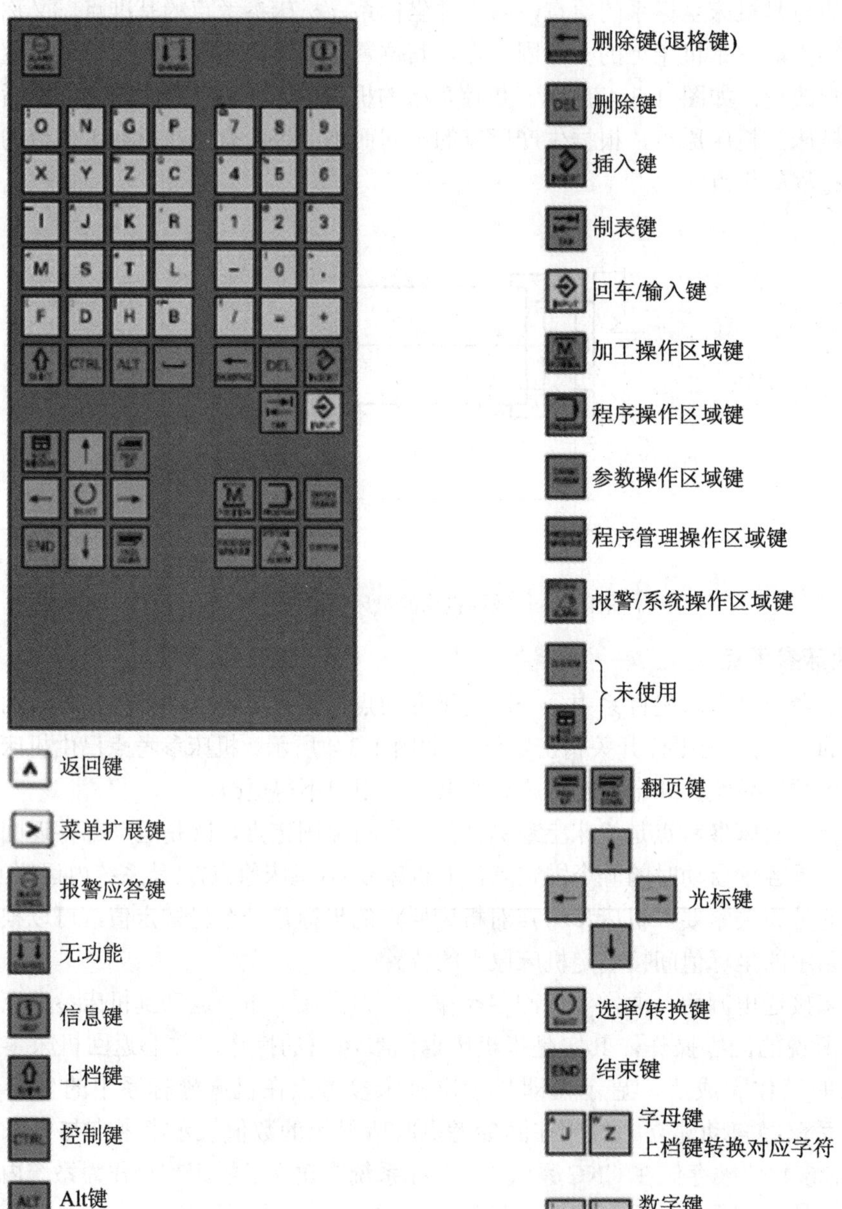

图 1-3-5 SINUMERIK 802D 系统键盘及键符

SINUMERIK 802D 系统控制面板及键符意义如图 1-3-6 所示。

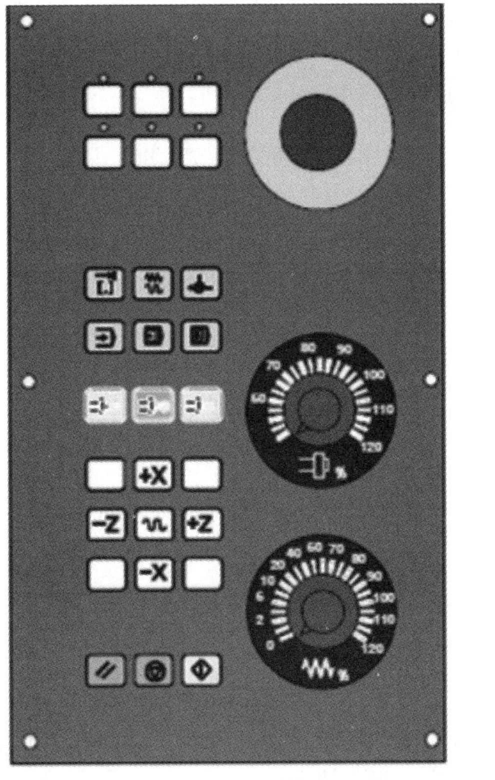

带发光二极管的用户定义键

无发光二极管的用户定义键

增量选择(步距)

JOG

参考点

自动方式

单段

手动数据输入

主轴正转

主轴停

主轴反转

快速运行叠加

X轴

Z轴

进给速度修调

复位

数控停止

数控启动

紧急停止

主轴速度修调

图 1-3-6　SINUMERIK 802D 系统控制面板及键符

【任务实施】

实践任务要求如下：

(1) 现场熟悉机床面板各按钮、软键的作用。

(2) 手动移动机床(注意避免机床碰撞情况的出现)。

(3) 输入下面的程序并编辑。

```
SK101
N010 T1;
N020 M03 S800;
N030 G00 X0 Z3;
N040 G03 X40 Z-20 CR=20 F0.1;
N050 G01 Z-40;
N060 X50;
N070 Z-70;
N080 X70 Z-95;
N090 Z-150;
N100 G00 X200 Z200;
N110 T2 S300;
N120 G00 X80 Z-154;
N130 G01 X0 F0.05;
N140 G00 X200 Z200;
N150 M05;
N160 M02;
```

【任务评价】

学生分组现场轮流熟悉移动方向、进给速度、主轴转速的控制、急停开关应用、超程解除等内容，最后，由教师抽查学生掌握上述内容的情况。

【任务总结】

整理材料，撰写报告。报告内容包括在实施过程中掌握了什么知识、学会了什么技能、发现了什么技巧、出现了什么问题、如何解决问题、遇到的问题怎样改进、尝试了什么创新、创新的结果等。

【任务拓展】

(1) 机床原点、工件原点、机床参考点是怎么规定或设置的？

(2) 操作时哪些情况易出现碰撞。如何避免？

任务四　手动加工训练

【任务目标】

(1) 熟悉控制面板各按钮及手轮的作用。

(2) 熟练利用控制面板各按钮及手轮控制机床的运动。

【任务引入】

手动完成图 1-4-1 所示零件的加工，毛坯尺寸为ϕ50 × 100 mm。

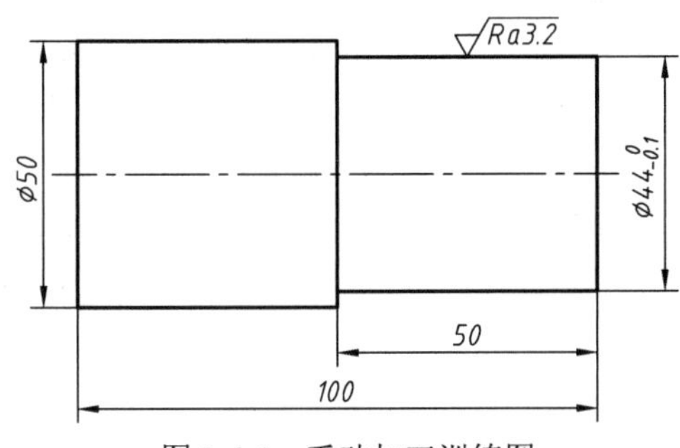

图 1-4-1　手动加工训练图

【相关知识】

下面介绍 SINUMERIK 802D 数控车床的手动操作步骤。

1．开机

开机也就是通常所说的给机床通电，使机床各系统就绪，为以后的操作做好准备。开机的步骤如下：

(1) 检查机床的各部分是否正常，是否有损坏现象，检查交接班设备运行记录，查看是否有问题存在。

(2) 打开电源总开关，此时电源指示灯亮。

(3) 打开数控电源开关。

(4) 检查急停按钮是否在松开状态，若未松开，则按急停按钮，将其松开。

2．回零操作

机床打开以后首先必须进行回参考点的操作，因为机床在断电后就失去了对各坐标位置的记忆，所以在接通电源后必须让各坐标值返回参考点。其具体操作步骤如下：

(1) 在机床操作面板上按下键。

(2) 按下快速移动倍率开关。

(3) 使 *X* 轴返回参考点。按下+X按钮，使滑板沿 *X* 轴正向移向参考点，在移动过程中，操作者应按住+X按钮，直到回零参考点指示灯闪亮，再松开按钮，*X* 轴已返回参考点。

(4) 使 *Z* 轴返回参考点。按下+Z按钮，使滑板沿 *Z* 轴正向移向参考点，在移动过程中，操作者应按住+Z按钮，直到回零参考点指示灯闪亮，再松开按钮，*Z* 轴返回参考点。

注意：若开机后机床已经在参考点位置，则应先移动按钮【–X】和【–Z】使刀架移开参考点约 100 mm 左右，然后再回零。

3．加工操作区——JOG 运行方式

JOG 运行方式就是机床的手动方式，在这种方式下，可以手动移动机床刀架。JOG 方式基本界面如图 1-4-2 所示。

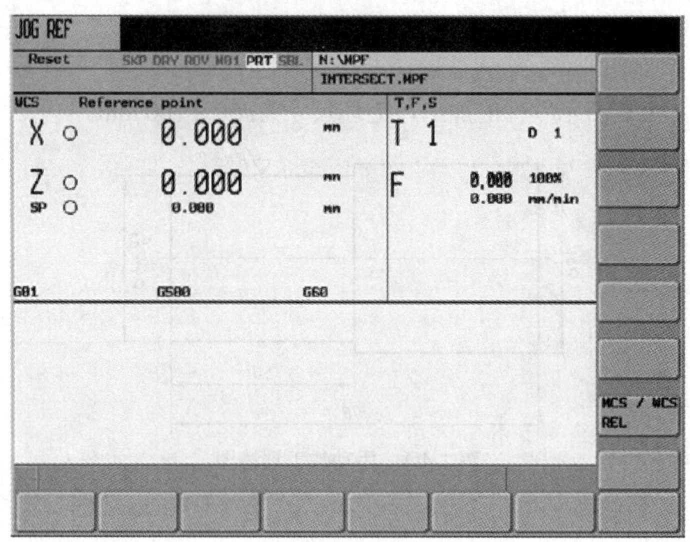

图 1-4-2　JOG 方式基本界面

若当前界面不是加工操作区，则按“加工操作区域键”M，切换到加工操作区。操作步骤如下：

(1) 按下控制面板上的键，使机床进入手动运行方式。

(2) 按下+X按钮不动，可使刀具沿 *X* 轴正方向移动；在按下“快速”按钮的同时，再按下+X按钮，可使刀具沿 *X* 轴正方向快速移动。

(3) 按下-X按钮不动，可使刀具沿 *Z* 轴正方向移动；在按下“快速”按钮的同时，再按下-X按钮，可使刀具沿 *X* 轴负方向快速移动。

(4) 按下+Z按钮不动，可使刀具沿 *Z* 轴正方向移动；在按下“快速”按钮的同时，再按下+Z按钮，可使刀具沿 *Z* 轴正方向快速移动。

(5) 按下-Z按钮不动，可使刀具沿 *Z* 轴正方向移动；在按下“快速”按钮的同时，再按下-Z按钮，可使刀具沿 *Z* 轴负方向快速移动。

【任务实施】

1．实践任务

(1) 练习使用手轮。

(2) 练习使用各操作按钮。

2．具体要求

(1) 必须熟悉机床手动、手摇进给、MDA 方式等基本操作。

(2) 能在教师的指导下完成图示工件的加工并控制加工精度。

(3) 每次进给 1 mm，后面练习者在前面练习者完成尺寸的基础上每人连续切削 3 次。

【任务评价】

学生手动切削图 1-4-1 所示的工件，然后填写表 1-4-1。

表 1-4-1 任务实施表

机床型号	数控系统	图示值(直径)	测量值(直径)

【任务总结】

整理材料，总结在实施过程中掌握了什么知识、学会了什么技能、发现了什么技巧、出现了什么问题、如何解决问题等。

【任务拓展】

如何在手动操作状态下控制工件的加工精度？

任务五 对刀操作

【任务目标】

(1) 理解并能正确设置工件坐标系。
(2) 理解对刀操作的作用。
(3) 能熟练进行对刀操作并正确输入偏置值。

【任务引入】

如图 1-5-1 所示，进行对刀操作并正确输入偏置值。具体要求如下：
(1) 利用控制面板操作机床各轴运动。
(2) 熟练进行对刀操作并正确输入偏置值。

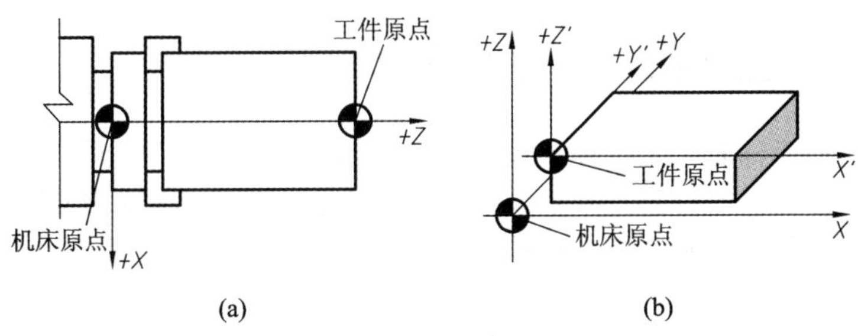

图 1-5-1 机床原点偏置
(a) 数控车床；(b) 数控铣床

【相关知识】

一、工件坐标系

数控机床总是按照自己的坐标系做相应的运动，要想使工件的关键点摆放在数控机床的某一特定位置上是难以实现的，根据机床的坐标系编制相应的加工程序也是十分麻烦的。因此，为了编程方便和装夹工件方便，必须建立工件坐标系。

1．工件坐标系

工件坐标系是编程人员为方便自己编程而自行设立的，由编程人员以工件图纸上的某一固定点为原点建立坐标系，编程尺寸都按工件坐标系中的尺寸确定。为保证编程与机床加工的一致性，工件坐标系也应该是右手笛卡儿坐标系，而且工件装夹到机床上时，应使工件坐标系与机床坐标系的坐标轴方向保持一致。

2．工件原点

工件坐标系的原点称为工件原点或编程原点。工件原点在工件上的位置可以任意选择，为了有利于编程，工件原点应该尽量选择在零件的设计基准或工艺基准上，或者是工件的对称中心上，例如回转体零件的端面中心、非回转体零件的角边、对称图形的中心等。

在数控车床上加工零件时，工件原点一般设在主轴中心线与工件右端面或左端面的交点处，如图 1-5-2 所示；在数控铣床上加工零件时，工件原点一般设在工件的某个角上或对称中心上，如图 1-5-3 所示。

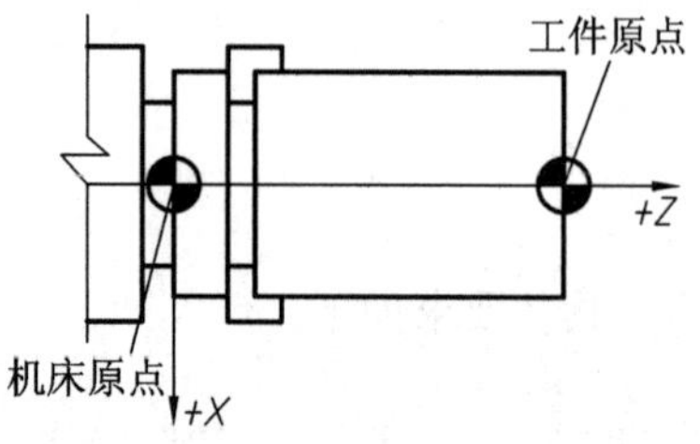

图 1-5-2　数控车床工件原点设置

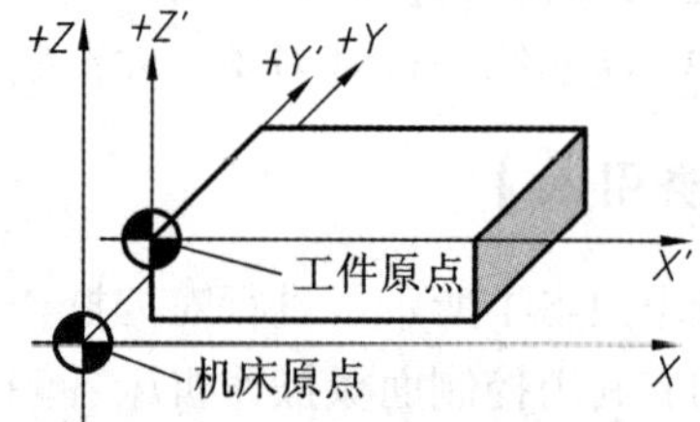

图 1-5-3　数控铣床工件原点设置

二、机床坐标系与工件坐标系之间的联系

机床有自己的坐标系，是按标准和规定建立起来的，各数控机床制造厂商必须严格执行。工件也有自己的坐标系，是由编程人员根据加工实际情况和所用机床来确定的。两者各对应坐标轴的名称和方向是相同的，差别在于工件的坐标原点和机床的坐标原点不同。

当工件安装在机床上以后，二者的原点是绝对不可能重合的，工件的原点相对于机床的原点，在 *X*、*Y*、*Z* 方向有位移量，通过对刀操作可以测定。因此，编程人员在编制程序时，只要根据零件图样就可以选定编程原点，建立编程坐标系，计算坐标数值，而不必考虑工件毛坯装夹的实际位置。

对加工人员来说，则应在装夹工件、调试程序时确定加工原点的位置，并在数控系统中给予设定(即给出原点设定值)，这样数控机床才能按照准确的加工位置进行加工。数控操作人员确定工件原点相对机床原点的操作过程称为对刀。

有两点需要特别说明：

其一，寄存器中填写的数值是基准刀的关键点与工件原点重合时 CRT 显示的相应坐标值；

其二，加工同一个工件时所用到的所有刀具都需要对刀(也可以机外对刀)。

程序在执行时，系统首先把对刀设定值从寄存器中读出，然后附加在程序的相应值上，并按机床的坐标系作相应的运动，这样刀具就能沿着理想的路径加工出工件的轮廓。

三、对刀操作

编程时，尺寸都按工件坐标系中的尺寸确定，不必考虑工件在机床上的安装位置和安装精度，但在加工时需要确定机床坐标系、工件坐标系、刀具起点三者的位置才能加工。工件装夹在机床上后，可通过对刀确定工件在机床上的位置。

所谓对刀，就是确定工件坐标系与机床坐标系的相互位置关系。在加工时，工件随夹具在机床上安装后，测量工件原点与机床原点之间的距离，这个距离称为工件原点偏置，如图 1-5-4 所示。在用绝对坐标编程时，该偏置值可以预存到数控装置中，在加工时工件原点偏置值可以自动加到机床坐标系上，使数控系统可按机床坐标系确定加工时的坐标值。

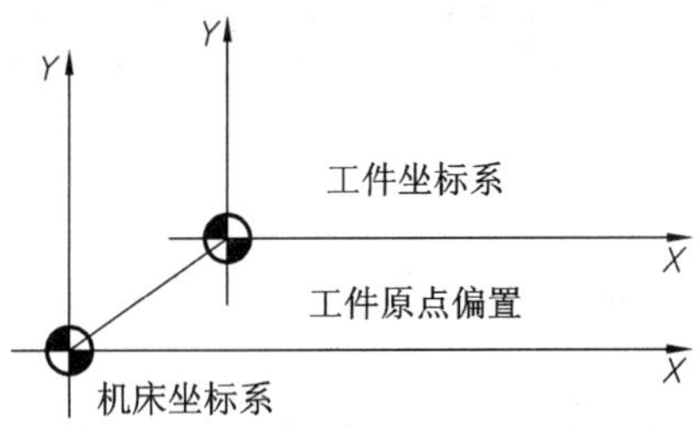

图 1-5-4 机床坐标系与工件坐标系关系

对刀过程一般从各坐标方向分别进行，可理解为通过找正刀具与一个在工件坐标系中有确定位置的点(即对刀点)来实现。对刀点可以设在工件、夹具或机床上，但必须与工件的定位基准(相当于工件坐标系)有已知的准确关系，这样才能确定工件坐标系与机床坐标系的关系。选择对刀点的原则是：便于确定工件坐标系与机床坐标系的相互位置，容易找正，加工过程中便于检查，引起的加工误差小。当对刀精度要求较高时，对刀点应尽量选在零件的设计基准或工艺基准上。

对刀时应直接或间接地使对刀点与刀位点重合。所谓刀位点，是指编制数控加工程序时用以确定刀具位置的基准点。对于平头立铣刀、面铣刀类刀具，刀位点一般取为刀具轴线与刀具底端面的交点；

对球头铣刀，刀位点为球心；对于车刀、镗刀类刀具，刀位点为刀尖；钻头取为钻尖等，如图 1-5-5(a)～(d)所示。刀具起始运动的刀位点称为起刀点。

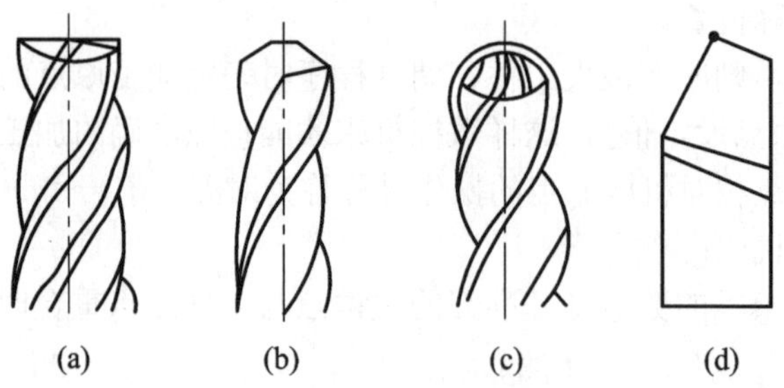

图 1-5-5 刀位点

(a) 平头铣刀；(b) 钻头；(c) 球头铣刀；(d) 车刀

下面以 SINUMERIK 802D 数控系统为例，介绍数控车床试切法对刀的过程：

(1) 按软键【测量刀具】打开手动测量窗口，如图 1-5-6 所示。

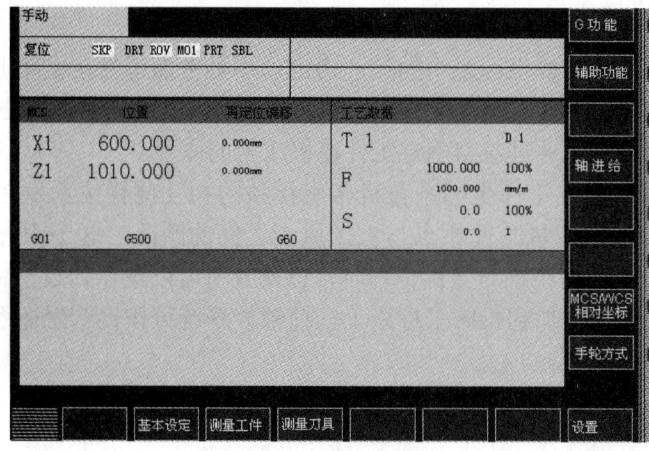

图 1-5-6 手动对刀界面

(2) 按软键【手动测量】，如图 1-5-7 所示。

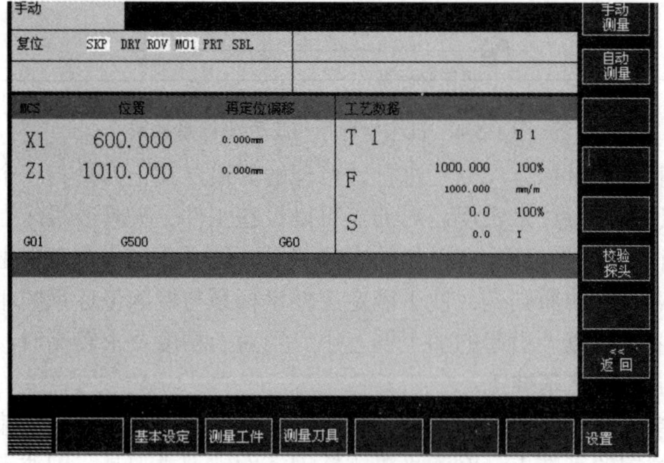

图 1-5-7 手动测量状态界面

(3) 试切工件外圆，沿 Z 轴退出，停车，测量直径值。

(4) 按软键【存储位置】输入测量直径，再按软键【设置长度 1】，输入直径补偿值，如图 1-5-8 所示。

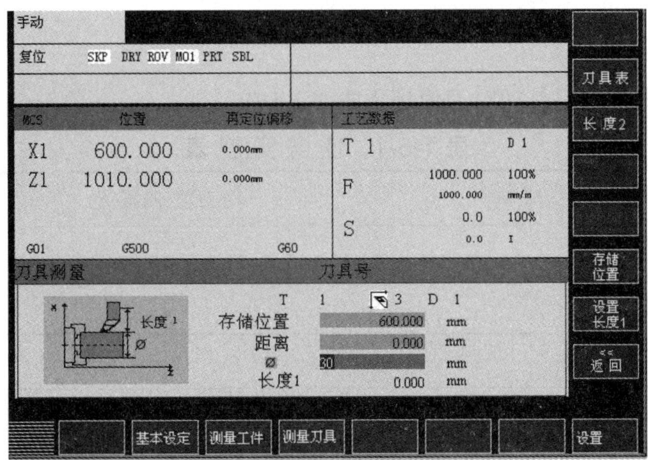

图 1-5-8 *X* 方向参数输入界面

(5) 试切端面，按软键【设置长度 2】，输入 Z0，如图 1-5-9 所示。

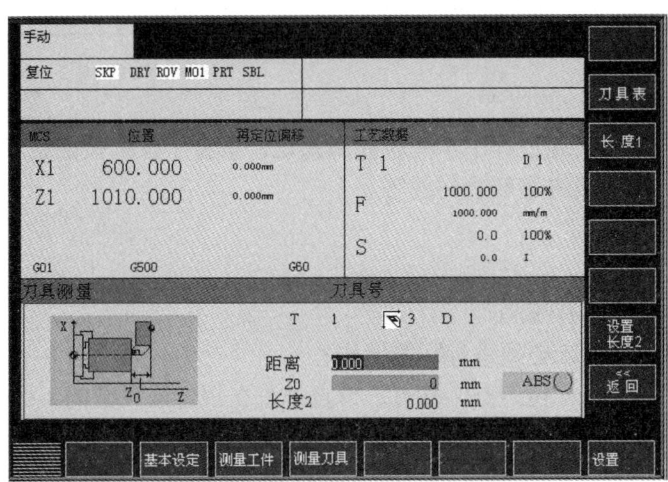

图 1-5-9 *Z* 方向参数输入界面

当然也可在手动模式下，通过对刀将工件原点的机床坐标值找出，输入到选择的工件坐标系 G54～G59 中，这里不再详述。

多把刀对刀的原理同上所述，但应特别注意以下几点：

(1) 刀补号要与刀号一致。

(2) 切断刀一般选靠近工件端面一侧的刀尖来对刀，较为方便。

(3) 螺纹刀的 Z 向对刀一般要求不用太精确。

【任务实施】

实践任务要求如下：

(1) 熟悉对刀步骤，可不装刀，空运行。

(2) 实际对刀训练，即装入工件对刀并记录刀偏值于偏置寄存器中。

【任务评价】

通过操作，将下列刀具的对刀值填入表 1-5-1 中。

表 1-5-1 任务实施表

刀 号	对刀值(偏置值)	
	X	*Z*
T1		
T2		
T3		

【任务总结】

整理材料，总结在实施过程中掌握了什么知识、学会了什么技能、发现了什么技巧、出现了什么问题、如何改进和解决问题等。

【任务拓展】

(1) 对刀操作的作用有哪些？

(2) 何种情况下，机床必须进行回零操作？

(3) 对刀点、刀位点、换刀点、基点、节点是怎么规定或设置的？

项目二 SINUMERIK 802D 数控车床的编程指令及编程方法

任务一 G00、G01 加工指令练习

【任务目标】

(1) 熟悉 G00、G01、M03、M04、M05、M02、M30、F、S 等指令。
(2) 能利用 G00、G01 等指令编制外圆、端面切削加工程序。

【任务引入】

利用 G00、G01 等指令编程完成图 2-1-1 所示工件的精车加工。具体要求如下：
(1) 将设定的工件坐标系标注在图 2-1-1 中对应的位置上。
(2) 分析工艺，详细记录刀具及切削参数。

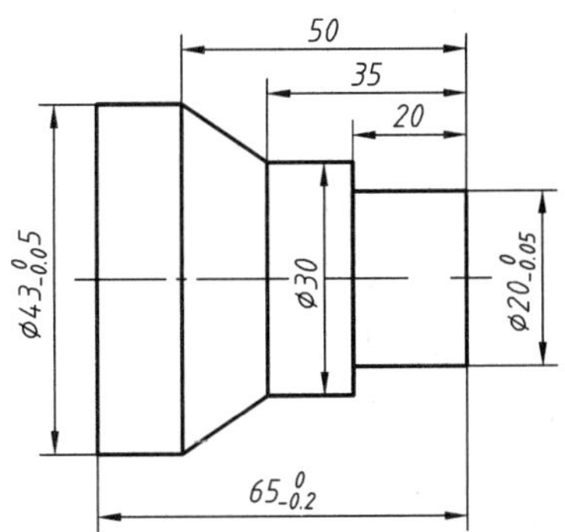

图 2-1-1 G00、G01 指令练习图 1

【相关知识】

一、基本指令讲解

1．绝对值和增量值输入

G90、G91 均为模态量。
G90 表示绝对尺寸输入，所有的坐标数据都是相对于坐标原点而来的。

G91 表示增量尺寸输入，所有的坐标数据都是相对于轨迹前一点而来的。

X=AC(…)：*X* 轴尺寸以绝对值输入，仅对本程序行有效。

X=IC(…)：*X* 轴尺寸以增量值输入，仅对本程序行有效。

2．G00

G00 表示快速点定位。

指令格式：G00 X_Z_；

说明：

(1) X_Z_ 为目标点坐标值。

(2) 该指令一般用来快速靠近/离开工件，不宜用于切削加工。执行该命令时，刀具以机床规定的进给速度从所在点以点位控制方式移动到目标点。移动速度不能由程序指令设定，它的速度已由生产厂家预先调定。若编程时设定了进给速度 F，则对 G00 程序无效。

(3) G00 为模态指令，只有遇到同组指令才会被取代。

(4) X、Z 后跟绝对坐标值，选用增量坐标值表示时，可用 G91 来指定。

(5) X 后面的数值以直径方式输入，若为增量值表达则用终点与起点之间距离的 2 倍来表示，且有正负号之分。

(6) 运动轨迹多样。在数控车床上最常见的是折线。

如图 2-1-2 所示，实现从起点 *A* 快速移动到目标点 *C*。

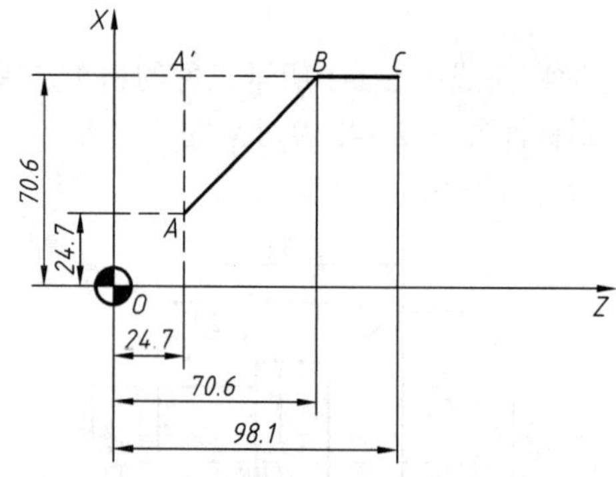

图 2-1-2　快速点定位

其绝对值编程方式为：G00 Xl41.2 Z98.1。

其增量值编程方式为：G91 C00 X91.8 Z73.4。

执行上述程序段时，刀具实际的运动路线不是一条直线，而是一条折线，首先刀具从点 *A* 以快速进给速度运动到点 *B*，然后再运动到点 *C*。因此，在使用 G00 指令时应注意刀具是否和工件及夹具发生干涉，对不适合联动的场合，两轴可单动。如果忽略这一点，就容易发生碰撞，而在快速状态下的碰撞就更加危险。

3．G01

G01 表示直线插补。

指令格式：G01X_ Z_ F_；

说明：

(1) X、Z 后跟直线终点坐标值，起点为当前刀具所在点。

(2) 若前面没有指定 F 值，则 G01 指令中必须指定进给速度 F 值，F 指令为模态指令；特别强调：如果跟在 G00 后面，且有没有指定 F 值，此时刀具将以机床规定的快速给进速度向目标点运动，这极易发生碰撞，应尽量避免。

(3) G01 具有倒角、倒圆功能。

CHF=_：在拐角处的两段直线插入一段倒角，编程数值为倒角的斜边长度。

CHR=_：在拐角处的两段直线插入一段倒角，编程数值为倒角的边长长度。

RND=_：在拐角处的两段直线插入一个倒圆，编程数值为倒圆半径。

4. F 指令

F 表示进给速度，在 SIEMENS 802D 系统中，G94 表示每分钟进给，单位为 mm/min, G95 表示每转进给，单位为 mm/r。

5. M 指令

M03 表示主轴正转，从主轴向工件方向看，顺时针转动为正转；M04 表示主轴反转；M05 表示主轴停止。

6. S 指令

S 指令用来确定主轴转速的大小，单位一般为 r/min。S 指令和 M03/M04 一起使用才有效。例如：M03　S1000 表示正转，转速为 1000 r/min。

7. T 指令

数控车床具有自动换刀功能，可用于选择所需刀具。在 SINUMERIK 802D 系统中，一般直接用刀号表示所选刀具，不选系统默认的刀补号 D1，如果所选刀具采用其他刀补号，则需在刀号后表示出刀补号。例如：T2 表示选用 1 号刀，刀补号为 D1；T2D2 则表示选用 1 号刀，刀补号为 D2。

二、程序轨迹及速度的控制

(1) 首先调用刀具及刀补。

注意：调刀指令不能放在移动指令后面。

(2) 启动主轴，用 G00 快速移动到起刀点。

注意：起刀点应设置在距离工件有一定距离的安全区域

(3) 用 G00 快速靠近工件，准备切削。所谓靠近，是指距离工件较近且不会与工件发生碰撞的地方，位置视具体情况而定。

(4) 用 G01 工作进给速度切削外圆。

注意：切削用量应视工件材料、刀具和加工要求等情况而定。

(5) 用 G00 退回刀具(不适合联动的要单轴运动，以防止发生干涉)。

(6) 主轴停止，程序结束。

【任务实施】

(1) 加工工艺的确定。

① 刀具及工艺参数的选择见表 2-1-1。

表 2-1-1　刀具及工艺参数表

工步	工步内容	刀号	刀具名称及规格	刀尖半径	主轴转速/(r/min)	进给速度/(mm/r)	背吃刀量/mm
1	精车外轮廓	T1	93°硬质合金外圆车刀	*R*0.2	1000	0.15	0.2

② 夹具和量具的选择见表 2-1-2。

表 2-1-2　夹具和量具表

序号	名　称	规　格/mm	数　量
1	游标卡尺	0.02/0～150	1
2	外径千分尺	0.01/0～25、0.01/25～50、0.01/50～75	1
3	深度游标卡尺	0～150	1
4	万能角度尺	0°～320°	1
5	内径量表	18～35	1
6	钟面式百分表	0～10	1
7	磁力表座		1
8	螺纹千分尺	0.01/25～50	1
9	螺纹对刀样板	60°	1
10	塞尺	0.02～1	1 套
11	R 规	*R*1～*R*25	1 套
12	V 型块		1 对

(2) 编制加工程序，参考程序见表 2-1-3。

表 2-1-3　参考程序

程序内容(精车程序)	程序说明
SK01	程序名
G0 X200 Z200	将刀具移至安全位置(自定)
T1	换刀，建立工件坐标系
M03 S1000	主轴正转，转速为 1000 r/min
X20 Z3	定位切削起点
G1 Z-20 F0.15	车削 ϕ20 外圆
X30	车端面至 ϕ30 处
Z-35	车削 ϕ30 外圆至 Z-35
X43 Z-50	车削圆锥
Z-68	车削 ϕ43 外圆至 Z-80
X45	退刀
G0 X200 Z200	返回安全位置(自定)
M5	主轴停止
M2	程序结束

(3) 在数控车床上模拟加工轨迹，模拟正确后进行加工。

(4) 学生自己检验工件。

(5) 整理现场。

【任务评价】

一、评分原则(以下任务评分参考此原则，不再详细列出)

(1) 采用 100 分制进行检验评分，60 分为合格。

(2) 在计总分时，工艺编制和工件质量分占 80%，安全、文明生产分占 10%，机床操作分占 10%。工艺编制和工件质量分原则上须达到 60%，即总分 48 分，才能得到安全文明生产及工具、机床操作分。

(3) 尺寸及形位公差合格，得该项全部质量配分。

(4) 考虑到机床和测量的因素，使用万能量具测量尺寸和形状、位置、精度，超差在 0.005 mm 内不扣分。

(5) 表面粗糙度合格，得该项质量配分。*Ra* 值超差，不得该项质量配分。

(6) 外形严重不符的，为不合格工件。

(7) 严重违反安全文明规程，违反设备操作规程，发生较重人身设备事故的，不得该项配分，直至取消操作资格。

(8) 规定时间内全部完成加工的不扣分，每超时 3 分钟从总分中扣 1 分，总超时 15 分钟停止作业。

二、评分标准

工件质量评分表见表 2-1-4。

表 2-1-4 工件质量评分表

<table>
<tr><td colspan="2">工件编号</td><td colspan="3"></td><td colspan="2">总得分</td><td colspan="2"></td></tr>
<tr><td>项目及配分</td><td>序号</td><td>技术要求</td><td>配分</td><td>评分标准</td><td>自检结果</td><td>检验结果</td><td>得分</td><td>备注</td></tr>
<tr><td rowspan="4">程序与加工工艺
(30 分)</td><td>1</td><td>程序格式规范</td><td>10</td><td>每错一处扣 2 分</td><td></td><td></td><td></td><td></td></tr>
<tr><td>2</td><td>程序正确、完整</td><td>10</td><td>每错一处扣 2 分</td><td></td><td></td><td></td><td></td></tr>
<tr><td>3</td><td>切削参数设定合理</td><td>5</td><td>不合理每处扣 3 分</td><td></td><td></td><td></td><td></td></tr>
<tr><td>4</td><td>换刀点与循环起点正确</td><td>5</td><td>不正确全扣</td><td></td><td></td><td></td><td></td></tr>
<tr><td rowspan="2">机床操作
(10 分)</td><td>5</td><td>机床参数设定合理</td><td>5</td><td>不正确全扣</td><td></td><td></td><td></td><td></td></tr>
<tr><td>6</td><td>机床操作正确</td><td>5</td><td>每错一处扣 3 分</td><td></td><td></td><td></td><td></td></tr>
<tr><td rowspan="3">文明生产
(10 分)</td><td>7</td><td>安全操作</td><td rowspan="2">5</td><td rowspan="2">不合格全扣</td><td></td><td></td><td></td><td></td></tr>
<tr><td>8</td><td>机床维护与保养</td><td></td><td></td><td></td><td></td></tr>
<tr><td>9</td><td>工作场所整理</td><td>5</td><td>不合格全扣</td><td></td><td></td><td></td><td></td></tr>
<tr><td rowspan="5">工件加工
(50 分)</td><td>10</td><td>$\phi 43^{0}_{-0.05}$</td><td>10</td><td>超 0.01 扣 2 分</td><td></td><td></td><td></td><td></td></tr>
<tr><td>11</td><td>*Ra*3.2</td><td>4</td><td>超差全扣</td><td></td><td></td><td></td><td></td></tr>
<tr><td>12</td><td>$\phi 20^{0}_{-0.05}$</td><td>10</td><td>超 0.01 扣 2 分</td><td></td><td></td><td></td><td></td></tr>
<tr><td>13</td><td>$65^{0}_{-0.2}$</td><td>10</td><td>超 0.01 扣 2 分</td><td></td><td></td><td></td><td></td></tr>
<tr><td>14</td><td>其他尺寸</td><td>16</td><td>每错一处扣 4 分</td><td></td><td></td><td></td><td></td></tr>
<tr><td>其他项目</td><td colspan="8">发生重大事故(人身和设备安全事故等)、严重违反工艺原则和情节严重的野蛮操作等，由指导老师或裁判取消操作资格</td></tr>
</table>

【任务总结】

整理材料，总结在实施过程中掌握了什么知识、学会了什么技能、发现了什么技巧、出现了什么问题、如何解决问题等。

【任务拓展】

毛坯尺寸为$\phi 45\times 60$ mm，利用 G00、G01 等指令编程完成图 2-1-3 所示工件的加工。具体要求如下：

(1) 将设定的工件坐标系标注在图 2-1-3 中对应的位置上。

(2) 分析工艺，详细记录刀具及切削参数。

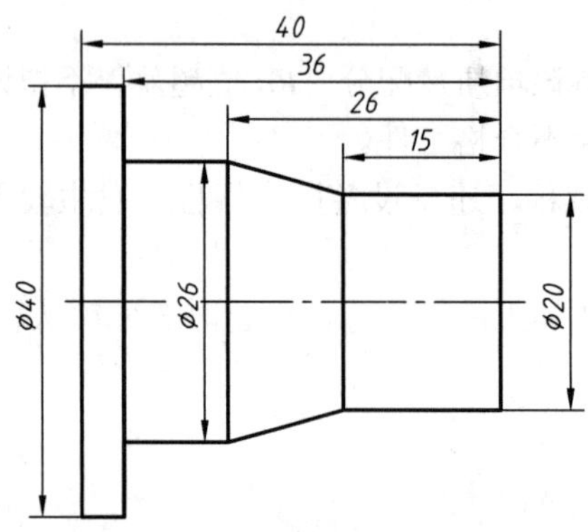

图 2-1-3 G00、G01 指令练习图 2

任务二 G02、G03 加工指令练习

【任务目标】

能熟练利用 G02、G03 指令进行编程与加工。

【任务引入】

任务 1 毛坯为$\phi 55\times 110$ mm，利用利用 G02、G03 顺、逆圆弧加工指令编程并加工图 2-2-1 所示工件的加工。具体要求如下：

(1) 将设定的工件坐标系标注在图 2-2-1 中对应的位置上。

(2) 分析工艺，将刀具及切削参数等详细记录。

任务 2 毛坯为$\phi 35\times 110$ mm，利用 G02、G03 顺、逆圆弧加工等指令编程完成图 2-2-2 所示工件的加工。具体要求如下：

(1) 将设定的工件坐标系标注在图 2-2-2 中对应的位置上。

(2) 分析工艺，详细记录刀具及切削参数。

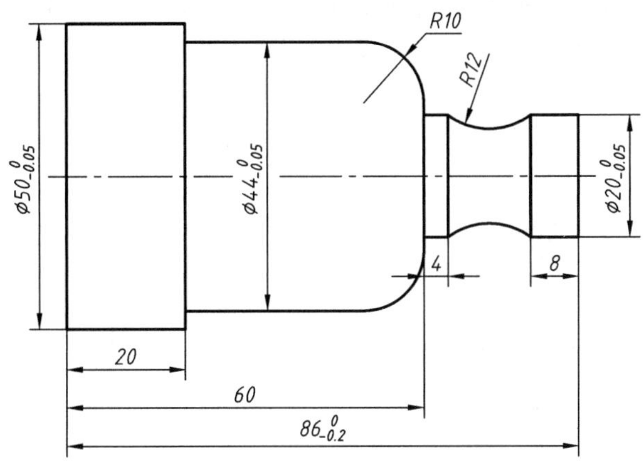

图 2-2-1　G02、G03 圆弧顺逆指令练习图

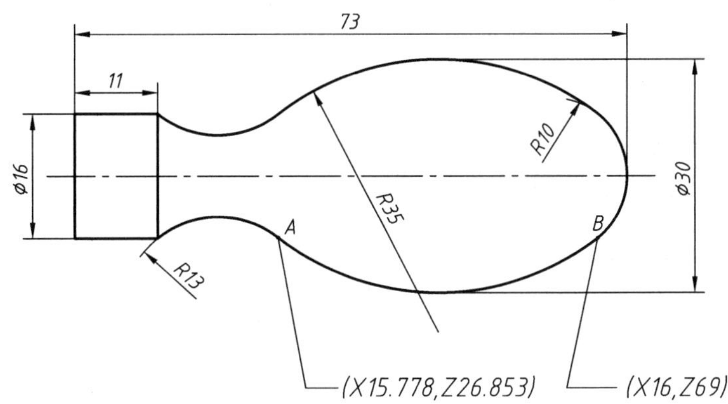

图 2-2-2　圆弧车削加工练习图

【相关知识】

G02 表示顺时针圆弧插补，G03 表示逆时针圆弧插补。

加工圆弧时，经常采用两种编程方法，一种是采用终点坐标和圆弧的半径来编程，格式为：G02/G03 X_Z_CR=_F_；另一种是采用终点坐标和分矢量来编程，格式为：G02/G03 X_Z_I_K_F_。

说明：

(1) 圆弧顺逆的判定。数控车床是两坐标的机床，只有 X 轴和 Z 轴，判定圆弧的顺、逆时，可按右手定则将第三轴(或称为 Y轴)也考虑进来，即从第三轴的正向向负向看，顺时针走向用 G02，逆时针走向用 G03，但应注意前置刀架与后置刀架的区别。

(2) CR 为圆弧半径，规定当圆弧为劣弧时 CR 取正值，优弧时取负值。例如，图 2-2-3 中的圆弧 1 所对应的圆心角为 120°，所以圆弧半径用“+20”表示；圆弧 2 所对应的圆心角为 240°，所以圆弧半径用“−20”表示。

(3) 终点坐标和圆弧的半径编程不能用于整圆加工。

(4) I、K 为圆弧起点指向圆心的有向线段在各自坐标轴方向的分矢量，与坐标轴方向一致时取“+”号，不一致时取“−”号。I、K 均为增量值。如图 2-2-4 所示，I 和 K 均为负值。

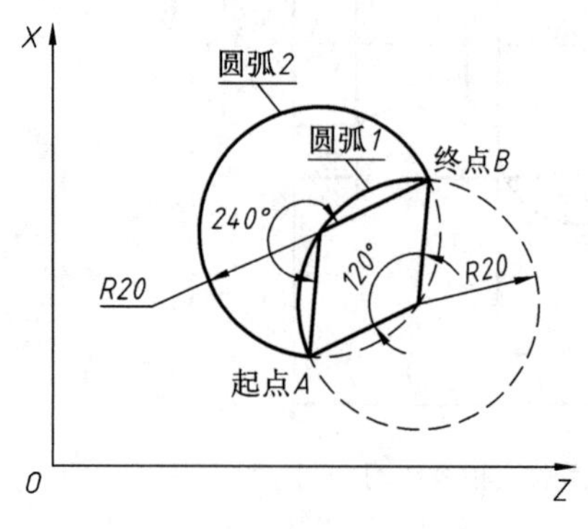

图 2-2-3　圆弧插补时的半径处理

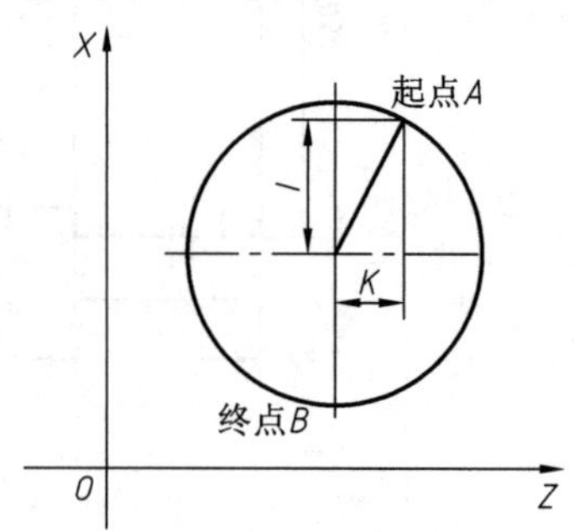

图 2-2-4　圆弧方向矢量和分矢量

【任务实施】

(1) 加工工艺的确定。

① 刀具及工艺参数的选择见表 2-2-1。

表 2-2-1　刀具及工艺参数表

工步	工步内容	刀号	刀具名称及规格	主轴转速 /(r/min)	进给速度 /(mm/r)	背吃刀量 /mm
1	精车外轮廓	T1	40°硬质合金尖刀	1000	0.15	0.2

② 夹具和量具的选择见表 2-2-2。

表 2-2-2　夹具和量具表

序号	名　称	规　格/mm	数　量
1	游标卡尺	0.02/0～150	1
2	外径千分尺	0.01/0～25、0.01/25～50、0.01/50～75	1
3	深度游标卡尺	0～150	1
4	万能角度尺	0°～320°	1
5	内径量表	18～35	1
6	钟面式百分表	0～10	1
7	磁力表座		1
8	螺纹千分尺	0.01/25～50	1
9	螺纹对刀样板	60°	1
10	塞尺	0.02～1	1 套
11	R 规	$R1$～$R25$	1 套
12	V 型块		1 对

(2) 编程加工程序参考程序见表 2-2-3。

表 2-2-3 参 考 程 序

程序内容(精车程序)	程 序 说 明
SK02	
G0 X200 Z200	
T1	
M3 S1000	
G0 X20 Z88	
G1 Z78 F0.1	
G2 Z64 CR=12	车削 *R*12 凹圆弧
G1 Z60	
X24	
G3 X44 Z50 CR=10	车削 *R*10 凸圆弧
G1 Z20	
X50	
Z0	
X52	
G0 X200 Z200	
M5	
M2	

(3) 在数控车床上模拟加工轨迹，模拟正确后进行加工。

(4) 学生自己检验工件。

(5) 整理现场。

【任务评价】

一、评分原则

这里可参考任务一中列出的评分原则。

二、评分标准

检验工件质量的结果填入表 2-2-4 中。

表 2-2-4 工件质量评分表

工件编号					总得分			
项目及配分	序号	技术要求	配分	评分标准	自检结果	检验结果	得分	备注
程序与加工工艺(30 分)	1	程序格式规范	10	每错一处扣 2 分				
	2	程序正确、完整	10	每错一处扣 2 分				
	3	切削参数设定合理	5	不合理每处扣 3 分				
	4	换刀点与循环起点正确	5	不正确全扣				
机床操作(10 分)	5	机床参数设定合理	5	不正确全扣				
	6	机床操作正确	5	每错一处扣 3 分				

续表

工件编号					总得分			
项目及配分	序号	技术要求	配分	评分标准	自检结果	检验结果	得分	备注
文明生产(10 分)	7	安全操作	5	不合格全扣				
	8	机床维护与保养						
	9	工作场所整理	5	不合格全扣				
工件加工(50 分)	10	$\phi50^{0}_{-0.05}$	7	超 0.01 扣 2 分				
	11	$\phi44^{0}_{-0.05}$	7	超 0.01 扣 2 分				
	12	$\phi20^{0}_{-0.05}$	7	超 0.01 扣 2 分				
	13	$86^{0}_{-0.2}$	7	超 0.02 扣 2 分				
	14	*R*10	7	超 0.02 扣 2 分				
	15	*R*12	7	超 0.02 扣 2 分				
	16	其他尺寸	8	每错一处扣 2 分				
其他项目	发生重大事故(人身和设备安全事故等)、严重违反工艺原则和情节严重的野蛮操作等，由指导老师或裁判取消操作资格							

【任务总结】

整理材料，总结在实施过程中掌握了什么知识、学会了什么技能、发现了什么技巧、出现了什么问题、如何解决问题等。

【任务拓展】

毛坯尺寸为 $\phi45\times80$ mm，利用 G02、G03 顺、逆圆弧加工等指令编程完成图 2-2-5 所示工件的精加工。具体要求如下：

(1) 将设定的工件坐标系标注在图 2-2-5 中对应的位置上。

(2) 分析工艺，详细记录刀具及切削参数。

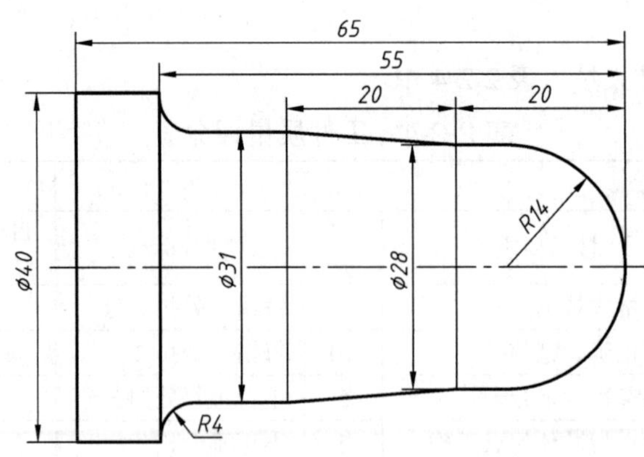

图 2-2-5 G02、G03 圆弧加工指令练习图

任务三 外圆/内孔复合循环加工指令练习

【任务目标】

能熟练运用 SINUMERIK 802D 系统的 CYCLE95 毛坯切削复合循环加工指令编程并进行加工。

【任务引入】

毛坯为 $\phi 45 \times 65$ mm，利用 CYCLE95 指令编程完成图 2-3-1 所示工件的加工。具体要求如下：

(1) 将设定的工件坐标系标注在图 2-3-1 中对应的位置上。

(2) 分析工艺，详细记录刀具及切削参数。

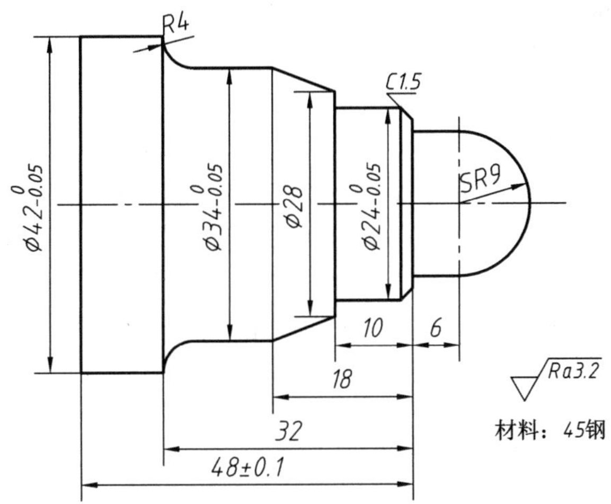

图 2-3-1　CYCLE95 指令练习图 1

【相关知识】

1．CYCLE95 指令格式

CYCLE95 指令的格式如下：

CYCLE95(NPP, MID, FALZ, FALX, FAL, FF1, FF2, FF3, VARI, DT, DAM, VAT)

2．SINUMERIK 802D 系统 CYCLE95 的参数说明

CYCLE95 的参数说明见表 2-3-1。

表 2-3-1 CYCLE95 的参数说明

参数	功能、含义、规定
NPP	轮廓子程序名称
MID	进给深度(半径值，输入时不带正负号)
FALZ	Z 向的精加工余量(输入时不带正负号)
FALX	X 向的精加工余量(输入时不带正负号)
FAL	沿轮廓方向的精加工余量(输入时不带正负号)
FF1	无底切粗加工的进给率
FF2	深入底切段的进给率
FF3	精加工进给率
VARI	加工方式(值域 1～12)
DT	用于粗加工时进行断屑的停留时间
DAM	因断屑而中断粗加工时所经过的路径长度
VAT	粗加工时，从轮廓退刀的距离，X 向为半径(输入时不带正负号)

说明：(1) 利用毛坯切削循环，可以从毛坯开始，通过与轴平行的毛坯切削制造出一个子程序中所编程的轮廓，轮廓中可以包含底切段。利用该循环可以对轮廓进行纵向、横向、外部和内部加工，且工艺可任意选择(粗加工、精加工、综合加工)。对轮廓进行粗加工时，将以所编程的最大进给深度平行轴进行切削，并在到达与轮廓的一个交叉点后，立即对所形成的余角进行平行于轮廓的毛坯切削，一直粗加工到所编程的精加工余量为止。

(2) 精加工与粗加工方向相同。刀具半径补偿将由循环自动选用，然后再取消。

3. 加工方式和切削动作

毛坯切削循环的加工方式用参数 VARI 表示，按其形式分为三类 12 种：第一类为纵向加工与横向加工，第二类为内部加工与外部加工，第三类为粗加工、精加工与综合加工，这 12 种形式见表 2-3-2。

表 2-3-2 毛坯切削循环的加工方式说明

数值(VARI)	纵向加工与横向加工	内部加工与外部加工	粗加工、精加工与综合加工
1	纵向	外部	粗加工
2	横向	外部	粗加工
3	纵向	内部	粗加工
4	横向	内部	粗加工
5	纵向	外部	精加工
6	横向	外部	精加工
7	纵向	内部	精加工
8	横向	内部	精加工
9	纵向	外部	综合加工
10	横向	外部	综合加工
11	纵向	内部	综合加工
12	横向	内部	综合加工

1) 纵向加工和横向加工

(1) 纵向加工。纵向加工方式是指沿 X 轴方向切深进给，而沿 Z 轴方向切削进给的一种加工方式。刀具的切削动作如图 2-3-2 所示。

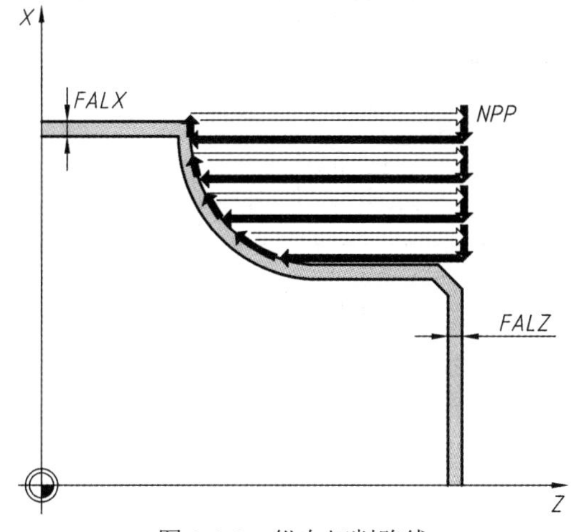

图 2-3-2　纵向切削路线

(2) 横向加工。横向加工方式是指沿 Z 轴方向切深进给，而沿 X 轴方向切削进给的一种加工方式。横向加工的切削动作和纵向加工的切削动作相似。不同之处在于纵向加工是沿 X 轴方向进行多刀循环切削的，而横向加工是沿 Z 轴方向进行多刀循环切削的。横向加工的进刀路线为：进刀→X 向切削→沿工件轮廓切削→退刀→重复以上动作。

2) 外部加工与内部加工

(1) 纵向加工方式中的内部加工与外部加工。纵向加工方式中，当毛坯切削循环刀具的切深方向为 $-X$ 向时，则该加工方式为纵向外部加工方式(VARI=1/5/9)；反之，当毛坯切削循环刀具的切深方向为 $+X$ 向时，则该加工方式为纵向内部加工方式(VARI=3/7/11)，如图 2-3-3 所示。

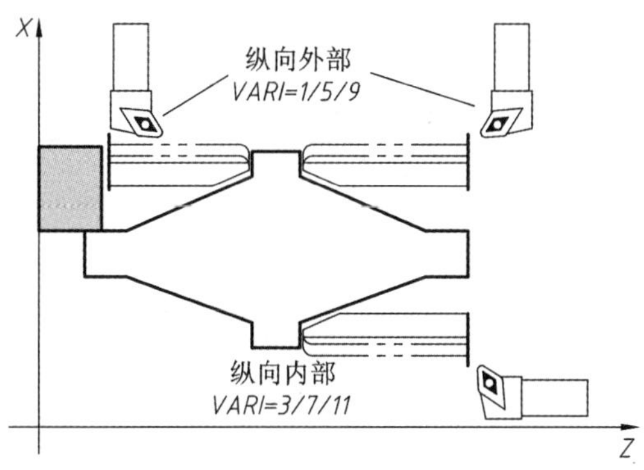

图 2-3-3　纵向加工方式

(2) 横向加工方式中的内部加工与外部加工。横向加工方式中，当毛坯切削循环刀具的切深方向为 $-Z$ 向时，则该加工方式为横向外部加工方式(VARI=2/6/10)；反之，当毛坯切削循环刀具的切深方向为 $+Z$ 向时，则该加工方式为横向内部加工方式(VARI=4/8/12)，如图 2-3-4 所示。

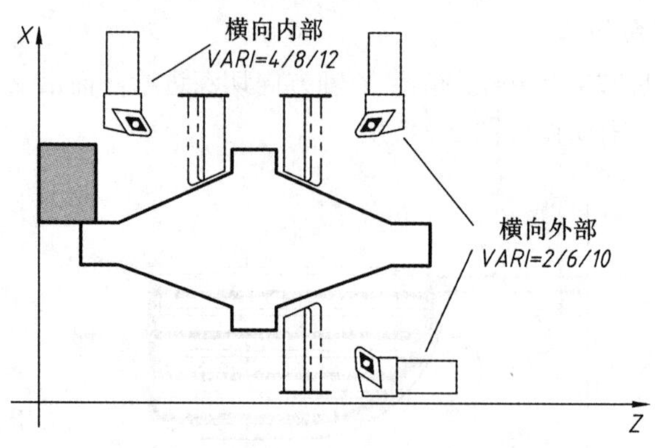

图 2-3-4　横向加工方式

3) 粗加工、精加工与综合加工

(1) 粗加工。粗加工(VARI=1/2/3/4)是指采用分层切削的方式切除余量的一种加工方式，粗加工后保留精加工余量。

(2) 精加工。精加工(VARI=5/6/7/8)是指刀具沿轮廓轨迹一次性进行加工的一种加工方式。精加工循环时，系统将自动启用刀尖圆弧半径补偿功能。

(3) 综合加工。综合加工(VARI=9/10/11/12)是粗加工和精加工的合成。执行综合加工时，先粗加工再精加工。

4．轮廓的定义和调用

1) 轮廓定义的要求

(1) 轮廓由直线和圆弧组成，且可以在其中使用圆角(RND)和倒角(CHA)指令。

(2) 定义轮廓的第一个程序段必须含有 G00、G01、G02、G03 指令中的一个。

(3) 轮廓子程序中不能含有刀尖圆弧半径补偿指令。

2) 轮廓的调用

轮廓的调用方法有两种：一种是将工件轮廓编写在子程序中，在主程序中通过参数“NPP”对轮廓的子程序进行调用，见例 1；另一种是用“ANFANG:ENDE”表示，用“ANFANG:ENDE”表示的轮廓，直接跟在主程序循环调用后，见例 2。

例 1	例 2
HG199.MPF;	HG199.MPF;
…	…
CYCLE95(“SK198”, …)	CYCLE95(“ANFANG:ENDE”, …)
…	ANFANG:
M02;	…
SK198.SPF	ENDE: ;
…	…
M17(RET)	M02;

5．轮廓切削步骤

SINUMERIK 802D 系统的毛坯切削循环不仅能加工单调递增或单调递减的轮廓，还可以加工内凹或大于 1/4 圆的圆弧。内凹轮廓切削顺序如图 2-3-5 所示。

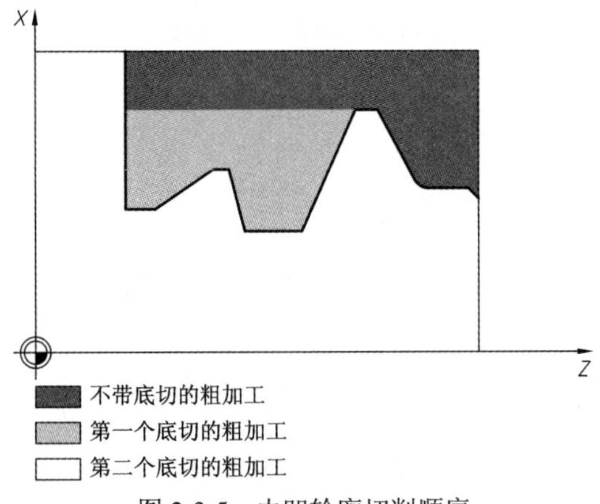

图 2-3-5　内凹轮廓切削顺序

6. 循环起点的确定

循环起点的坐标值根据工件轮廓、精加工余量、退刀量等因素由系统自动计算。起始点位于执行深度进给的轴上，与轮廓的距离等于精加工余量 + 退刀行程(参数_VRT)。在另一根轴上，该点位于轮廓起始点之前，距离为精加工余量 + _VRT，如图 2-3-6 所示。

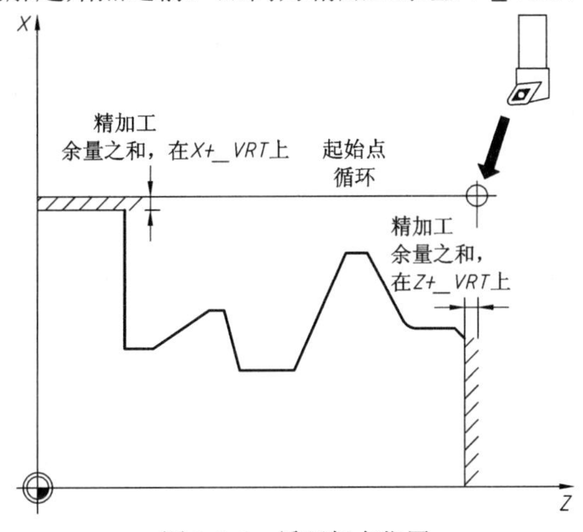

图 2-3-6　循环起点位置

在返回起始点时，将在循环内部选择刀沿半径补偿值。

因此在选择调用循环前的最后一点时必须令调用循环后不会出现碰撞，且有足够的位置进行补偿运动。

刀具定位及退刀至循环起点的方式有两种：粗加工时，刀具两轴同时返回循环起点；精加工时，刀具分别返回循环起点，且首先返回刀具切削进给轴。

7. 粗加工进刀深度

参数 MID 定义的是粗加工最大可能的进刀深度，实际切削时的进给深度由循环自动计算得出，且每次进刀深度相等。计算时，系统根据最大可能的进刀深度和待加工的总深度计算出总的进刀数量，再根据进刀数量和待加工的总深度计算出每次粗加工进刀深度。

8. 精加工余量

在 SINUMERIK 802D 系统中，分别用参数 FALX、FALZ 和 FAL 来定义 *X*、*Z* 轴和根

据轮廓的精加工余量，X 方向的精加工余量以半径值表示。

【任务实施】

(1) 加工工艺的确定。

① 刀具及工艺参数的选择见表 2-3-3。

表 2-3-3　刀具及工艺参数表

工步	工步内容	刀号	刀具名称及规格	刀尖半径	主轴转速 /(r/min)	进给速度 /(mm/r)	背吃刀量 /mm
1	粗车外轮廓	T1	93°硬质合金外圆车刀	*R*0.2	800	0.2	1.5
2	精车外轮廓	T1	93°硬质合金外圆车刀	*R*0.2	1000	0.1	0.2
3	切断	T2	切槽刀刃宽 3 mm		400	0.1	

② 夹具和量具的选择见表 2-3-4。

表 2-3-4　夹具和量具表

序号	名　称	规　格/mm	数　量
1	游标卡尺	0.02/0～150	1
2	外径千分尺	0.01/0～25、0.01/25～50、0.01/50～75	1
3	深度游标卡尺	0～150	1
4	万能角度尺	0°～320°	1
5	内径量表	18～35	1
6	钟面式百分表	0～10	1
7	磁力表座		1
8	螺纹千分尺	0.01/25～50	1
9	螺纹对刀样板	60°	1
10	塞尺	0.02～1	1 套
11	R 规	*R*1～*R*25	1 套
12	V 型块		1 对

(2) 编制加工程序，参考程序见表 2-3-5。

表 2-3-5　参 考 程 序

程 序 内 容	程 序 内 容
SK03	SK031
G0 X200 Z200	X0 Z3
T1	G1 Z0
M3 S800	G3 X18 Z-9
X45 Z3	G1 Z-15
CYCLE95(SK031,1.5,0.1,0.1,,0.2,0.1,0.1,9,,,)	X21
G0 X200	X24 Z-16.5
Z200	Z-25
T2 S400	X28
G0 X45	X34 Z-34
Z-51	Z-43
G1 X0 F0.1	G2 X42 Z-47 CR=4
G0 X200	G1 Z-51
Z200	G0 X200 Z200
M5	M5
M2	M2

(3) 在数控车床上模拟加工轨迹，模拟正确后进行加工。
(4) 学生自己检验工件。
(5) 整理现场。

【任务评价】

一、评分原则

这里可参照任务一中的评分原则。

二、评分标准

检验工件质量的结果填入表 2-3-6 中。

表 2-3-6　工件质量评分表

工件编号					总得分			
项目及配分	序号	技术要求	配分	评分标准	自检结果	检验结果	得分	备注
程序与加工工艺(30 分)	1	程序格式规范	10	每错一处扣 2 分				
	2	程序正确、完整	10	每错一处扣 2 分				
	3	切削参数设定合理	5	不合理每处扣 3 分				
	4	换刀点与循环起点正确	5	不正确全扣				
机床操作(10 分)	5	机床参数设定合理	5	不正确全扣				
	6	机床操作正确	5	每错一处扣 3 分				
文明生产(10 分)	7	安全操作	5	不合格全扣				
	8	机床维护与保养						
	9	工作场所整理	5	不合格全扣				
工件加工(50 分)	10	$\phi42^{0}_{-0.05}$	6	超差 0.01 扣 2 分				
	11	$\phi34^{0}_{-0.05}$	6	超差 0.01 扣 2 分				
	12	$\phi24^{0}_{-0.05}$	6	超差 0.01 扣 2 分				
	13	48±0.1	6	超差 0.02 扣 2 分				
	14	*R*4	5	超差 0.02 扣 2 分				
	15	*SR*9	5	超差 0.02 扣 2 分				
	16	*Ra*3.2	6	一处不合格扣 3 分				
	17	其他尺寸	10	每错一处扣 3 分				
其他项目	发生重大事故(人身和设备安全事故等)、严重违反工艺原则和情节严重的野蛮操作等，由指导老师或裁判取消操作资格							

【任务总结】

整理材料，总结在实施过程中掌握了什么知识、学会了什么技能、发现了什么技巧、出现了什么问题、如何解决问题等。

【任务拓展】

(1) 毛坯尺寸为 $\phi 55 \times 110$ mm，利用 CYCLE95 指令编程完成图 2-3-7 所示工件的加工。具体要求如下：

① 将设定的工件坐标系标注在图 2-3-7 中对应的位置上。

② 分析工艺，详细记录刀具及切削参数。

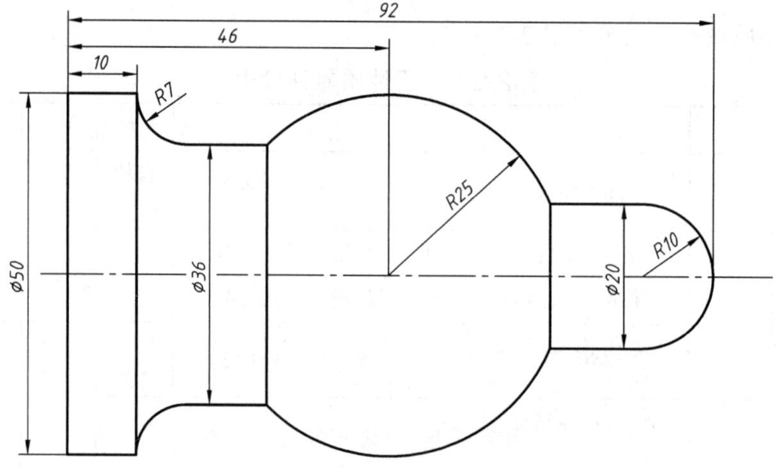

图 2-3-7　CYCLE95 指令练习图 2

(2) 毛坯尺寸为 $\phi 50 \times 80$ mm，利用 CYCLE95 指令编程完成图 2-3-8 所示工件的加工。具体要求如下：

① 将设定的工件坐标系标注在图 2-3-8 中对应的位置上。

② 分析工艺，详细记录刀具及切削参数。

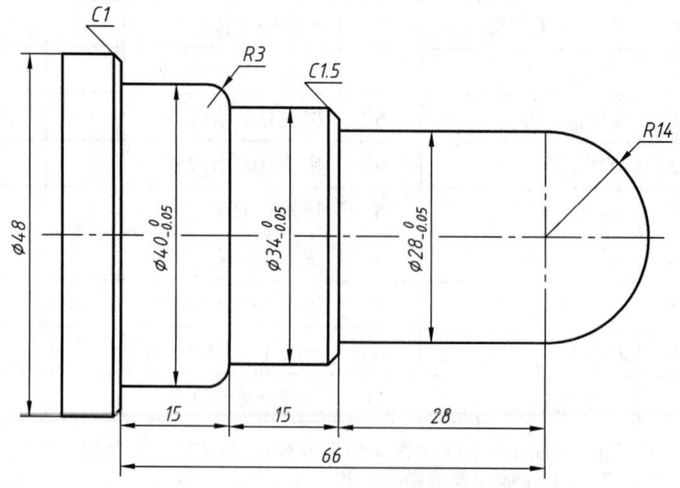

图 2-3-8　CYCLE95 指令练习图 3

任务四 子程序在车削加工中的应用

【任务目标】

能利用子程序简化程序的编制。

【任务引入】

毛坯尺寸为 $\phi32\times80$ mm，利用子程序编程完成图 2-4-1 所示工件的加工。具体要求如下：

(1) 将设定的工件坐标系标注在图 2-4-1 中对应的位置上。

(2) 分析工艺，详细记录刀具及切削参数。

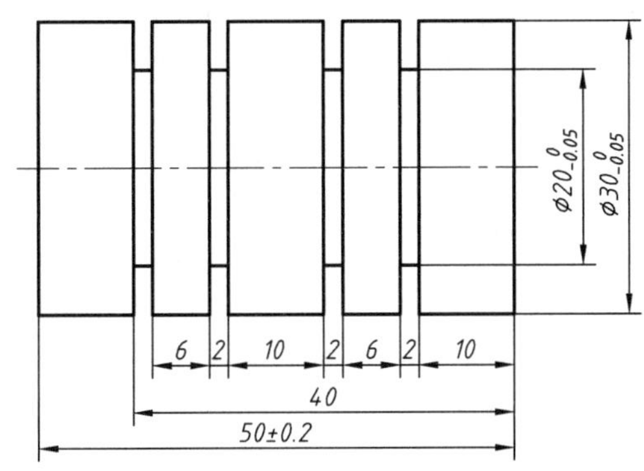

图 2-4-1 子程序编程练习图

【相关知识】

在编制加工程序时，有时会遇到一组程序段在一个程序中多次出现，或者在几个程序中都要使用它，这组程序段就称为子程序，使用子程序可以简化编程。主程序可以调用子程序，一个子程序也可以调用下一级的子程序，其作用相当于一个固定循环。

下面介绍 SINUMERIK 802D 系统的子程序。

1. 子程序的结构

SINUMERIK 802D 系统的主程序和子程序之间的并没有本质区别。子程序的结构和主程序的结构一样，只不过在子程序的最后一个程序段要用 M17 结束子程序返回主程序。

2. 子程序的调用

在一个程序段(主程序或子程序)可以直接用程序名调用子程序，子程序调用要求占用一个独立的程序段。如果要求多次调用某一子程序，则在设置时必须在调用子程序的程序名后地址符 P 下写入调用次数，最大次数可以为 9999(P1～P9999)。

3. 子程序的嵌套

为了进一步简化程序，可以让子程序调用另一个子程序，称为子程序嵌套。子程序的最多嵌套层数各系统不尽相同。SINUMERIK 802D 系统的子程序的嵌套深度可以为三层，也就是四级程序界面(包括主程序界面)。

特别强调：子程序属于程序的一部分，子程序执行前的模态指令对子程序部分仍然有效；同样，子程序里的模态指令对后面的主程序部分也有效。在子程序里可以进行指令状态的切换，比如 G90 与 G91 的切换。在返回主程序时请注意检查所有模态有效的指令，并按照编程要求进行调整。

【任务实施】

(1) 加工工艺的确定。

① 刀具及工艺参数的选择见表 2-4-1。

表 2-4-1　刀具及工艺参数表

工步	工步内容	刀号	刀具名称及规格	刀尖半径	主轴转速/(r/min)	进给速度/(mm/r)	背吃刀量/mm
1	车削外轮廓	T1	93°硬质合金外圆刀刃	*R*0.2	800	0.2	1
2	切槽	T2	切槽刀刃宽 2 mm		300	0.1	
3	切断	T2	切槽刀刃宽 2 mm		300	0.1	

② 夹具和量具的选择见表 2-4-2。

表 2-4-2　夹具和量具表

序号	名　称	规　格/mm	数　量
1	游标卡尺	0.02/0～150	1
2	外径千分尺	0.01/0～25、0.01/25～50、0.01/50～75	1
3	深度游标卡尺	0～150	1
4	万能角度尺	0°～320°	1
5	内径量表	18～35	1
6	钟面式百分表	0～10	1
7	磁力表座		1
8	螺纹千分尺	0.01/25～50	1
9	螺纹对刀样板	60°	1
10	塞尺	0.02～1	1 套
11	R 规	*R*1～*R*25	1 套
12	V 型块		1 对

(2) 编制加工程序，参考程序见表 2-4-3。

表 2-4-3　参 考 程 序

程 序 内 容		程 序 内 容
SK04		子程序
G0 X200 Z200		**P1234**(子程序名)
T1		G91 GO Z-12
M3 S8OO		G1 X-12 F0.1
G0 X30 Z3		X12
G1 Z-52 F0.2		Z-8
G0 X200		X-12
Z200		X12
T2 S300		M17
X32 Z0		
M98 P1234 L2	调用子程序 2 次	
G90 Z-52		
X0		
G0 X200		
Z200		
M5		
M2		

(3) 在数控车床上模拟加工轨迹，模拟正确后进行加工。

(4) 学生自己检验工件。

(5) 整理现场。

【任务评价】

一、评分原则

这里可参照任务一中的评分原则。

二、评分标准

检验工件质量的结果填入表 2-4-4 中。

表 2-4-4　工件质量评分表

工件编号					总得分			
项目及配分	序号	技术要求	配分	评分标准	自检结果	检验结果	得分	备注
程序与加工工艺(30 分)	1	程序格式规范	10	每错一处扣 2 分				
	2	程序正确、完整	10	每错一处扣 2 分				
	3	切削参数设定合理	5	不合理每处扣 3 分				
	4	换刀点与循环起点正确	5	不正确全扣				

续表

工件编号					总得分			
项目及配分	序号	技术要求	配分	评分标准	自检结果	检验结果	得分	备注
机床操作(10分)	5	机床参数设定合理	5	不正确全扣				
	6	机床操作正确	5	每错一处扣3分				
文明生产(10分)	7	安全操作	5	不合格全扣				
	8	机床维护与保养						
	9	工作场所整理	5	不合格全扣				
工件加工(50分)	10	$\phi50\pm0.2$	10	超差0.02扣2分				
	11	$\phi20^{0}_{-0.05}$	10	超差0.01扣2分				
	12	$\phi30^{0}_{-0.05}$	10	超差0.01扣2分				
	13	40	6	超差0.05扣2分				
	14	其他尺寸	14	每错一处扣3分				
其他项目	发生重大事故(人身和设备安全事故等)、严重违反工艺原则和情节严重的野蛮操作等，由指导老师或裁判取消操作资格							

【任务总结】

整理材料，撰写实验报告。总结在实施过程中掌握了什么知识、学会了什么技能、发现了什么技巧、出现了什么问题、如何解决问题等。

【任务拓展】

什么时候最适宜应用子程序调用功能?

任务五　等螺距螺纹加工指令练习

【任务目标】

(1) 熟悉数控切削螺纹的要点及相关计算。
(2) 能利用SINUMERIK 802D系统中的G33指令编程并进行加工。

【任务引入】

毛坯为$\phi50\times80$ mm棒料，工件材料为45钢。1号刀为93°外圆车刀(基准刀)，2号刀为高速钢切槽刀，刃宽3 mm，刀位点在左刀尖；3号刀为60°硬质合金三角螺纹车刀。利用G33等指令编程并加工图2-5-1所示的工件。

具体要求如下：

(1) 将设定的工件坐标系标注在图 2-5-1 中对应的位置上。

(2) 分析工艺，详细记录刀具及切削参数等数据。

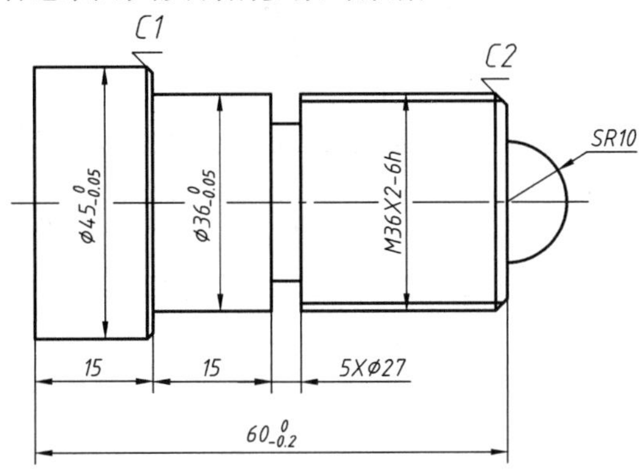

图 2-5-1　G33 指令练习图

【相关知识】

一、螺纹加工基础知识

(1) 螺纹粗加工到精加工工程中，主轴转速必须保持一常数，否则螺纹导程不准确。

(2) 在没有停止主轴的情况下，停止螺纹的切削将非常危险。因此，切削螺纹时，进给保持功能无效，如果按下进给保持按键，刀具将在加工完螺纹后停止运动。

(3) 加工螺纹时，不能使用恒定线速度控制功能。

(4) 在加工螺纹中，径向起点(编程大径)的确定取决于螺纹大径，径向终点(编程小径)的确定取决于螺纹小径。螺纹小径 d'、可按经验公式 $d' = d - 2 \times (0.55 \sim 0.6495)P$。式中，$d$ 为螺纹公称直径；d' 为螺纹小径(编程小径)；P 为螺距。

(5) 由于机床伺服系统本身具有滞后特性，会在起始段和停止段发生螺纹的螺距不规则现象，故应考虑刀具的引入长度 DITS(空刀导入量)和超越长度 DITE(空刀导出量)。编程时，整个被加工螺纹的长度应该是引入长度、超越长度和螺纹实际长度之和。

引入长度和超越长度的数值大小没有严格的要求，它们与工件螺距和主轴转速有关。根据经验，一般可取引入长度不小于 2 倍导程；超越长度不小于 1～1.5 倍导程。

(6) 由于螺纹车刀是成型刀具，所以切削刃与工件接触线较长，切削力也较大。为避免切削力过大造成刀具损坏或在切削中引起震颤，通常要安排多次进刀来切削螺纹，每次进给的背吃刀量根据螺纹深度按递减规律分配。一般第一刀取 0.5P，以后取前一刀的 0.7 倍递减；单刀最大切深一般不大于 1，最小不小于 0.1。当然，也可根据表 2-5-1 选择进给次数和背吃刀量。

(7) 加工余量的分配方式有等量式和递减式，刀具进刀方式有直进式和斜进式。

等量式分配时，每一刀的背吃刀量 a_p = (总加工余量−精加工余量)/进刀次数。

递减式分配时，每一刀的背吃刀量可依经验(如按步骤(6)中所述方法)获得，也可在指定第一刀进刀量后，按公式 $a_{pn} = a_{p1}(\sqrt{n} - \sqrt{n-1})$ 递减。具体采用何种方式，视情况而定。

表 2-5-1　常用螺纹进给次数和背吃刀量

公制螺纹								
螺距/mm		1.0	1.5	2	2.5	3	3.5	4
牙深(半径值)		0.649	0.974	1.299	1.624	1.949	2.273	2.598
切削次数及背吃刀量(直径值)	1 次	0.7	0.8	0.9	1.0	1.2	1.5	1.5
	2 次	0.4	0.6	0.6	0.7	0.7	0.7	0.8
	3 次	0.2	0.4	0.6	0.6	0.6	0.6	0.6
	4 次		0.16	0.4	0.4	0.4	0.6	0.6
	5 次			0.1	0.4	0.4	0.4	0.4
	6 次				0.15	0.2	0.4	0.4
	7 次						0.2	0.4
	8 次						0.15	0.3
	9 次							0.2
英制螺纹								
牙/in		24	18	16	14	12	10	8
牙深(半径值)		0.698	0.904	1.016	1.162	1.355	1.626	2.033
切削次数及背吃刀量(直径值)	1 次	0.8	0.8	0.8	0.8	0.9	1.0	1.2
	2 次	0.4	0.6	0.6	0.6	0.6	0.7	0.7
	3 次	0.16	0.3	0.5	0.5	0.6	0.6	0.6
	4 次		0.11	0.14	0.3	0.4	0.4	0.5
	5 次				0.13	0.21	0.4	0.58
	6 次						0.16	0.4
	7 次							0.17

直进式指每一次进刀方向都垂直于轴线，如图 2-5-2 所示。它的优点是刀具两侧受力均衡，提高了刀具的寿命，但螺纹根部容易车削不净。

斜进式指每一次进刀方向都与轴线成固定夹角，如图 2-5-3 所示。它的优点是车削比较彻底，但刀具的安装和调整比较繁琐。

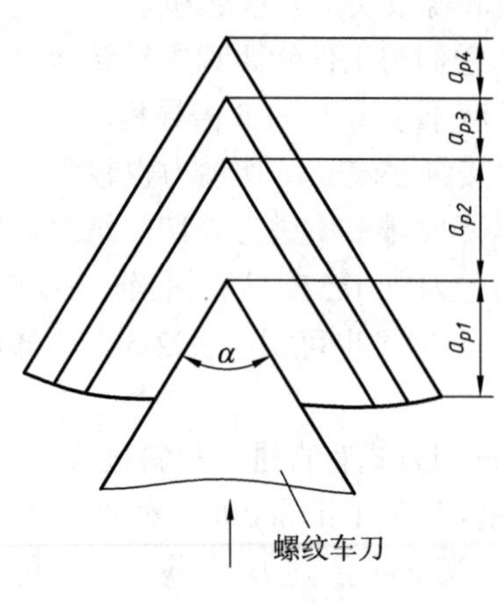

图 2-5-2　直进式

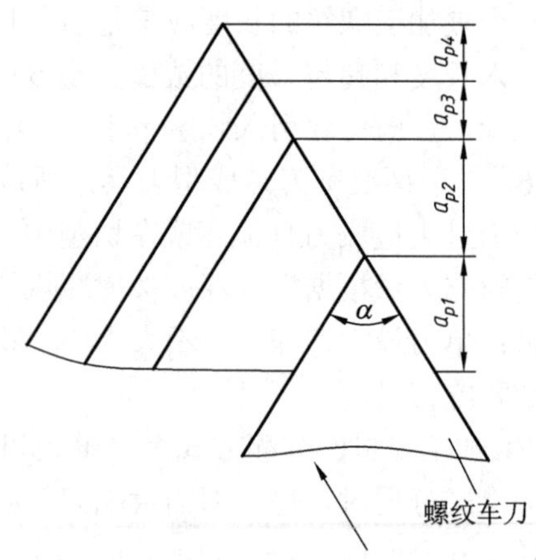

图 2-5-3　斜进式

(8) 螺纹顶径控制。

在螺纹切削时，由于刀具的挤压使得最后加工出来的顶径处塑性膨胀，从而影响螺纹的装配和正常使用，因此，在螺纹切削前的圆柱加工中，将外圆柱先车小，内圆柱先车大，此经验值一般大约是 0.2～0.3 mm。

(9) 刀具使用。

螺纹加工一般是两种加工情况：一是使用高速钢材料低速加工，再就是使用硬质合金和涂层刀具等进行高速加工。加工时，可根据刀具和工件材料等因素设定转速。

(10) 多线螺纹加工。

多线螺纹加工要解决分线问题，根据多线螺纹各螺旋线在轴向和圆周方向等距分布的特点，常见的分线方法有轴向分线法和圆周分线法两类。

轴向分线法即当车好一条螺旋线后，刀具沿轴向方向移动(前进或后退，建议后退)一个螺距，再车第二条螺旋线。用此法加工时，应注意：

① 相邻螺旋线在用指令加工时，起刀点的 *Z* 坐标相差一个螺距。

② 在编程时。*K* 后面指定的是导程，但在计算螺纹切削深度时，用螺距而不能用导程计算。

圆周分线法只要告知线数 *n*，可方便地算出每一次分线角度 360°/*n*。

二、G33 等螺距螺纹切削指令

G33 指令螺纹切削示意图见图 2-5-4。

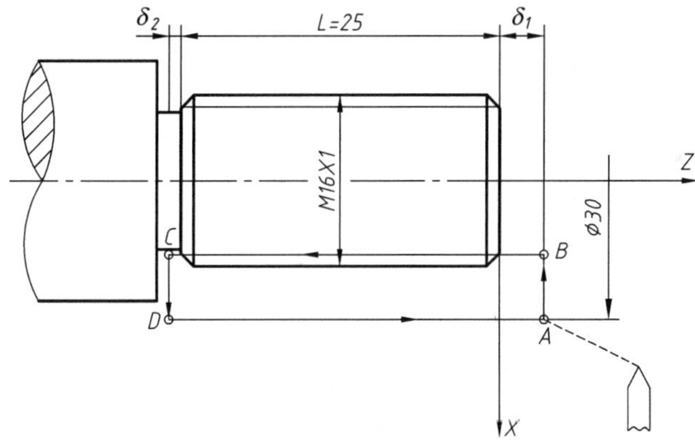

图 2-5-4 G33 指令螺纹切削示意图

G33 指令格式如下：

G33 Z_K_;

该指令为圆柱螺纹，K 表示导程。

G33 Z_X_K_;

该指令为圆锥螺纹，K 表示导程，*Z* 轴位移较大，锥角小于 45°。

G33 Z_X_I_;

该指令为圆锥螺纹，I 表示导程，*X* 轴位移较大，锥角大于 45°。

G33 X_I_;

该指令为端面螺纹，I 表示导程。

说明：

(1) X、Z 在绝对值输入 G90 的状态下，表示螺纹终点坐标值；在相对值输入 G91 时，表示螺纹终点相对于循环起点的坐标值。

(2) 一个完整的螺纹切削过程包括：切入(AB)→车螺纹(BC)→退刀(CD)→返回(DA)四个步骤。G33 指令仅是完成四步中车螺纹这一步。因此，利用 G33 编程时，应使用 G00 或 G01 将车刀切入、退刀、返回等编入程序中。

(3) 编程中的螺纹长度应是引入长度、螺纹有效长度、超越长度三者之和。

(4) G33 加工螺纹时，坐标轴速度由主轴转速和螺距确定，与进给率没有关系，进给率处于存储状态。当两者之积大于机床数据中规定的最大轴速度(快速移动速度)时，机床报警。

【任务实施】

(1) 加工工艺的确定。

① 刀具及工艺参数的选择见表 2-5-2。

表 2-5-2　刀具及工艺参数表

工步	工步内容	刀号	刀具名称及规格	刀尖半径	主轴转速 /(r/min)	进给速度 /(mm/r)	背吃刀量 /mm
1	粗车外轮廓	T1	93°硬质合金外圆车刀	*R*0.2	800	0.2	1.5
2	精车外轮廓	T1	93°硬质合金外圆车刀	*R*0.2	1000	0.1	0.2
3	切槽	T2	切槽刀宽 4 mm		400	0.1	
4	车螺纹	T3	60°硬质合金螺纹车刀		600		
5	切断	T2	切槽刀宽 4 mm		400	0.1	

② 夹具和量具的选择见表 2-5-3。

表 2-5-3　夹具和量具表

序号	名　称	规　格/mm	数　量
1	游标卡尺	0.02/0～150	1
2	外径千分尺	0.01/0～25、0.01/25～50、0.01/50～75	1
3	深度游标卡尺	0～150	1
4	万能角度尺	0°～320°	1
5	内径量表	18～35	1
6	钟面式百分表	0～10	1
7	磁力表座		1
8	螺纹千分尺	0.01/25～50	1
9	螺纹对刀样板	60°	1
10	塞尺	0.02～1	1 套
11	R 规	*R*1～*R*25	1 套
12	V 型块		1 对

(2) 编制加工程序，参考程序见表 2-5-4。

表 2-5-4 参考程序

程序内容	程序内容
SK05	
G0 X200 Z200	G0 X200
T1	Z200
M3 S800	T2 S400
G0 X50 Z3	G0 X55
CYCLE95(SK051，1.5,0.3,0.3,，0.2,，0.15,9,，，，)	Z-94
G0 X200	G1 X0 F0.1
Z200	G0 X200
T2 S400	Z200
G0 X38	M5
Z-49	M2
G1 X27 F0.1	
X38	子程序
Z-50	SK051
X27	G0 X0
Z-49.5	G1 Z0 F0.1
G0 X200	G3 X20 Z-10 CR=10
Z200	G1 X32
T3 S600	X36 Z-12
G0 X38 Z-5	Z-55
X35.1	X45
G33 Z-48 K2	Z-63
G0 X38	X50
Z-5	M17
(以下重复此走刀路径，背吃刀量分别为 0.6、0.6、0.4，最后一刀背吃刀量为 0.1，)	
X34.5	
G33 Z-48 K2	
G0 X38	
Z-5	
X33.9	
G33 Z-48 K2	
G0 X38	
Z-5	
X33.5	
G33 Z-48 K2	
G0 X38	
Z-5	
X33.4	
G33 Z-48 K2	

(3) 在数控车床上模拟加工轨迹，模拟正确后进行加工。

(4) 学生自己检验工件。

(5) 整理现场。

【任务评价】

一、评分原则

这里可参照任务一中的评分原则。

二、评分标准

检验工件质量的结果填入表 2-5-5 中。

表 2-5-5 工件质量评分表

工件编号					总得分			
项目及配分	序号	技术要求	配分	评分标准	自检结果	检验结果	得分	备注
程序与加工工艺(30 分)	1	程序格式规范	10	每错一处扣 2 分				
	2	程序正确、完整	10	每错一处扣 2 分				
	3	切削参数设定合理	5	不合理每处扣 3 分				
	4	换刀点与循环起点正确	5	不正确全扣				
机床操作(10 分)	5	机床参数设定合理	5	不正确全扣				
	6	机床操作正确	5	每错一处扣 3 分				
文明生产(10 分)	7	安全操作	5	不合格全扣				
	8	机床维护与保养						
	9	工作场所整理	5	不合格全扣				
工件加工(50 分)	10	$\phi45^{0}_{-0.05}$	8	超差 0.01 扣 2 分				
	11	$\phi36^{0}_{-0.05}$	8	超差 0.01 扣 2 分				
	12	$M36\times2$	10	不合格全扣				
	13	$SR10$	6	超差 0.02 扣 2 分				
	14	$60^{0}_{-0.2}$	8	超差 0.01 扣 2 分				
	15	其他尺寸	10	每错一处扣 2 分				
其他项目	发生重大事故(人身和设备安全事故等)、严重违反工艺原则和情节严重的野蛮操作等，由指导老师或裁判取消操作资格							

【任务总结】

整理材料，总结在实施过程中掌握了什么知识、学会了什么技能、发现了什么技巧、出现了什么问题、如何解决问题等。

【任务拓展】

利用 G33 指令编程车削如图 2-5-4 所示工件的 M16×1 螺纹。螺纹大径为 ϕ16 mm，总背吃刀量为 0.65 mm，三次进给背吃刀量分别为 $a_{p1} = 0.3$ mm，$a_{p2} = 0.2$ mm，$a_{p3} = 0.15$ mm，进、退刀段 $\delta_1 = 2$ mm、$\delta_2 = 1$ mm，进刀方法为直进法。

具体要求如下：

(1) 将设定的工件坐标系标注在图 2-5-4 中对应的位置上。

(2) 分析工艺，详细记录刀具及切削参数。

任务六　螺纹切削复合循环指令练习

【任务目标】

能熟练运用 SINUMERIK 802D 系统 CYCLE97 螺纹切削复合循环加工指令编程并进行加工。

【任务引入】

毛坯为 $\phi30 \times 45$ mm，利用 CYCLE97 等指令编程完成图 2-6-1 所示工件的加工。具体要求如下：

(1) 将设定的工件坐标系标注在图 2-6-1 中对应的位置上。

(2) 分析工艺，详细记录刀具及切削参数。

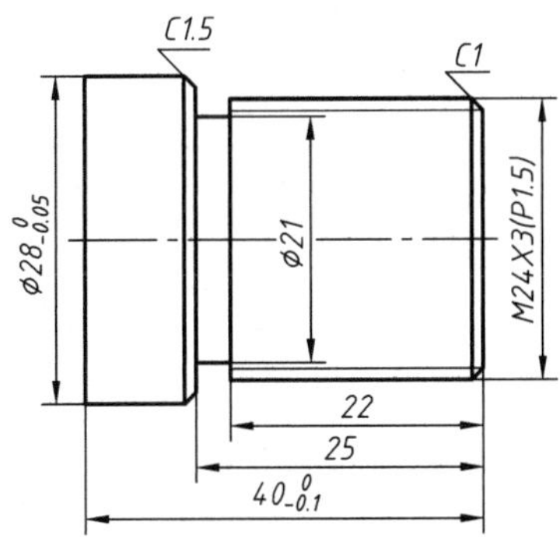

图 2-6-1　CYCLE97 指令练习图 1

【相关知识】

螺纹切削循环指令 CYCLE97 不但可以方便地车出各种圆柱和圆锥内、外螺纹，还能加工出单线螺纹和多线螺纹。在切削过程中，其每一刀的背吃刀量可由系统自动设定。螺纹的加工工艺方面相关知识在任务五讲解 G33 指令时已作详细介绍，这里不再赘述。下面将着重介绍 CYCLE97 指令参数的含义和用法。

一、CYCLE97 指令参数的含义

1. 指令格式

CYCLE97 指令参数的格式如下：

CYCLE97(PIT, MPIT, SPL, FPL, DM1, DM2, APP, ROP, TDEP, FAL, IANG, NSP, NRC, NID,VARI, NUMT, VRT)

2. CYCLE97 指令参数含义

CYCLE97 指令参数说明见表 2-6-1。

表 2-6-1　CYCLE97 指令参数说明

参　数	功能、含义及规定
PIT	螺距作为数值(输入时不带正负号，多线螺纹时输入导程值)
MPIT	螺距作为螺纹尺寸 值域：3(表示 *M*3)～60(表示 *M*60)
SPL	螺纹起始点的纵坐标
FPL	螺纹终点的纵坐标
DM1	螺纹在起始点处的直径(轴径或孔径)
DM2	螺纹在终点处的直径(轴径或孔径)
APP	导入行程(输入时不带正负号)
ROP	导出行程(输入时不带正负号)
TDEP	螺纹深度(输入时不带正负号)
FAL	精加工余量(输入时不带正负号)X 轴为半径值
IANG	进给角度 “+”表示沿侧面进给 “−”表示交互侧面进给
NSP	第一个螺纹导程的起始点偏移(无符号角度值)
NRC	粗加工次数(输入时不带正负号)
NID	空进刀数(输入时不带正负号)
VARI	确定螺纹的加工方式，值域：1～4
NUMT	螺纹线数(默认单线)
VRT	通过起始直径的可变返回路径，增量(输入时不带正负号)

例：CYCLE97(4, , 0, 0, -36, 25, 25, 3,2, 1.5, 0.05, 30, 0, 5,1, 2, ,1)

注意：若“,”前无数值，则表示该数值可省略，但注意不能省略“,”。

应用该循环的前提条件是主轴带有行程测量系统，且转速可调。

二、CYCLE97 指令详解

1. 螺纹切削循环的动作

(1) 循环启动前到达位置：起始位置可以是任意位置，只需从该位置返回即可无碰撞

地回到所编程的螺纹起始点 + 导入行程。

(2) 导入行程开始，加工第一个螺纹导程时，用 G00 返回循环内部测定的起始点。

(3) 进行粗加工时的进刀位移应根据 VARI 中所规定的进给方式进行。

(4) 攻丝时，将根据已编程的粗加工段数重复进行。

(5) 随后以 G33 进行的切削中，将把精加工余量切削完。

(6) 根据空进刀数重复该步骤。

(7) 对于以后的每一个螺纹导程，都将重复整个动作过程。

2. 加工方式

CYCLE97 的加工方式用参数 VART 表示，该参数不仅确定了螺纹的加工类型，还确定了螺纹背吃刀量的定义方法。参数 VART 的取值为 1～4，其值的含义见表 2-6-2。

表 2-6-2　参数 VART 值含义说明

加工类型	外部/内部	进 给 方 式
1	外部	恒定背吃刀量进给
2	内部	恒定背吃刀量进给
3	外部	恒定切削截面积进给
4	内部	恒定切削截面积进给

说明：

(1) 如果程序中参数 VARI 出现了其他的值，则循环终止并输出报警“61002 加工方式定义不正确”。

(2) 内部方式指内螺纹的加工，外部方式指外螺纹的加工。

(3) 恒定背吃刀量进给和恒定切削截面积进给。

恒定背吃刀量进给方式如图 2-6-2(a)所示，此时螺纹切入角用参数 IANG 的值为 0，刀具以直进法进刀。螺纹加工时，每次背吃刀量相等，其值由参数 TDEP、FAL 和 NRC 确定，计算式如下：

$$a_p = \frac{\text{TDEP} - \text{FAL}}{\text{NRC}}$$

式中：a_p 表示粗加工每次背吃刀量；TDEP 表示螺纹总切削深度；FAL 表示螺纹精加工余量；NRC 表示螺纹粗切削次数。

恒定切削截面积进给进给方式如图 2-6-2(b)所示，此时螺纹切入角用参数 IANG 表示，该值不为 0。此时，IANG 的值为“+”时表示沿侧面进给，为“−”时表示交互侧面进给。采用恒定切削截面积进给方式进行螺纹粗加工时，背吃刀量按递减方式自动分配，并使每次切除表面的截面积近似相等。

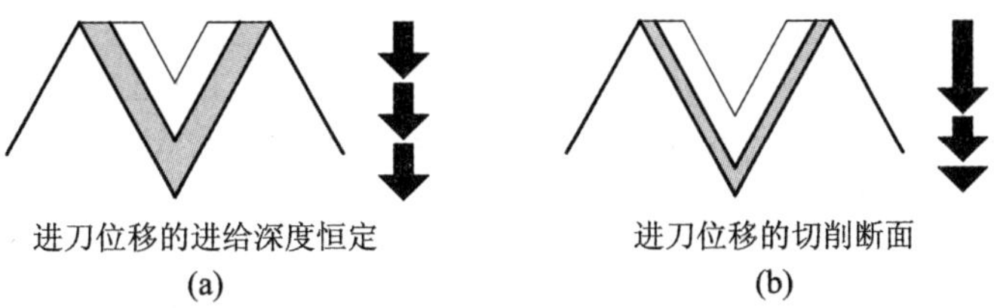

图 2-6-2　背吃刀量方式

3．螺纹加工空刀导入量和空刀导出量

空刀导入量用参数 APP 表示，该值一般取(2～3)P(P 为螺距)；空刀导出量用参数 POP 表示，该值一般取(1～2)P。

4．螺距的确定

螺纹的螺距可用两种方法表示，即用参数 PIT 表示实际螺距数值的大小或用参数 MPIT 表示螺纹公称直径的大小，其螺距的大小则由粗牙普通螺纹的尺寸确定(如当 MPIT=10 时，虽在 PIT 中不能输入数据，但其实际值为 1.5)。在实际设定中，只能选择其中一种方式来表示。

5．编程和加工时的特别注意事项

(1) 采用直进法进刀是将整个螺纹深度分为多个恒定的进给深度。这时，切削断面将逐段增大，切削力也越来越大，容易产生扎刀现象。但是，当螺纹深度的数值较小时，该项工艺将带来较好的切削条件。因此，应根据实际情况选择适当的 VARI 参数。

(2) 精加工余量 FAL 将在粗加工后一次性切削掉，然后将执行参数 NID 下所编程的空进刀。

(3) 对于循环开始时刀具所达到的位置，可以是任意位置，但应保证刀具在螺纹切削完成后退回该位置时，不发生任何碰撞。

(4) 使用 G33 等螺距螺纹加工指令编程时的注意事项对螺纹切削复合循环指令 CYCLE97 仍然有效。

(5) 使用 CYCLE97 编程时，应注意 DM 参数与 TDEP 是相互关联的。以加工普通外螺纹为例，当 DM 取基本直径值时，TDEP 取推荐值 1.3P。

(6) 右旋螺纹或左旋螺纹可通过在循环调用之前所编入的主轴旋转方向来确定。

【任务实施】

(1) 加工工艺的确定。

① 刀具及工艺参数的选择见表 2-6-3。

表 2-6-3 刀具及工艺参数表

工步	工步内容	刀号	刀具名称及规格	刀尖半径	主轴转速 /(r/min)	进给速度 /(mm/r)	背吃刀量 /mm
1	粗车外轮廓	T1	93°硬质合金外圆车刀	R0.2	800	0.15	1.2
2	精车外轮廓	T1	93°硬质合金外圆车刀	R0.2	1000	0.1	0.2
3	切槽	T2	切槽刀刃宽 3 mm		400	0.1	
4	车螺纹(双线)	T3	60°硬质合金三角螺纹车刀		600		
5	切断	T2	切槽刀刃宽 3 mm		400	0.1	

② 夹具和量具的选择见表 2-6-4。

表 2-6-4　夹具和量具表

序号	名　称	规　格/mm	数　量
1	游标卡尺	0.02/0～150	1
2	外径千分尺	0.01/0～25、0.01/25～50、0.01/50～75	1
3	深度游标卡尺	0～150	1
4	万能角度尺	0～320°	1
5	内径量表	18～35	1
6	钟面式百分表	0～10	1
7	磁力表座		1
8	螺纹千分尺	0.01/25～50	1
9	螺纹对刀样板	60°	1
10	塞尺	0.02～1	1 套
11	R 规	*R*1～*R*25	1 套
12	V 型块		1 对

(2) 编制加工程序，参考程序见表 2-6-5。

表 2-6-5　参 考 程 序

程 序 内 容		程 序 内 容
SK06	T3 S600	子程序
G0 X200 Z200	G0 X32 Z3	SK061
T1	CYCLE97(3,，0，　-22,24,24,3,2,0.9,0.1,，7,1,3,2，)	G0 X30
M3 S800	G0 X200	G1 Z-25
G0 X30 Z3	Z200	X25
CYCLE95(SK061，1.2,0.2,0.2，0.2,，0.15,9,，，)	T2 S400	
G0 X200	G0 X32 Z-43	X28 Z-26.5
Z200	G1 X0 F0.1	Z-43
T2 S400	G0 X200	M17
G0 X32	Z200	
Z-25	M5	
G1 X21 F0.1	M2	
X32		
G0 X200 Z22		

(3) 在数控车床上模拟加工轨迹，模拟正确后进行加工。

(4) 学生自己检验工件。

(5) 整理现场。

【任务评价】

一、评分原则

这里可参照任务一中的评分原则。

二、评分标准

检验工件质量的结果填入表 2-6-6 中。

表 2-6-6　工件质量评分表

工件编号					总得分			
项目及配分	序号	技术要求	配分	评分标准	自检结果	检验结果	得分	备注
程序与加工工艺(30 分)	1	程序格式规范	10	每错一处扣 2 分				
	2	程序正确、完整	10	每错一处扣 2 分				
	3	切削参数设定合理	5	不合理每处扣 3 分				
	4	换刀点与循环起点正确	5	不正确全扣				
机床操作(10 分)	5	机床参数设定合理	5	不正确全扣				
	6	机床操作正确	5	每错一处扣 3 分				
文明生产(10 分)	7	安全操作	5	不合格全扣				
	8	机床维护与保养						
	9	工作场所整理	5	不合格全扣				
工件加工(50 分)	10	$\phi28^{0}_{-0.05}$	10	超差 0.01 扣 2 分				
	11	$40^{0}_{-0.1}$	10	超差 0.02 扣 2 分				
	12	$M24\times3$(P1.5)	10	不合格全扣				
	13	$\phi21$	8	超差 0.05 扣 2 分				
	14	其他尺寸	12	每错一处扣 3 分				
其他项目	发生重大事故(人身和设备安全事故等)、严重违反工艺原则和情节严重的野蛮操作等，由指导老师或裁判取消操作资格							

【任务总结】

整理材料，总结在实施过程中掌握了什么知识、学会了什么技能、发现了什么技巧、出现了什么问题、如何解决问题等。

【任务拓展】

(1) 加工螺纹时，为什么要设置升速进刀段和降速退刀段？

(2) 车削多线螺纹时应注意哪些问题？

(3) 实训内容：毛坯为$\phi55\times80$ mm，利用 CYCLE97 等指令编程完成图 2-6-3 所示工件的加工。具体要求如下：

① 将设定的工件坐标系标注在图 2-6-3 中对应的位置上。

② 分析工艺，详细记录刀具及切削参数。

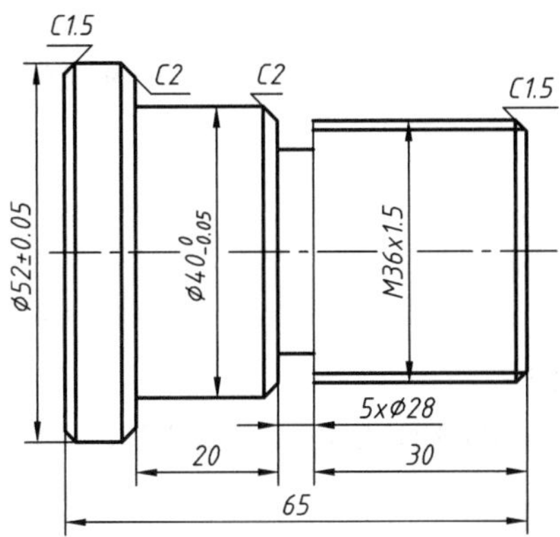

图 2-6-3　CYCLE97 指令练习图 2

任务七　槽类切削循环指令练习

【任务目标】

能熟练运用 SINUMERIK 802D 系统中的 CYCLE93、CYCLE94、CYCLE96 槽类切削循环加工指令编程并进行加工。

【任务引入】

毛坯为 $\phi30 \times 45$ mm，利用 SINUMERIK 802D 系统的 CYCLE93 切槽循环指令编程完成图 2-7-1 所示工件的加工。具体要求如下：

(1) 将设定的工件坐标系标注在图 2-7-1 中对应的位置上。

(2) 分析工艺，详细记录刀具及切削参数。

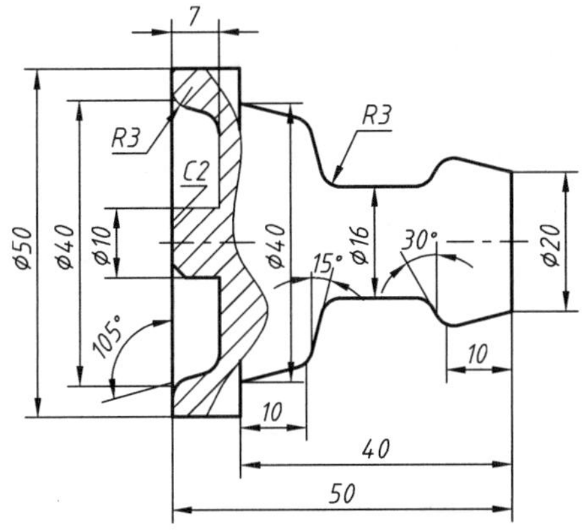

图 2-7-1　CYCLE93 指令练习图

【相关知识】

在斜面和端面上加工外形槽，当采用 G01、G02、G03 等一般指令加工时，加工程序长且容易出错。若引入 SIEMENS 802D 系统的 CYCLE93 槽类切削循环加工指令，则可使程序大大简化。

一、切槽循环指令 CYCLE93

1. 指令格式

CYCLE93 指令的格式如下：

CYCLE93(SPD,DPL,WIDG, DIAG,STAI，ANG1，ANG2，RCO1，RCO2，RCI1,RCI2，FAL1，FAL2，IDEP,DTB,VARI)；

2. 参数含义

参数具体说明见表 2-7-1。

表 2-7-1 表 SIEMENS 802D 系统 CYCLE93 的参数说明

参 数	功能、含义、规定
SPD	横向坐标轴起始点，直径值
DPL	纵向坐标轴起始点
WIDG	槽深，无符号
DIAG	槽深，无符号(X 向为半径值)
STAI	轮廓和纵向轴之间的角度，取值为 0°～180°
ANG1	侧面角 1，在切槽一边，由起始点决定
ANG2	侧面角 2，在切槽另一边，取值为 0°～89.999
RCO1	半径/倒角 1，外部位于起始点决定的一边
RCO2	半径/倒角 2，外部位于起始点决定的另一边
RCI1	半径/倒角 1，内部位于起始点决定的一边
RCI2	半径/倒角 2，内部位于起始点决定的另一边
FAL1	槽侧面精加工余量
FAL2	槽底面精加工余量
IDEP	切入深度，无符号(X 向为半径值)
DTB	槽底停留时间
VARI	加工类型，取值为 1～8 和 11～18

例如：CYCLE93(50, -10.36, 8, 5, 0, 10, 10, 1, 1, 1, 1, 0.3, 0.3, 3, 1, 1)；

注意：若“，”前无数值，则表示该数值可省略，但注意不能省略“，”。

二、CYCLE93 指令

1. 加工方式与切削动作

切槽循环的加工方式用参数 VARI 表示，分成三类共 8 种，第一类为纵向加工与横向加工，第二项为外部加工与内部加工，第三类为起刀点位于槽左侧与右侧加工。这 8 种方式见表 2-7-2。

表2-7-2 切 槽 方 式

数值	纵向加工与横向加工	外部加工与内部加工	起刀点位于槽左侧与右侧加工
1	纵向	外部	左边
2	横向	内部	左边
3	纵向	外部	左边
4	横向	内部	左边
5	纵向	外部	右边
6	横向	内部	右边
7	纵向	外部	右边
8	横向	内部	右边

1) 纵向加工与横向加工

(1) 纵向加工。

纵向加工是指槽的深度方向为 *X* 方向、槽的宽度方向为 *Z* 方向的一种加工方式。以纵向外部槽为例，其切槽循环参数如图 2-7-2(a)所示，其切削动作如图 2-7-2(b)所示。

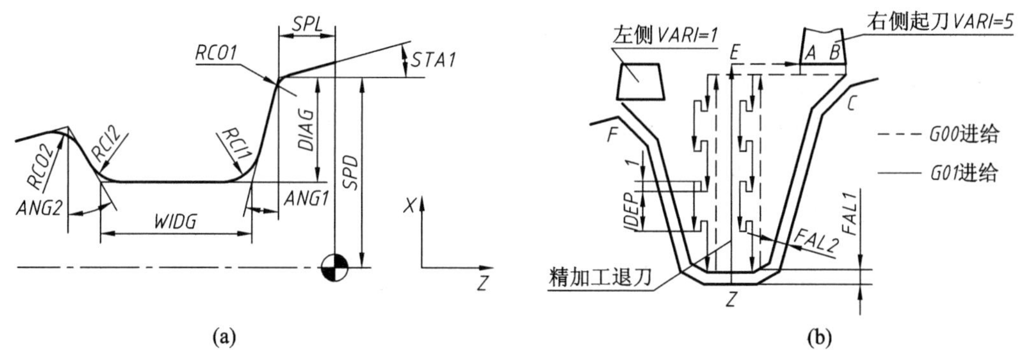

图 2-7-2 纵向切槽加工的参数与切削动作

纵向外部加工方式中的刀具切削动作说明如下：

① 刀具定位到循环起点后，沿伸度方向(*X* 轴方向)切削，每次切深 IDEP 指令值后，回退 1 mm 再次切深，如此循环直至切深至距轮廓为 FAL1 指令值处，*X* 向快退至循环起点 *X* 坐标处。

② 刀具沿 *Z* 方向平移，重复以上动作，直至 *Z* 方向切出槽宽。

③ 分别用刀尖(*A* 点与 *B* 点)对左、右槽侧各进行一次槽侧的粗切削，槽侧切削后各留 FAL2 值得到精加工余量。

④ 用刀尖(*B* 点)沿轮廓 *CD* 进行精加工并快速退回 *E* 点，然后用刀尖(*A* 点)沿轮廓 *FD* 进行精加工并快速退回 *E* 点；

⑤ 退回循环起点，完成全部切槽动作。

(2) 横向加工。

横向加工是指槽的深度方向为 *Z* 方向、槽的宽度方向为 *X* 方向的一种加工方式。以横向右侧切槽为例，其切槽循环参数如图 2-7-3(a)所示，其切削动作如图 2-7-3(b)所示。

横向右侧加工方式中的刀具切削动作说明如下：

① 刀具定位至循环起点，刀具先沿 –*Z* 方向分层切深至距离轮廓 FAL1 指令值处，再沿+*Z* 方向快速退回至循环起点 *Z* 坐标处。

② 刀具沿 X 向平移。重复以上动作，如此循环直至切出槽宽。

③ 粗切槽两侧，类似于纵向切槽。

④ 精切槽轮廓，类似于纵向切槽。

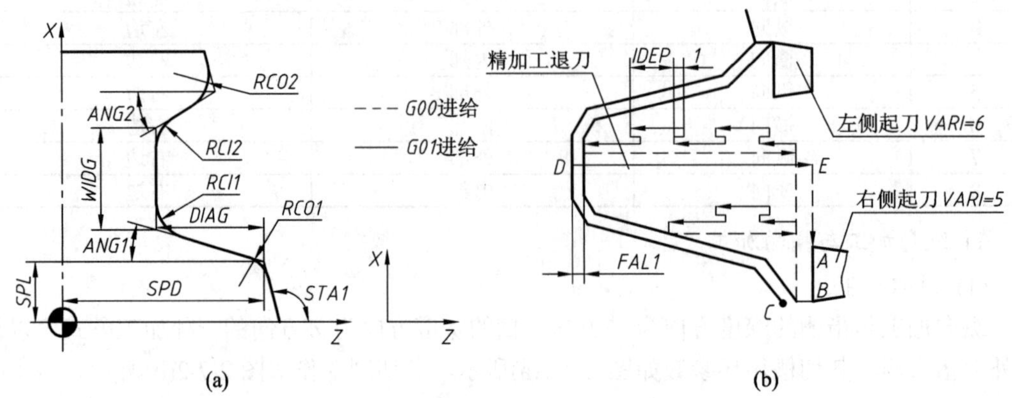

图 2-7-3　横向切槽加工的参数与切削动作

2) 外部加工与内部加工

切槽循环加工类型中关于外部和内部的判断方法是：当刀具在 X 轴方向朝 –X 方向切入时，均称为外部加工，反之则称为内部加工。

加工类型的判断如图 2-7-4 所示。

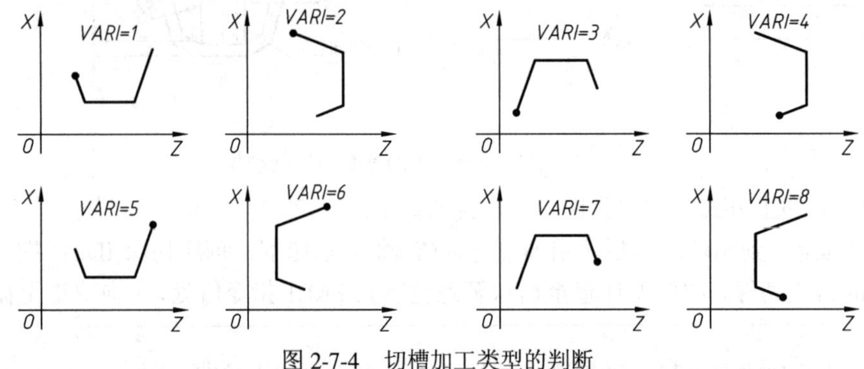

图 2-7-4　切槽加工类型的判断

3) 起刀点位于槽左侧与右侧加工

切槽循环加工类型中关于左侧起刀和右侧起刀的判断方法是：站在操作者位置观察刀具，无论是纵向切槽还是横向切槽，当循环起点位于槽的右侧时，称为右侧起刀，反之称为左侧起刀。

2．刀宽的设定

SINUMERIK 802D 系统的切槽循环中没有用于设定刀具宽度的参数。实际所用刀具宽度是通过该切槽刀的两个连续的刀沿号中设定的偏置值由系统自动计算得出的。因此，在加工前，必须对切槽刀的两个刀尖进行对刀，并将对刀值设定在该刀具的连续两个刀沿号中。加工编程时，只需激活第一个刀沿号。

刀具宽度必须小于槽宽，否则会产生刀具宽度定义错误的报警。

使用切槽循环(SINUMERIK 802D 系统)编程时的注意事项如下：

(1) 参数 STA1 用于指定槽的斜线角，取值范围为 0°～180°，且始终用于纵向轴。

(2) 参数 RCO 与 RCI 可以指定倒圆角，也可以指定倒角。当指定倒圆角时，参数用正值表示；当指定倒角时，参数用负值表示。

(3) 切槽加工中的刀具分层切深进给后，刀具回退量为 1 mm。

(4) 在切槽加工过程中，经过一次切深后刀具在左右方向平移量的大小事根据刀具宽度和槽宽由系统自行计算的，每次平移量在不大于 95%的刀具宽度基础上取较大值。

(5) 参数 DTB 中设定的槽底停留时间，其最小值至少为主轴旋转一周的时间。

三、E 型和 F 型退刀槽切削循环指令 CYCLE94

1. 指令格式

CYCLE94 指令的格式如下：

CYCLE94(SPD,SPL,FORM);

其中，SPD 为横向坐标轴起始点(直径值)；SPL 为纵向坐标轴起始点；FPRM 为该参数用于形状的定义，值为“E”(用于形状为 E)和“F”(用于形状为 F)。

例如：CYCLE94(50，–10，“E”)；

2. 指令说明

如图 2-7-5 所示，E 型和 F 型退刀槽为“DIN509”标准(该标准为德国国家标准)系列槽(见图 2-7-6)，槽宽及槽深等参数均采用标准尺寸。加工这类槽时只需确定槽的位置(程序中用参数 SPD 和 SPL 确定)即可。

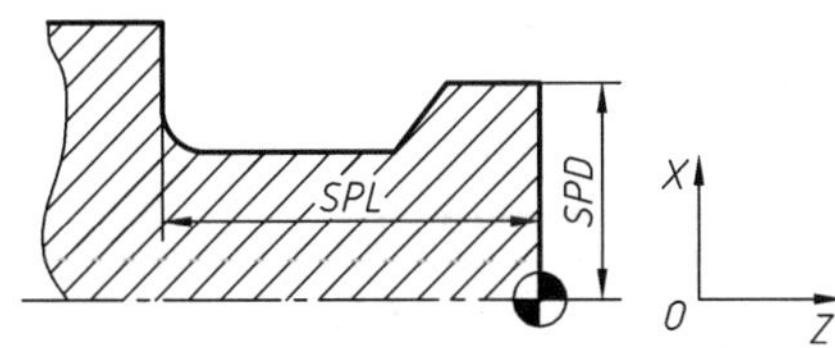

图 2-7-5　E 型和 F 型退刀槽

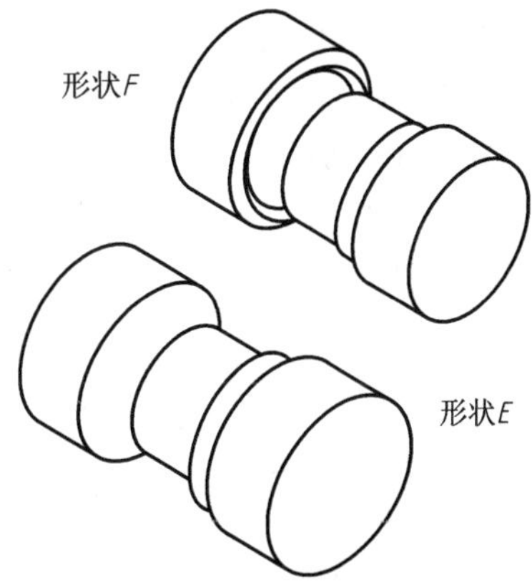

图 2-7-6　E 型和 F 型退刀槽的形状

该循环的执行过程如下：

(1) 刀具以 G00 方式移动至循环开始前的起点。

(2) 根据当前刀尖切削沿号，选择刀尖圆弧半径补偿，按照循环调用前制定的进给率沿退刀槽的轮廓进行切削加工。

(3) 刀具以 G00 方式返回起始点，并取消刀尖圆弧半径补偿。

在调用 CYCLE94 循环前，必须激活刀具补偿，而且定义的刀具切削沿号必须为 1～4，见图 2-7-7，否则会在执行过程中出现程序出错报警。

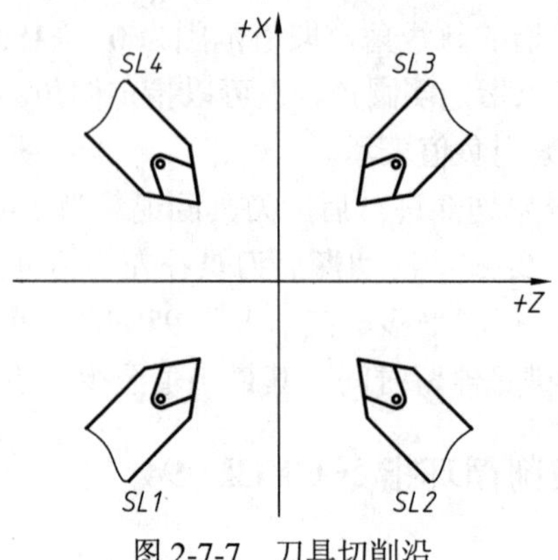

图 2-7-7　刀具切削沿

3．加工示例

加工如图 2-7-5 所示的 E 型退刀槽(SPL = −40，SPD = 36)，编写加工程序如下：

```
AA333.MPF;
T1D1 M03 S400 G94 F100;
G00 X50 Z2;
CYCLE94(36，−40，“E”);
```

四、螺纹退刀槽指令 CYCLE96

1．指令格式

CYCLE96 指令的格式如下：

```
CYCLE96(DIATH，SPL，FORM);
```

其中，DIATH 为螺纹的公称直径；SPL 为纵向坐标轴起始点；FORM 为该参数用于形状的定义，其值为 A、B、C 和 D(分别用于定义 A、B、C 和 D 型螺纹退刀槽，见图 2-7-8)。

例如：CYCLE96(36，−30，“A”);

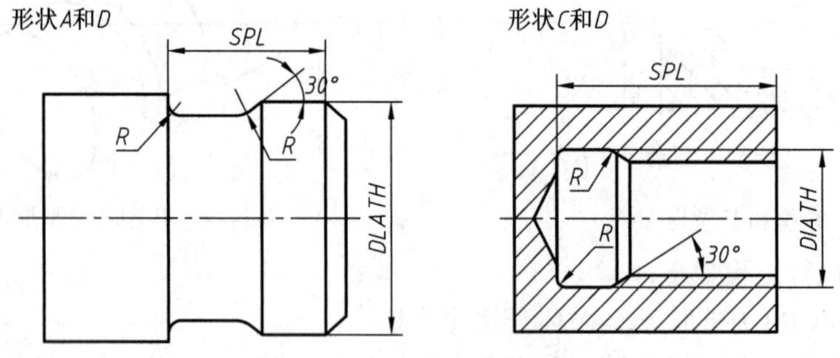

图 2-7-8　退刀槽的形状

2．指令说明

如图 2-7-9 所示，此处的螺纹退刀槽为“DIN76”标准系列米制螺纹退刀槽，槽宽及槽深等参数均采用标准尺寸，加工这类槽时只需确定螺纹的公称直径及槽纵向位置(程序中用参数 DIATH 和 SPL 确定)即可。

该循环的执行过程与 CYCLE96 的执行过程相同。在调用 CYCLE96 循环前，必须激活刀具补偿而且定义的刀具切削沿号必须为 1～4，否则会在执行过程中出现程序出错报警。

3. 加工示例

加工如图 2-7-9 所示的 A 型螺纹退刀槽(SPL = −40，DIATH = 36)，编写加工程序如下：

```
AA334.MPF;
T1D3 M03 S400 G94 F100;
G00 X50 Z2;
CYCLE96(36，-40，“A”);
```

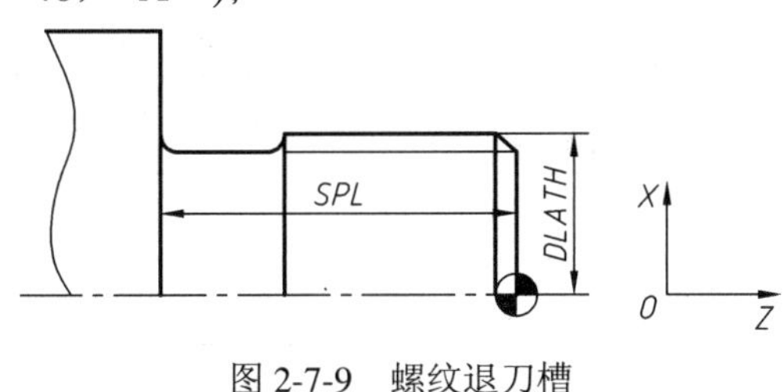

图 2-7-9 螺纹退刀槽

【任务实施】

(1) 加工工艺的确定。

① 刀具及工艺参数的选择见表 2-7-3。

表 2-7-3 刀具及工艺参数表

工步	工步内容	刀号	刀具名称及规格	主轴转速 /(r/min)	进给速度 /(mm/r)	背吃刀量 /mm
1	切外圆槽	T1	外圆槽刀	400	0.15	0.2
2	切端面槽	T2	端面槽刀	400	0.15	0.2
3	外轮廓加工	T3	外圆车刀	800	0.2	0.5

② 夹具和量具的选择见表 2-7-4。

表 2-7-4 夹具和量具表

序号	名 称	规 格/mm	数 量
1	游标卡尺	0.02/0～150	1
2	外径千分尺	0.01/0～25、0.01/25～50、0.01/50～75	1
3	深度游标卡尺	0～150	1
4	万能角度尺	0°～320°	1
5	内径量表	18～35	1
6	钟面式百分表	0～10	1
7	磁力表座		1
8	螺纹千分尺	0.01/25～50	1
9	螺纹对刀样板	60°	1
10	塞尺	0.02～1	1 套
11	R 规	*R*1～*R*25	1 套
12	V 型块		1 对

(2) 编制加工程序，参考程序见表 2-7-5。

表 2-7-5　参考程序

程序内容	程序说明
AA518.MPF	外圆槽加工程序
G90 G94 G40 G71；	程序开始部分
T1D1；	换 1 号刀，激活 1 号刀沿
M03 S400 F0.15；	主轴正转
G00 X27 Z-10；	快速定位
CYCLE93(25，-10,14.86,4.6,165.95,30,15,3,3,3,3,0.2,0.3,3,1,5)；	纵向外部右端切槽加工
G74 X0 Z0；	
M30；	程序结束
AA520.MPF；	端面槽加工程序
G90 G94 G40 G71；	程序开始部分
T2D1；	换 2 号刀，激活 1 号刀沿
M03 S400 F0.15；	主轴正转
G00 X40 Z2；	快速定位
CYCLE93(10,0,12.12,7,90,0,15，-2,0，3,3,0.2,0.3,3,1,8)；	横向外部右端切槽加工
N60 G74 X0 Z0；	
M30；	程序结束
外轮廓加工程序省略	

(3) 在数控车床上模拟加工轨迹，模拟正确后进行加工。
(4) 学生自己检验工件。
(5) 整理现场。

【任务评价】

一、评分原则

这里可参考任务一中的评分原则。

二、评分标准

检验工件质量的结果填入表 2-7-6 中。

表 2-7-6 工件质量评分表

工件编号					总得分			
项目及配分	序号	技术要求	配分	评分标准	自检结果	检验结果	得分	备注
程序与加工工艺(30分)	1	程序格式规范	10	每错一处扣2分				
	2	程序正确、完整	10	每错一处扣2分				
	3	切削参数设定合理	5	不合理每处扣3分				
	4	换刀点与循环起点正确	5	不正确全扣				
机床操作(10分)	5	机床参数设定合理	5	不正确全扣				
	6	机床操作正确	5	每错一处扣3分				
文明生产(10分)	7	安全操作	5	不合格全扣				
	8	机床维护与保养						
	9	工作场所整理	5	不合格全扣				
工件加工(50分)	10	$\phi50$	6	超差0.01扣2分				
	11	$\phi40$	6	超差0.01扣2分				
	12	$R3$（2处）	12	超差0.01扣2分				
	13	$\phi16$	6	超差0.02扣2分				
	14	$\phi20$	5	超差0.02扣2分				
	15	15^0	4	不合格扣4分				
	16	30^0	4	不合格扣4分				
	17	105^0	4	不合格扣4分				
	18	其他尺寸	9	每错一处扣3分				
其他项目	发生重大事故(人身和设备安全事故等)、严重违反工艺原则和情节严重的野蛮操作等，由指导老师或裁判取消操作资格							

【任务总结】

整理材料，撰写实习报告。总结在实施过程中掌握了什么知识、学会了什么技能、发现了什么技巧、出现了什么问题、如何解决问题等。

【任务拓展】

什么情况下最适宜使用 CYCLE96 指令？

任务八　内孔加工指令练习

【任务目标】

(1) 能正确编制零件内孔加工程序。

(2) 熟悉内孔加工的注意事项及其在编程中的应用。

(3) 会分析废品产生的原因和预防方法。

【任务引入】

毛坯为 $\phi 60\times 65$ mm，利用所学指令编程完成图 2-8-1 所示工件的加工(未注倒角 *C*1.5)。具体要求如下：

(1) 将设定的工件坐标系标注在图 2-8-1 中对应的位置上。

(2) 分析工艺，详细记录刀具及切削参数。

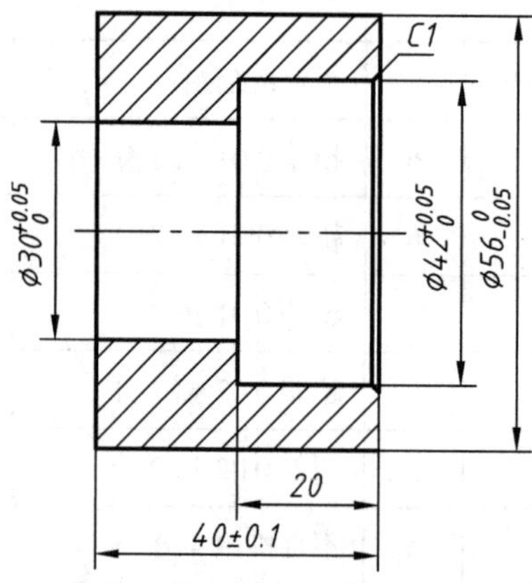

图 2-8-1　内孔车削练习图 1

【相关知识】

内孔表面是在机械零件上广泛应用的一种结构要素，各种机器零件上一般都有许多尺寸和粗糙度等技术要求各不相同的孔，这些孔都需要经过不同的加工阶段才能达到预期的设计要求。在数控车床常见的内加工操作主要有钻孔、铰孔、镗孔、攻丝，其中最常用内孔车削为钻孔和镗孔。

(1) 在实体材料上进行孔加工时，先要钻孔，钻孔时刀具为麻花钻，装在尾架套筒内由手动进给。

(2) 镗孔是用镗刀对已有的孔进行扩大加工的方法，是常用的孔加工方法之一。对于直径较大的孔(D>80 mm)、内成形面或孔内环槽等，镗削是唯一适宜的加工方法。一般镗孔的尺寸公差等级为 IT8～IT6，表面粗糙度 *Ra* 为 1.6～0.8 μm；精细镗时，尺寸公差等级可达 IT7～IT5，表面粗糙度 *Ra* 为 0.8～0.1 μm。

(3) 刀具的选择。实体材料孔加工选用麻花钻，麻花钻直径等于所加工孔径即可。对已有孔进行加工时根据不同的加工情况，内孔镗刀可分为通孔和盲孔镗刀，根据所加工孔类型选择即可。

(4) 编程轨迹。数控车床的内加工功能比较方便，但对编程人员来说要求更严格，要特别注意刀具和工件发生干涉，尤其要注意以下几点：

① 进刀时发生干涉，在使用固定循环时要特别注意进刀位置的选择。

② 退刀时发生干涉，在退刀时要特别注意退刀位置的选择。

【任务实施】

(1) 加工工艺的确定。

① 刀具及工艺参数的选择见表 2-8-1。

表 2-8-1 刀具及工艺参数表

工步	工步内容	刀号	刀具名称及规格	刀尖半径	主轴转速/(r/min)	进给速度/(mm/r)	背吃刀量/mm
1	内孔钻削		ϕ28 麻花钻		300	手动	
2	外圆车削	T1	93°硬合金外圆刀	R0.2	1000	0.1	0.5
3	内孔镗刀	T2	93°硬合金内孔镗刀		800	0.15	
4	切断	T3	刃宽 4 mm 切槽刀		400	0.1	

② 夹具和量具的选择见表 2-8-2。

表 2-8-2 夹具和量具表

序号	名 称	规 格/mm	数 量
1	游标卡尺	0.02/0～150	1
2	外径千分尺	0.01/0～25、0.01/25～50、0.01/50～75	1
3	深度游标卡尺	0～150	1
4	万能角度尺	0° ～320°	1
5	内径量表	18～35	1
6	钟面式百分表	0～10	1
7	磁力表座		1
8	螺纹千分尺	0.01/25～50	1
9	螺纹对刀样板	60°	1
10	塞尺	0.02～1	1 套
11	R 规	R1～R25	1 套
12	V 型块		1 对

(2) 编制加工程序，参考程序见表 2-8-3。

表 2-8-3　参考程序

程序内容	程序内容
SKO8	子程序
车削前直径 28 孔已成	SK081
G0 X200 Z200	G0 X48 Z2
T1	G1 X42 Z-1
M3 S1000	Z-20
G0 X56 Z2	X30
G1 Z-43 F0.1	Z-41
G0 X200	X28
Z200	M17
T2 S800	
G0 X28 Z3	
CYCLE95(SK081,1.2,0.2,0.2,，0.15,，0.1,11,,,，)	
G0 Z200	
X200	
T3 S400	
G0 X61	
Z-44	
G1X0 F0.1	
G0 X200	
Z200	
M5	
M2	

(3) 在数控车床上模拟加工轨迹，模拟正确后进行加工。

(4) 学生自己检验工件。

(5) 整理现场。

【任务评价】

一、评分原则

这里可参考任务一中的评分原则。

二、评分标准

工件质量评分标准见表 2-8-4。

表 2-8-4　工件质量评分表

工件编号					总得分			
项目及配分	序号	技术要求	配分	评分标准	自检结果	检验结果	得分	备注
程序与加工艺(30 分)	1	程序格式规范	10	每错一处扣 2 分				
	2	程序正确、完整	10	每错一处扣 2 分				
	3	切削参数设定合理	5	不合理每处扣 3 分				
	4	换刀点与循环起点正确	5	不正确全扣				
机床操作(10 分)	5	机床参数设定合理	5	不正确全扣				
	6	机床操作正确	5	每错一处扣 3 分				
文明生产(10 分)	7	安全操作	5	不合格全扣				
	8	机床维护与保养						
	9	工作场所整理	5	不合格全扣				
工件加工(50 分)	10	$\phi 30^{0}_{-0.05}$	10	超差 0.01 扣 2 分				
	11	$\phi 42^{0}_{-0.05}$	10	超差 0.01 扣 2 分				
	12	$\phi 56^{0}_{-0.05}$	10	超差 0.01 扣 2 分				
	13	40±0.1	10	超差 0.02 扣 2 分				
	14	其他尺寸	6	每错一处扣 2 分				
其他项目	发生重大事故(人身和设备安全事故等)、严重违反工艺原则和情节严重的野蛮操作等，由指导老师或裁判取消操作资格							

【任务总结】

整理材料，总结在实施过程中掌握了什么知识、学会了什么技能、发现了什么技巧、出现了什么问题、如何解决问题等。

【任务拓展】

(1) 毛坯尺寸为 $\phi 60\times 120$ mm，利用所学的指令编程完成图 2-8-2 所示工件的加工。具体要求如下：

① 将设定的工件坐标系分别标注在图 2-8-2 中对应的位置上。

② 分析工艺，详细记录刀具及切削参数。

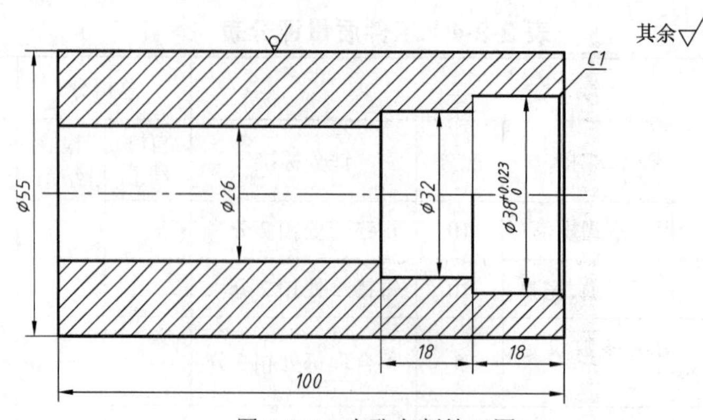

图 2-8-2　内孔车削练习图 2

(2) 毛坯尺寸为 $\phi 60\times 80$ mm，利用所学的指令编程完成图 2-8-3 所示工件的加工。具体要求如下：

① 将设定的工件坐标系分别标注在图 2-8-3 中对应的位置上。

② 分析工艺，详细记录刀具及切削参数。

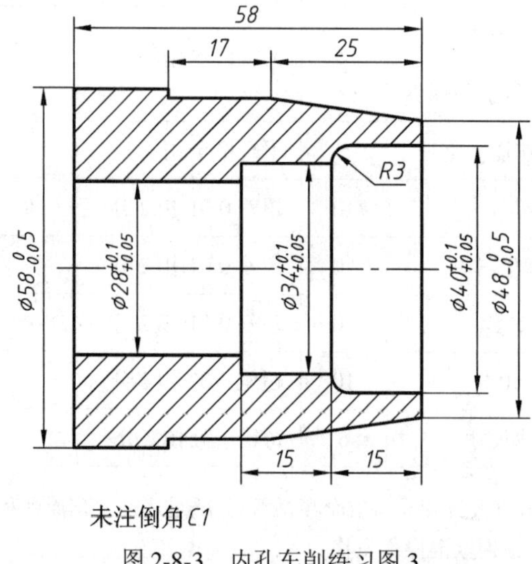

图 2-8-3　内孔车削练习图 3

任务九　内螺纹加工指令练习

【任务目标】

(1) 掌握内螺纹加工要点。

(2) 能利用 CYCLE97 指令编程并进行内螺纹加工。

【任务引入】

内螺纹毛坯尺寸为 $\phi 58\times 60$ mm，利用 CYCLE97 指令编程完成图 2-9-1 所示工件的加工。具体要求如下：

(1) 将设定的工件坐标系标注在图 2-9-1 中对应的位置上。

(2) 分析工艺，详细记录刀具及切削参数。

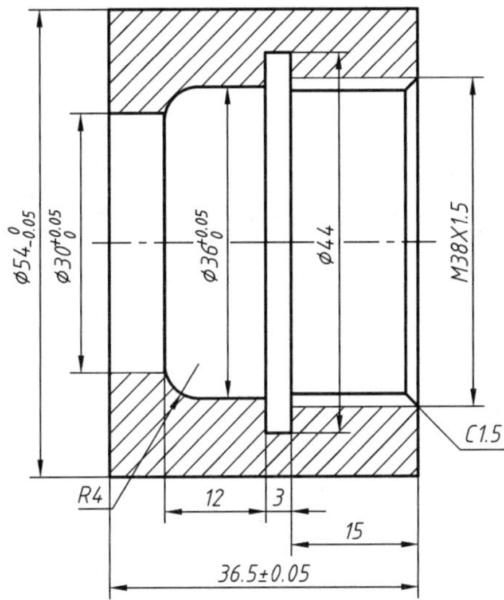

图 2-9-1　内螺纹加工练习图 1

【相关知识】

1. 螺纹牙型高度

螺纹牙型高度可根据经验公式估算：$h = 0.6495P$，直径方向切削深度为 $1.3P$，P 为螺距(而非导程)。

2. 螺纹起点与终点轴向尺寸

引入长度和超越长度数值大小没有严格的要求，但它们与工件螺距和主轴转速有关。根据经验，一般取引入长度不小于 2 倍导程，超越长度不小于 1～1.5 倍导程。

注意两个问题：

(1) 编程时，整个被加工螺纹的长度应该是引入长度、超越长度和螺纹长度之和。

(2) 内螺纹加工时经常没有轴向空间进行降速退刀，这时要充分利用数控指令的退尾功能。

3. 螺纹顶径及底径控制

螺纹的公称直径是螺纹的大径，对圆柱内螺纹来说，图纸上标注的公称直径就是螺纹的底径。加工时最后的编程切削总深度(X 值)即由此而来。

同样，在内螺纹切削时，由于刀具的挤压使最后加工出的螺纹顶径处塑形膨胀，从而影响螺纹的装配和正常使用，因此，在螺纹切削前的圆柱孔加工中，先多去除一部分材料，即将内圆柱孔车大，一般经验值取 0.2～0.3 mm。

例如：$M30 \times 2$ 的内螺纹在车削编程计算过程中，内螺纹的最终加工尺寸为 $X30$，螺纹的总切深(直径量)为 $1.3 \times P = 2.6$ mm，那么先前加工的圆柱孔尺寸可取：

$$30(\text{底径}) - 2.6(\text{牙深}) + 0.2(\text{膨胀量}) = 27.6 \text{ mm}$$

4．特别强调

(1) 在编程时，起刀点的 X 位置应该比圆柱孔的直径值要小。

(2) 在装刀取准时要特别注意避免在 X 负方向的移动超程。

【任务实施】

(1) 加工工艺的确定。

① 刀具及工艺参数的选择见表 2-9-1。

表 2-9-1　刀具及工艺参数表

工步	工步内容	刀号	刀具名称及规格	刀尖半径	主轴转速/(r/min)	进给速度/(mm/r)	背吃刀量/mm
1	车削外轮廓	T1	93°硬合金外圆刀	R0.2	1000	0.15	1
2	粗镗内轮廓	T2	93°硬合金内孔镗刀		500	0.2	
3	精镗内轮廓	T2	93°硬合金内孔镗刀		800	0.1	
4	切槽	T3	刀宽 3 mm 内沟槽刀		400		
5	车螺纹	T4	60°螺纹车刀		600		
6	切断	T5	刀宽 3 mm 切槽刀		400		

② 夹具和量具的选择见表 2-9-2。

表 2-9-2　夹具和量具表

序号	名　称	规　格/mm	数　量
1	游标卡尺	0.02/0～150	1
2	外径千分尺	0.01/0～25、0.01/25～50、0.01/50～75	1
3	深度游标卡尺	0～150	1
4	万能角度尺	0°～320°	1
5	内径量表	18～35	1
6	钟面式百分表	0～10	1
7	磁力表座		1
8	螺纹千分尺	0.01/25～50	1
9	螺纹对刀样板	60°	1
10	塞尺	0.02～1	1 套
11	R 规	R1～R25	1 套
12	V 型块		1 对

(2) 编制加工程序参考程序见表 2-9-3。

表 2-9-3 参考程序

程序内容		程序内容
直径 36 孔已成		子程序
SK08		SK081
T1 S1000	X200	G0 X42.4 Z1.5
G0 X54 Z2	T4 S600	G1 X36.4 Z-1.5 F0.1
G1 Z-37 F0.1	G0 X36 Z2	X36
G0 X200	CYCLE97(1.5,，0，-15，38，38，3，2，0.9，0.05，30，0,，7，1，4,，)	Z-27
Z200	G0 Z200	G3 X30 Z-30 CR=3
T2 S500	X200	G1 Z-37
G0 X36 Z2	T5 S400	X28
CYCLE95(SK081，1.2，0.2，0.2，，0.2，，0.1 ，11，，，)	G0 X56	M17
G0 28	Z-40.5	
Z200	G1 X0 F0.1	
X200	G1 X200	
T3 S400	Z200	
G0 X36	M5	
Z-18	M2	
G1 X44 F0.1		
X36		
G0 Z200		

(3) 在数控车床上模拟加工轨迹，模拟正确后进行加工。

(4) 学生自己检验工件。

(5) 整理现场。

【任务评价】

一、评分原则

这里可参考任务一中的评分原则。

二、评分标准

检验工件质量的结果填入表 2-9-4 中。

表 2-9-4　工件质量评分表

工件编号					总得分			
项目及配分	序号	技术要求	配分	评分标准	自检结果	检验结果	得分	备注
程序与加工工艺(30 分)	1	程序格式规范	10	每错一处扣 2 分				
	2	程序正确、完整	10	每错一处扣 2 分				
	3	切削参数设定合理	5	不合理每处扣 3 分				
	4	换刀点与循环起点正确	5	不正确全扣				
机床操作(10 分)	5	机床参数设定合理	5	不正确全扣				
	6	机床操作正确	5	每错一处扣 3 分				
文明生产(10 分)	7	安全操作	5	每错一处扣 3 分				
	8	机床维护与保养						
	9	工作场所整理	5	不合格全扣				
工件加工(50 分)	10	$\phi54^{0}_{-0.05}$	7	超差 0.01 扣 2 分				
	11	$\phi30^{+0.05}_{0}$	7	超差 0.01 扣 2 分				
	12	$M38\times1.5$	7	超差 0.01 扣 2 分				
	13	36 ± 0.05	10	不合格全扣				
	15	其他尺寸	12	每错一处扣 2 分				
其他项目	发生重大事故(人身和设备安全事故等)、严重违反工艺原则和情节严重的野蛮操作等，由指导老师或裁判取消操作资格							

【任务总结】

整理材料，撰写实习报告。总结在实施过程中掌握了什么知识、学会了什么技能、发现了什么技巧、出现了什么问题、如何解决问题等。

【任务拓展】

内螺纹毛坯尺寸为 $\phi58\times60$ mm，利用 CYCLE97 指令编程完成图 2-9-2 所示工件的加工。具体要求如下：

(1) 将设定的工件坐标系标注在图 2-9-2 中对应的位置上。

(2) 分析工艺，详细记录刀具及切削参数。

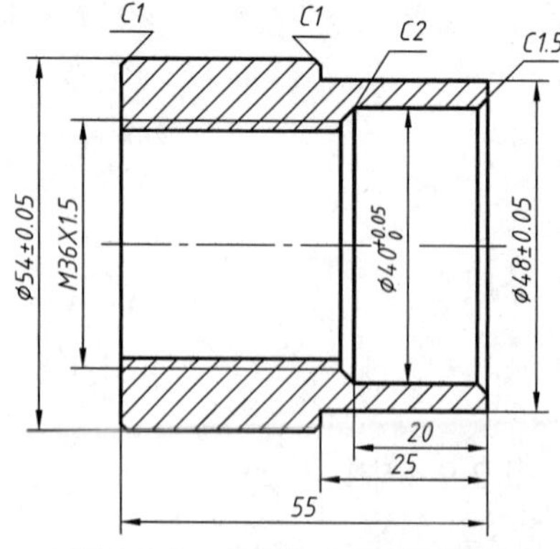

图 2-9-2　内螺纹加工练习图 2

项目三　SINUMERIK 802D 数控车床编程综合训练

【任务目标】

(1) 能综合运用已学指令编制中等及以上复杂零件的加工程序。

(2) 能熟练、正确操作机床加工出所编程的零件。

【相关知识】

在数控加工中等及以上复杂零件时，可能含有外圆、端面、切槽、锥面、内外螺纹和圆弧等多项加工内容。对这类工件的编程，除了必须正确、完整、简洁外，合理的工艺安排也尤为重要。综合训练部分就是着重逐步培养学生的工艺分析能力。

工艺处理涉及的问题较多，这里强调以下两方面。

一、数控机床刀具的选择

1. 选择刀具时应考虑的因素

(1) 被加工工件的材料类别(黑色金属、有色金属或合金)。

(2) 工件毛坯的成型方法(铸造、锻造、型材等)。

(3) 切削加工工艺方法(车、铣、钻、扩、铰、镗、粗加工、半精加工、精加工等)。

(4) 工件的结构与几何形状、精度、加工余量以及刀具能承受的切削用量等因素。

(5) 其他因素，包括生产条件和生产类型。

2. 刀具的选择原则

(1) 尽可能选择大的刀杆横截面尺寸，较短的长度尺寸可提高刀具的强度和刚度，减小刀具振动。

(2) 选择较大主偏角(大于 75°，接近 90°)；粗加工时选用负刃倾角刀具，精加工时选用正刃倾角刀具。

(3) 精加工时选用无涂层刀片及小的刀尖圆弧半径。

(4) 尽可能选择标准化、系统化刀具。

(5) 选择正确的、快速装夹的刀杆刀柄。

3. 选择车削刀具的考虑要点

数控车床一般使用标准的机夹可转位刀具。机夹可转位刀具的刀片和刀体都有标准，刀片材料采用硬质合金、涂层硬质合金等。

数控车床机夹可转位刀具类型有外圆刀、端面车刀、外螺纹刀、切断刀具、内圆刀具、内螺纹刀具、孔加工刀具(包括中心孔钻头、镗刀、丝锥等)。

首先根据加工内容确定刀具类型，并根据工件轮廓形状和走刀方向来选择刀片形状(如图 3-0-1 所示)，主要考虑主偏角、副偏角(刀尖角)和刀尖半径值。

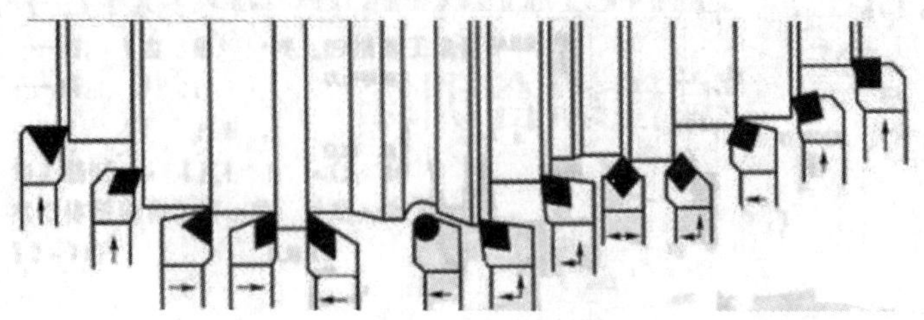

图 3-0-1　数控车刀刀片形状

4．可转位刀片的选择

(1) 刀片材料的选择：高速钢、硬质合金、涂层硬质合金、陶瓷、立方碳化硼或金刚石。

(2) 刀片尺寸的选择：有效切削刃长度、主偏角等。

(3) 刀片形状的选择：表面形状、切削方式、刀具寿命等。

(4) 刀片的刀尖半径选择。

① 粗加工、工件直径大、要求刀刃强度高、机床刚度大时选择大刀尖半径值。

② 精加工、切深小、细长轴加工、机床刚度小时选择小刀尖半径值。

二、工件的装夹、刀具的安装与操作

1．工件装夹

数控车床的夹具主要有液压动力卡盘和尾座。在工件安装时，首先根据加工工件尺寸选择液压卡盘，再根据其材料及切削余量的大小调整好卡盘夹爪夹持直径、行程和夹紧力。如有需要，可在工件尾座打中心孔，用顶尖顶紧。使用尾座时应注意其位置、套筒行程和夹紧力的调整。工件要留有一定的夹持长度，其伸出长度要考虑零件的加工长度及必要的安全距离。工件中心尽量与主轴中心线重合。如所要夹持部分已经经过加工，则必须在外圆上包一层铜皮，以防外圆面损伤。

2．刀具的安装

根据工件及加工工艺的要求选择恰当的刀具和刀片。首先将刀片安装在刀杆上，再将刀杆依次安装到刀架上，之后通过刀具干涉和加工行程图检查刀具安装尺寸。

安装时需要注意以下几项：

(1) 安装前保证刀杆及刀片定位面清洁、无损伤。

(2) 将刀杆安装在刀架上时，应保证刀杆方向正确。

(3) 安装刀具时需注意使刀尖等高于主轴的回转中心。

(4) 车刀不能伸出过长，以免干涉或因悬伸过长而降低刀杆的刚性。

3．手动换刀

数控车床的自动换刀装置，可通过程序指令使刀架自动转位。通过【MDI】和【自动】按钮加工程序均可，也可通过面板手动控制刀架换刀。

4. 对刀

对刀的目的是确定程序原点在机床坐标系中的位置，对刀点可以设定在零件、夹具或机床上，对刀时应使对刀点与刀位点重合。虽然每把刀具的刀尖不在同一点上，但通过刀补，可使刀具的刀位点都重合在某一理想位置上。编程人员只按工件的轮廓编制加工程序即可，而不用考虑不同刀具长度和刀尖半径的影响。

任务一　数控车削综合训练一

【任务引入】

工件材料为 45 钢，毛坯为ϕ40 × 80 mm 棒料，利用所学指令编程完成图 3-1-1 所示工件的加工。具体要求如下：

(1) 将设定的工件坐标系标注在图 3-1-1 中对应的位置上。

(2) 分析工艺，详细记录刀具及切削参数。

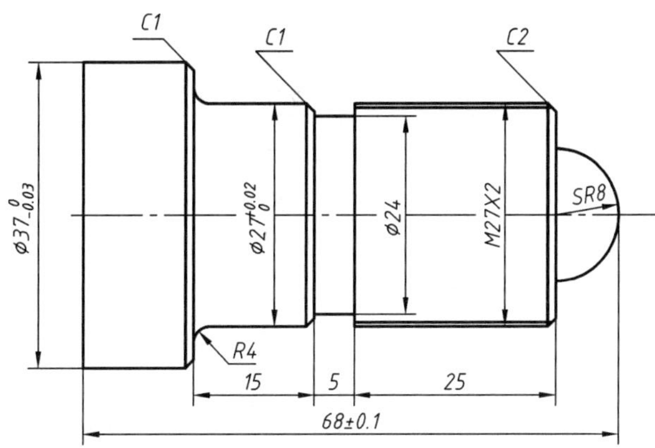

图 3-1-1　综合训练图 1

【任务实施】

(1) 加工工艺的确定。

① 刀具及工艺参数的选择见表 3-1-1。

表 3-1-1　刀具及工艺参数表

工步	工步内容	刀号	刀具名称及规格	主轴转速 /(r/min)	进给速度 /(mm/r)	背吃刀量 /mm
1	车端面	T1	93° 硬质合金外圆车刀	600	0.2	0.3
2	粗车外轮廓	T1	93° 硬质合金外圆车刀	600	0.2	1.5
3	精车外轮廓	T1	93° 硬质合金外圆车刀	800	0.2	0.2
4	切槽	T2	刃宽 3 mm 的硬质合金切刀	500	0.1	
5	车削螺纹	T3	60° 硬质合金三角螺纹车刀	500		
6	切断	T2	刃宽 3 mm 的硬质合金切刀	500	0.1	

② 夹具和量具的选择见表 3-1-2。

表 3-1-2　夹具和量具表

序号	名　称	规　格/mm	数　量
1	游标卡尺	0.02/0～150	1
2	外径千分尺	0.01/0～25、0.01/25～50、 0.01/50～75	1
3	深度游标卡尺	0～150	1
4	万能角度尺	0°～320°	1
5	内径量表	18～35	1
6	钟面式百分表	0～10	1
7	磁力表座		1
8	螺纹千分尺	0.01/25～50	1
9	螺纹对刀样板	60°	1
10	塞尺	0.02～1	1 套
11	R 规	$R1$～$R25$	1 套
12	V 型块		1 对

(2) 编制加工程序，参考程序见表 3-1-3。

表 3-1-3　参 考 程 序

程 序 内 容	程 序 内 容
ZH01	子程序
G0 X200 Z200	ZH011
M3 S600	X0
X41　Z0	G1 Z0
G1 X0　F0.2	G3 X16　Z-8　CR=8
X40　Z2	G1 X23
CYCLE95(ZH011,1,0.1,0.1,,0.2,0.1,9,,,)	X27　Z-10
G0 X200　Z200	Z-51
T2　S500	G2 X31　Z-53　CR=2
G0　Z-36	G1 X35
X28	X37　Z-54
G1 X24　F0.1	Z-69
X28	X40
Z-38	M17
X25	
X29　Z-40	
G0 X200	
Z200	
T3 S500	
G0 X27　Z3	
CYCIE97(2,,-8,-33,27,27,4,3,1.2,0.1,,,7,1,3,,)	
G0 Z200	
X200	
T2 S500	
G0 X43　Z-71	
G1 X0　F0.1	
G0 X200	
Z200	
M5	
M2	

(3) 在数控车床上模拟加工轨迹，模拟正确后进行加工。

(4) 学生自己检验工件。

(5) 整理现场。

【任务评价】

检验工件质量的结果填入表 3-1-4 中。

表 3-1-4　工件质量评分表

工件编号					总得分			
项目及配分	序号	技术要求	配分	评分标准	自检结果	检验结果	得分	备注
程序与加工工艺(30 分)	1	程序格式规范	10	每错一处扣 2 分				
	2	程序正确、完整	10	每错一处扣 2 分				
	3	切削参数设定合理	5	不合理每处扣 3 分				
	4	换刀点与循环起点正确	5	不正确全扣				
机床操作(10 分)	5	机床参数设定合理	5	不正确全扣				
	6	机床操作正确	5	每错一处扣 3 分				
文明生产(10 分)	7	安全操作	5	不合格全扣				
	8	机床维护与保养						
	9	工作场所整理	5	不合格全扣				
工件加工(50 分)	10	$\phi37^{0}_{-0.03}$	8	超差 0.01 扣 2 分				
	11	$\phi27^{+0.02}_{0}$	8	超差 0.01 扣 2 分				
	12	68±0.1	8	超差 0.01 扣 2 分				
	13	$M27\times2$	11	不合格全扣				
	14	$SR8$、$R4$	6	超差 0.02 扣 3 分				
	15	$\phi24$	3	超差 0.05 扣 1 分				
	16	其他尺寸	6	每错一处扣 1 分				
其他项目	发生重大事故(人身和设备安全事故等)、严重违反工艺原则和情节严重的野蛮操作等，由指导老师或裁判取消操作资格							

【任务总结】

整理材料，撰写实习报告。总结在实施过程中掌握了什么知识，学会了什么技能、发现了什么技巧、出现了什么问题、如何解决问题等。

【任务拓展】

工件材料为 45 钢，毛坯为$\phi40\times80$ mm 棒料，利用所学指令编程完成图 3-1-2 所示工件的加工。具体要求如下：

(1) 将设定的工件坐标系标注在图 3-1-2 中对应的位置上。

(2) 分析工艺，详细记录刀具及切削参数。

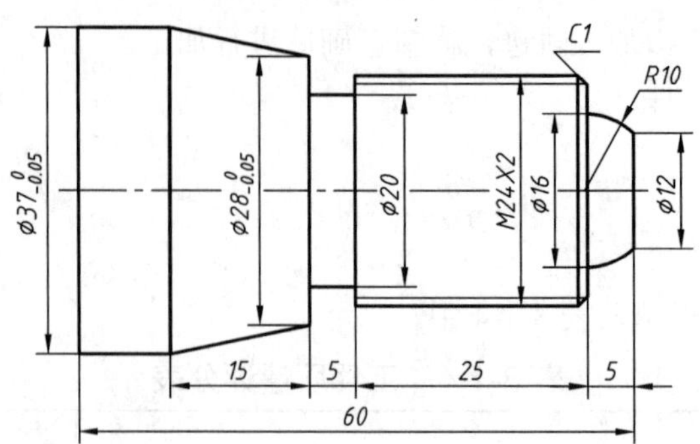

图 3-1-2　综合训练图 2

任务二　数控车削综合训练二

【任务引入】

工件材料为 45 钢，毛坯为$\phi 35 \times 80$ mm 棒料，利用所学指令编程完成图 3-2-1 所示工件的加工。具体要求如下：

(1) 将设定的工件坐标系标注在图 3-2-1 中对应的位置上。

(2) 分析工艺，详细记录刀具及切削参数。

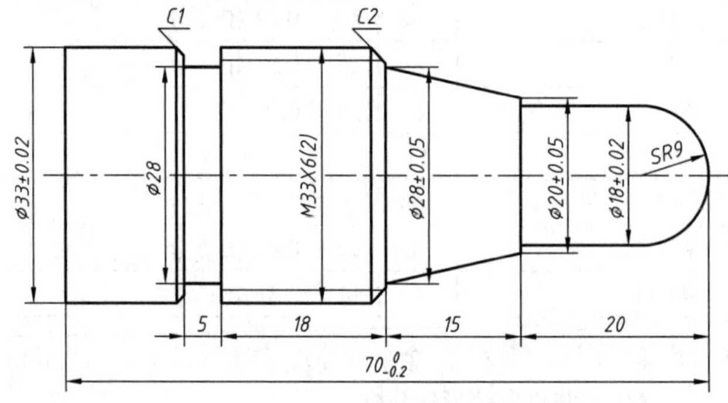

图 3-2-1　综合训练图 1

【任务实施】

(1) 加工工艺的确定。

① 刀具及工艺参数的选择见表 3-2-1。

表 3-2-1　刀具及工艺参数表

工步	工步内容	刀号	刀具名称及规格	主轴转速 /(r/min)	进给速度 /(mm/r)	背吃刀量 /mm
1	粗车外轮廓	T1	93° 硬质合金外圆车刀	600	0.2	1.5
2	精车外轮廓	T1	93° 硬质合金外圆车刀	800	0.1	0.2
3	切槽	T2	刃宽 3 mm 的硬质合金切刀	500	0.1	
4	车削螺纹	T3	60° 硬质合金三角螺纹车刀	500		
5	切断	T2	刃宽 3 mm 的硬质合金切刀	500	0.1	

② 夹具和量具的选择见表3-2-2。

表3-2-2 夹具和量具表

序号	名 称	规 格/mm	数 量
1	游标卡尺	0.02/0～150	1
2	外径千分尺	0.01/0～25、0.01/25～50、0.01/50～75	1
3	深度游标卡尺	0～150	1
4	万能角度尺	0°～320°	1
5	内径量表	18～35	1
6	钟面式百分表	0～10	1
7	磁力表座		1
8	螺纹千分尺	0.01/25～50	1
9	螺纹对刀样板	60°	1
10	塞尺	0.02～1	1套
11	R规	*R*1～*R*25	1套
12	V型块		1对

(2) 编制加工程序参考程序见表3-2-3。

表3-2-3 参 考 程 序

程 序 内 容	程 序 内 容
ZH06	子程序
G0 X200 Z200	ZH061
T1	X0
M3 S600	G1 Z0
CYCLE95(ZH061,1.5,0.1,0.1,,0.2,,0.1,9,,,)	G3 X18 Z-9 CR=9
G0 X200	G1 Z-20
Z200	X20
T2 S500	X28 Z-35
G0 X36 Z-56	X29
G1 X28 F0.1	X33 Z-37
X35	Z-71
Z-58	X35
X31	M17
X35 Z-60	
G0 X200 Z200	
T3 S600	
G0 X38 Z-35	
CYCLE97(6,-35,-53,33,33,4,3,1.2,0.1,,,7,1,3,3,)	
G0 X200 Z200	
T2 S500	
G0 X35 Z-73	
G1 X0 F0.1	
G0 X200	
Z200	
M5	
M2	

(3) 在数控车床上模拟加工轨迹，模拟正确后进行加工。

(4) 学生自己检验工件。

(5) 整理现场。

【任务评价】

检验工件质量的结果填入表 3-2-4 中。

表 3-2-4 工件质量评分表

工件编号					总得分			
项目及配分	序号	技术要求	配分	评分标准	自检结果	检验结果	得分	备注
程序与加工工艺(30 分)	1	程序格式规范	10	每错一处扣 2 分				
	2	程序正确、完整	10	每错一处扣 2 分				
	3	切削参数设定合理	5	不合理每处扣 3 分				
	4	换刀点与循环起点正确	5	不正确全扣				
机床操作(10 分)	5	机床参数设定合理	5	不正确全扣				
	6	机床操作正确	5	每错一处扣 3 分				
文明生产(10 分)	7	安全操作	5	不合格全扣				
	8	机床维护与保养						
	9	工作场所整理	5	不合格全扣				
工件加工(50 分)	10	$\phi33\pm0.02$	7	超差 0.01 扣 2 分				
	11	$\phi18\pm0.05$	7	超差 0.01 扣 2 分				
	12	$\phi28\pm0.05$	7	超差 0.01 扣 2 分				
	13	$\phi20\pm0.05$	7	超差 0.01 扣 2 分				
	14	$70_{-0.2}^{0}$	7	超差 0.05 扣 2 分				
	15	$M36\times6$(P2)	7	不合格全扣				
	16	其他尺寸	8	每错一处扣 1 分				
其他项目	发生重大事故(人身和设备安全事故等)、严重违反工艺原则和情节严重的野蛮操作等，由指导老师或裁判取消操作资格							

【任务总结】

整理材料，撰写实习报告。总结在实施过程中掌握了什么知识，学会了什么技能，发现了什么技巧，出现了什么问题，如何解决问题等。

【任务拓展】

拓展 1　工件材料为 45 钢，毛坯为 $\phi 40\times 80$ mm 棒料，利用所学指令编程完成图 3-2-2 所示工件的加工。具体要求如下：

(1) 将设定的工件坐标系标注在图 3-2-2 中对应的位置上。

(2) 分析工艺，详细记录刀具及切削参数。

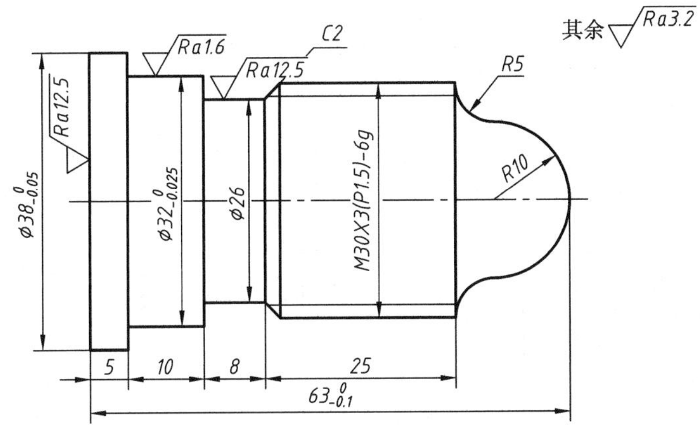

图 3-2-2　综合训练图 2

拓展 2　工件材料为 45 钢，毛坯为 $\phi 40\times 95$ mm 棒料，利用所学指令编程成图 3-2-3 所示工件的加工。具体要求如下：

(1) 将设定的工件坐标系标注在图 3-2-3 中对应的位置上。

(2) 分析工艺，详细记录刀具及切削参数。

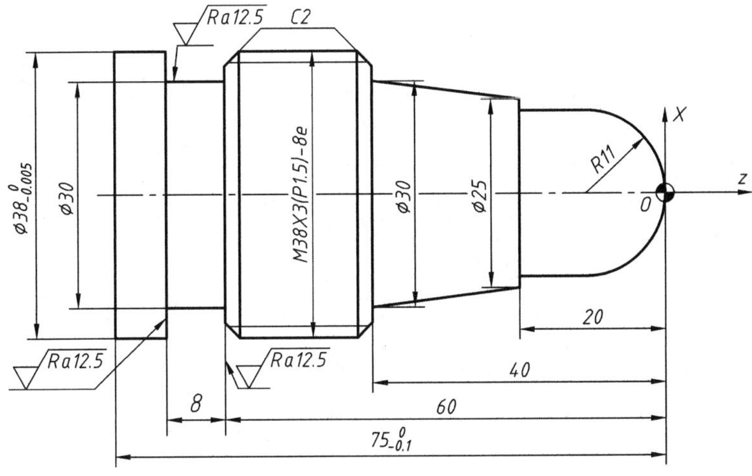

图 3-2-3　综合训练图 3

任务三　数控车削综合训练三

【任务引入】

工件材料为45钢，毛坯为ϕ40 × 115 mm棒料，利用所学指令编程完成图3-3-1所示工件的加工。具体要求如下：

(1) 将设定的工件坐标系标注在图3-3-1中对应的位置上。

(2) 分析工艺，详细记录刀具及切削参数。

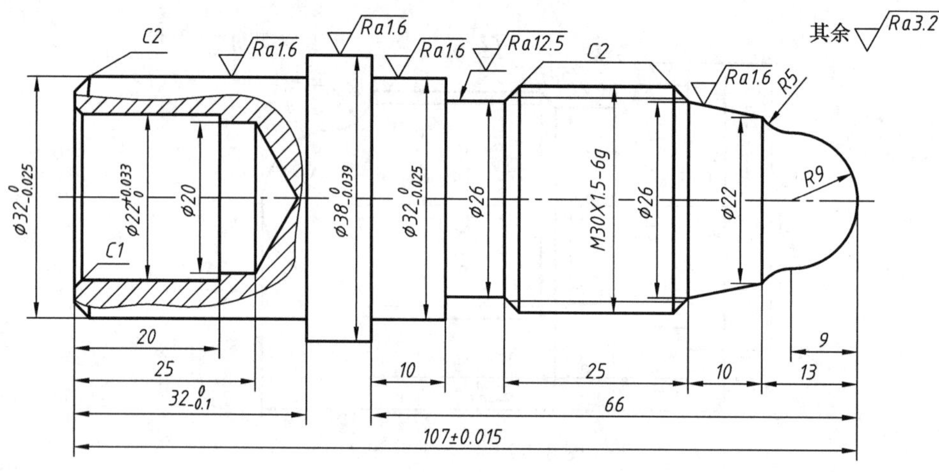

图3-3-1　综合训练图1

【任务实施】

(1) 加工工艺的确定。

① 刀具及工艺参数的选择见表3-3-1。

表3-3-1　刀具及工艺参数表

工步	工步内容	刀号	刀具名称及规格	主轴转速/(r/min)	进给速度/(mm/r)	背吃刀量/mm
1	平左端面	T1	93°硬质合金外圆车刀	600	0.2	0.3
2	粗车左外轮廓	T1	93°硬质合金外圆车刀	800	0.2	1.5
3	精车左外轮廓	T1	93°硬质合金外圆车刀	1000	0.1	0.2
4	手动钻孔		ϕ18钻头	300		
5	粗镗内孔	T3	93°硬质合金内孔镗刀	500	0.2	1.2
6	精镗内孔	T3	93°硬质合金内孔镗刀	800	0.1	0.2
7	调头平右端面	T1	93°硬质合金外圆车刀	500	0.2	0.3
8	粗车右外轮廓	T1	93°硬质合金外圆车刀	800	0.2	1.5
9	精车右外轮廓	T1	93°硬质合金外圆车刀	1000	0.1	0.2
10	切槽	T2	刃宽5 mm的硬质合金切刀	400	0.1	
11	车削外螺纹	T4	60°硬质合金三角螺纹车刀	600		

② 夹具和量具的选择见表 3-3-2。

表 3-3-2 夹具和量具表

序号	名 称	规 格/mm	数 量
1	游标卡尺	0.02/0～150	1
2	外径千分尺	0.01/0～25、0.01/25～50、0.01/50～75	1
3	深度游标卡尺	0～150	1
4	万能角度尺	0°～320°	1
5	内径量表	18～35	1
6	钟面式百分表	0～10	1
7	磁力表座		1
8	螺纹千分尺	0.01/25～50	1
9	螺纹对刀样板	60°	1
10	塞尺	0.02～1	1 套
11	R 规	*R*1～*R*25	1 套
12	V 型块		1 对

(2) 编制加工程序，参考程序见表 3-3-3。

表 3-3-3 参 考 程 序

程 序 内 容		程 序 内 容
ZH07		子程序
G0 X200 Z200	G0X200 Z200	ZH071
T1	T4 S600	X0
M3 S600	G0 X32 Z-20	G0 Z0
X43 Z6	CYCLE97(1.5,,-23,-18,30,	X28
G1 X0 F0.2	30,3,2,0.9,0.1,,,7,1,3,,,)	X32 Z2
G0 X40 Z3	G0 X200 Z200	Z-32
CYCLE95(ZH071,1.5,0.2,0.2,0.2,	M5	X38
,0.1,9,,,)	M2	Z-43
G0 X200 Z200		X40
手动钻孔(直径 18 的钻头)		M17
T3 S500		
X18 Z2		ZH072
CYCLE95(ZH072,1.2,0.2,0.2,0.2,		G1 X30
,0.1,11,,,)		X22 Z-2
G0 X200		Z-20
Z200		X20
掉头车右端面		Z-25
T1 S800		X18
X40 Z0		M17
G1 X0		ZH073
G0 X40 Z3		G0 X0
CYCLE95(ZH073,1.5,0.2,0.2,0.1,		G1 Z0
9,,,)		G3 X18 Z-9 CR=9
G0 X200 Z200		G2 X22 Z-13 CR=5
T2 S400		G1 X26 Z-23
G0 X43 Z-46		X30 Z-25
G1 X26 F0.1		Z-6
X41		X32
Z-56		Z-66
X26		X40
Z-46		M17
X34 Z-44		

(3) 在数控车床上模拟加工轨迹，模拟正确后进行加工。

(4) 学生自己检验工件。

(5) 整理现场。

【任务评价】

检验工件质量的结果填入表 3-3-4 中。

表 3-3-4　工件质量评分表

工件编号					总得分			
项目及配分	序号	技术要求	配分	评分标准	自检结果	检验结果	得分	备注
程序与加工工艺(30 分)	1	程序格式规范	10	每错一处扣 2 分				
	2	程序正确、完整	10	每错一处扣 2 分				
	3	切削参数设定合理	5	不合理每处扣 3 分				
	4	换刀点与循环起点正确	5	不正确全扣				
机床操作(10 分)	5	机床参数设定合理	5	不正确全扣				
	6	机床操作正确	5	每错一处扣 3 分				
文明生产(10 分)	7	安全操作	5	不合格全扣				
	8	机床维护与保养						
	9	工作场所整理	5	不合格全扣				
工件加工(50 分)	10	$\phi 32_{-0.025}^{0}$	5	超差 0.01 扣 2 分				
	11	$\phi 22_{0}^{+0.033}$	5	超差 0.01 扣 2 分				
	12	$\phi 38_{-0.039}^{0}$	5	超差 0.01 扣 2 分				
	13	$M30\times1.5$	5	不合格全扣				
	14	$32_{-0.1}^{0}$	5	超差 0.02 扣 2 分				
	15	107 ± 0.015	5	超差 0.01 扣 2 分				
	16	Ra	5	一处不合格扣 1 分				
	17	其他尺寸	10	每错一处扣 1 分				
其他项目	发生重大事故(人身和设备安全事故等)、严重违反工艺原则和情节严重的野蛮操作等，由指导老师或裁判取消操作资格							

【任务总结】

整理材料，撰写实习报告。总结在实施过程中掌握了什么知识、学会了什么技能、发现了什么技巧、出现了什么问题、如何解决问题等。

【任务拓展】

拓展1 工件材料为45钢，毛坯为$\phi 40\times 115$ mm棒料，利用所学指令编程完成图3-3-2所示工件的加工。具体要求如下：

(1) 将设定的工件坐标系标注在图3-3-2中对应的位置上。

(2) 分析工艺，详细记录刀具及切削参数。

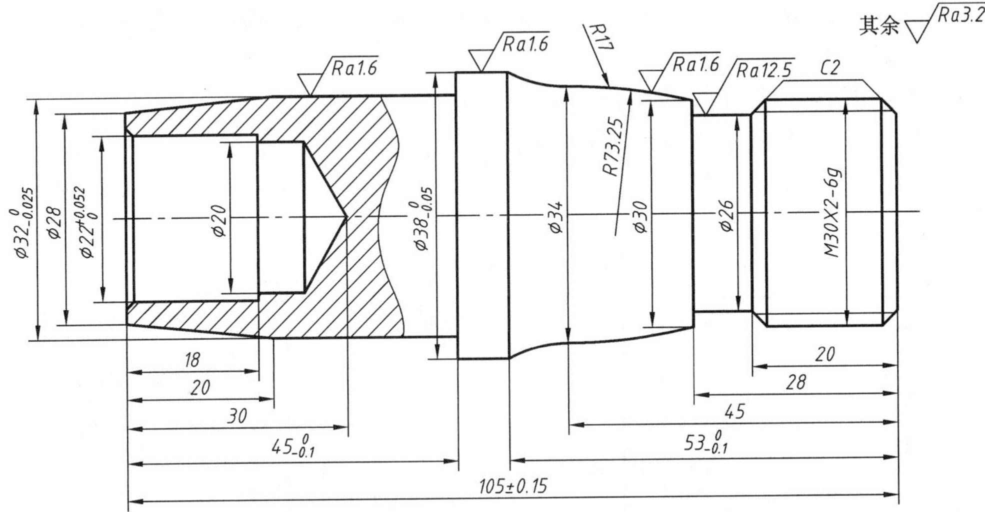

图3-3-2 综合训练图2

拓展2 工件材料为45钢，毛坯为$\phi 45\times 125$ mm棒料，利用所学指令编程完成图3-3-3所示工件的加工。具体要求如下：

(1) 将设定的工件坐标系标注在图3-3-3中对应的位置上。

(2) 分析工艺，详细记录刀具及切削参数。

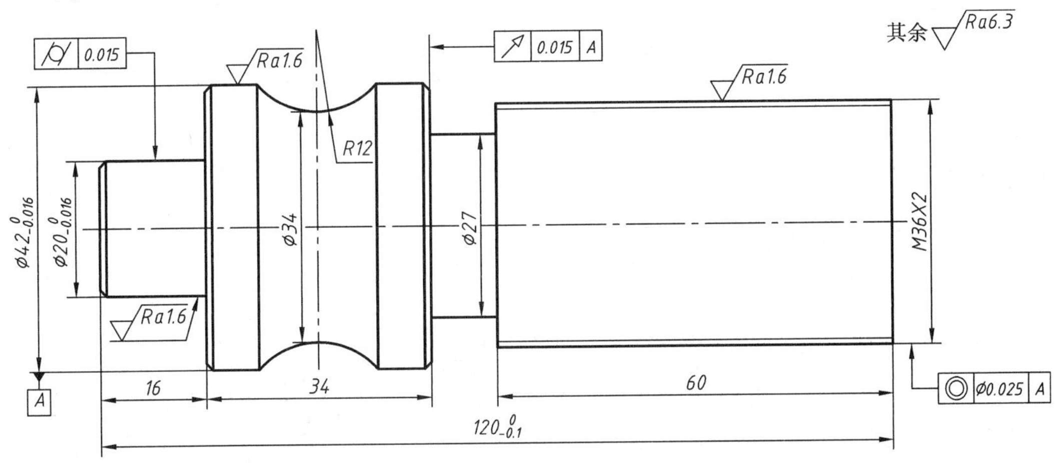

技术要求

1. 未注倒角为C1;

2. 未注尺寸公差按IT12级加工。

图3-3-3 综合训练图3

任务四　数控车削综合训练四

【任务引入】

工件材料为 45 钢，毛坯为ϕ40 × 115 mm 棒料，利用所学指令编程完成图 3-4-1 所示工件的加工。具体要求如下：

(1) 将设定的工件坐标系标注在图 3-4-1 中对应的位置上。

(2) 分析工艺，详细记录刀具及切削参数。

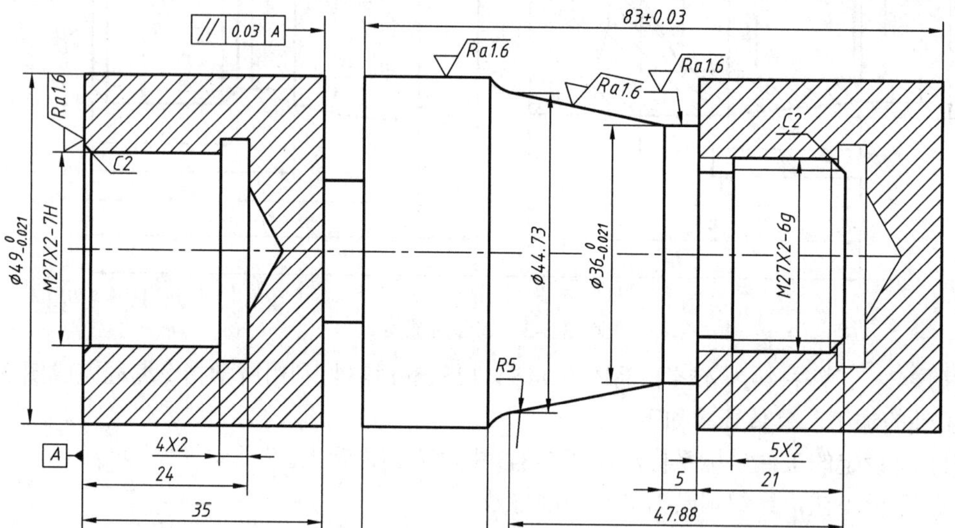

图 3-4-1　综合训练图 1

【任务实施】

(1) 加工工艺的确定。

① 刀具及工艺参数的选择见表 3-4-1。

表 3-4-1　刀具及工艺参数表

工步	工步内容	刀号	刀具名称及规格	主轴转速 /(r/min)	进给速度 /(mm/r)	背吃刀量 /mm
1	平左端面	T1	93° 硬质合金外圆车刀	600	0.2	0.3
2	粗车左外轮廓	T1	93° 硬质合金外圆车刀	800	0.2	1.5
3	精车左外轮廓	T1	93° 硬质合金外圆车刀	1000	0.1	0.2
4	手动钻孔		ϕ20 钻头	300		

续表

工步	工步内容	刀号	刀具名称及规格	主轴转速/(r/min)	进给速度/(mm/r)	背吃刀量/mm
5	切槽	T2	刃宽 4 mm 硬质合金内切槽刀	400	0.1	
6	粗镗内孔	T3	93° 硬质合金内孔镗刀	400	0.2	1.2
7	精镗内孔	T3	93° 硬质合金内孔镗刀	800	0.1	0.2
8	调头平右端面	T1	93° 硬质合金外圆车刀	500	0.2	0.3
9	粗车右外轮廓	T1	93° 硬质合金外圆车刀	800	0.2	1.5
10	精车右外轮廓	T1	93° 硬质合金外圆车刀	1000	0.1	0.2
11	切槽	T5	刃宽 4 mm 的硬质合金切刀	400	0.1	
12	车削外螺纹	T6	60° 硬质合金三角螺纹车刀	600		
13	切断	T5	刃宽 4 mm 的硬质合金切刀	400	0.1	

② 夹具和量具的选择见表 3-4-2。

表 3-4-2　夹具和量具表

序号	名　称	规　格/mm	数　量
1	游标卡尺	0.02/0～150	1
2	外径千分尺	0.01/0～25、0.01/25～50、0.01/50～75	1
3	深度游标卡尺	0～150	1
4	万能角度尺	0°～320°	1
5	内径量表	18～35	1
6	钟面式百分表	0～10	1
7	磁力表座		1
8	螺纹千分尺	0.01/25～50	1
9	螺纹对刀样板	60°	1
10	塞尺	0.02～1	1 套
11	R 规	*R*1～*R*25	1 套
12	V 型块		1 对

(2) 编制加工程序，参考程序见表 3-4-3。

表 3-4-3　参 考 程 序

程 序 内 容		程 序 内 容
ZH05		子程序
先加工左侧	CYCLE97(2,20,-20,24.5,24.5	ZH051
G0 X200　Z200	,4.2,1.3,0,30,0,7,1,4,1,)	X0
T1	G0 Z200	G1 Z0　F0.1
M3　S600	X200	X23
X52　Z0	M5	X27　Z-2
G01 X-0.5　F0.1	M2	Z-21
G0 X49.7　Z2		X36

续表

程序内容		程序内容
G1 Z-45 F0.2	加工右侧	X44.73 Z-47.82
X50	T1	G2 X49 Z-51 CR=5
G0 Z2	M3 S500	G1 Z-72
S1000	G0 X50 Z2	X50
X49	CYCLE97(ZH051,1.5,0.1,0.5,0.1,	M17
G1 Z-45 F0.1	0.3,,0.15,9,,,)	
X50	G0 X200	
G0 X200 Z200	Z200	
S400	T2 S400	
M00(自动加工暂停,手动钻孔)	G0 X30 Z-20	
T2	G1 X23 F0.1	
G0 X15 Z5	X30	
G1 Z-24 F0.3	Z-21	
X28 F0.1	X23	
G4 X2	X30	
G1 X15 F0.3	G0 X200 Z200	
G0 Z200	T6 S600	
X200	G0 X27 Z4	
T3 S400	CYCLE97(2,,0,-16,27,27,4,2,1.2	
G0 X22 Z5	,0.1,0,0,7,1,3,,)	
G1 Z-22 F0.2	G0 X200	
X20	Z200	
G0 X5	T5 S400	
X24	G0 X52 Z-70	
G1 Z-22	G1 X0 F0.1	
X22	G0 X200	
G0 Z5	Z200	
X34	M5	
S800	M2	
G1 X24.8 Z-2 F0.1		
Z-21		
X22 G0 Z200		
X200		
T4 S500		
G0 X22 Z5		

(3) 在数控车床上模拟加工轨迹，模拟正确后进行加工。

(4) 学生自己检验工件。

(5) 打扫现场卫生。

【任务评价】

检验工件质量的结果填入表 3-4-4 中。

表 3-4-4　工件质量评分表

工件编号					总得分			
项目及配分	序号	技术要求	配分	评分标准	自检结果	检验结果	得分	备注
程序与加工工艺(30 分)	1	程序格式规范	10	每错一处扣 2 分				
	2	程序正确、完整	10	每错一处扣 2 分				
	3	切削参数设定合理	5	不合理每处扣 3 分				
	4	换刀点与循环起点正确	5	不正确全扣				
机床操作(10 分)	5	机床参数设定合理	5	不正确全扣				
	6	机床操作正确	5	每错一处扣 3 分				
文明生产(10 分)	7	安全操作	5	不合格全扣				
	8	机床维护与保养						
	9	工作场所整理	5	不合格全扣				
工件加工(50 分)	10	4×2	2	超差全扣				
	11	5×2	2	超差全扣				
	12	$\phi49^{0}_{-0.021}$	5	超差 0.01 扣 2 分				
	13	$\phi36^{0}_{-0.021}$	5	超差 0.01 扣 2 分				
	14	$M27\times2$(外)	5	超差全扣				
	15	$M27\times2$(内)	5	超差全扣				
	16	螺纹配合	5	不能配合全扣				
	17	83±0.03	5	超差 0.01 扣 2 分				
	18	110	2	超差全扣				
	19	*Ra*	4	一处不合格扣 2 分				
	20	其他尺寸	10	每错一处扣 1 分，扣分不超过 10 分				
其他项目	发生重大事故(人身和设备安全事故等)、严重违反工艺原则和情节严重的野蛮操作等，由指导老师或裁判取消操作资格							

【任务总结】

整理材料，撰写实习报告。总结在实施过程中掌握了什么知识、学会了什么技能、发现了什么技巧、出现了什么问题、如何解决问题等。

【任务拓展】

拓展 1 工件材料为 45 钢，毛坯为 ϕ55 × 120 mm 棒料，利用所学指令编程完成图 3-4-2 所示工件的加工。具体要求如下：

(1) 将设定的工件坐标系标注在图 3-4-2 中对应的位置上。

(2) 分析工艺，详细记录刀具及切削参数。

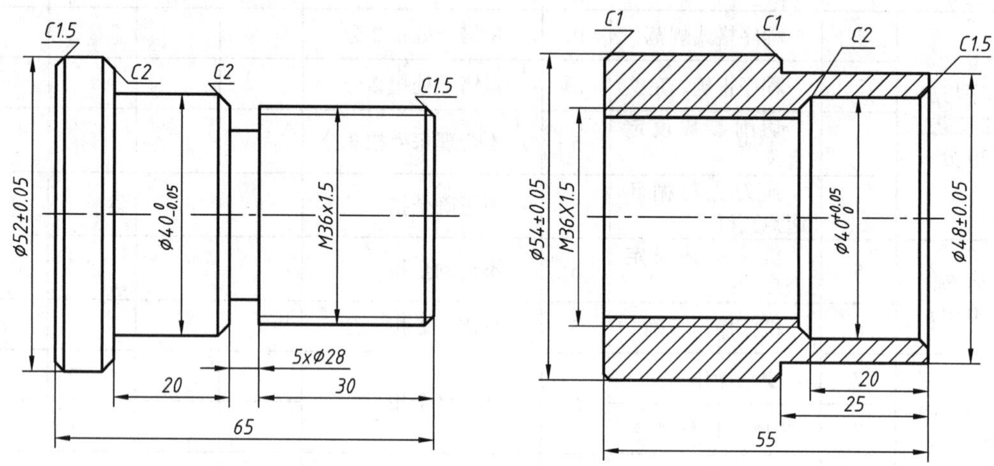

图 3-4-2 综合训练图 2

拓展 2 工件材料为 45 钢，毛坯为 ϕ40 × 115 mm 棒料，利用所学指令编程完成图 3-4-3 所示工件的加工(图中未注倒角 *C*1)。具体要求如下：

(1) 将设定的工件坐标系标注在图 3-4-3 中对应的位置上。

(2) 分析工艺，详细记录刀具及切削参数。

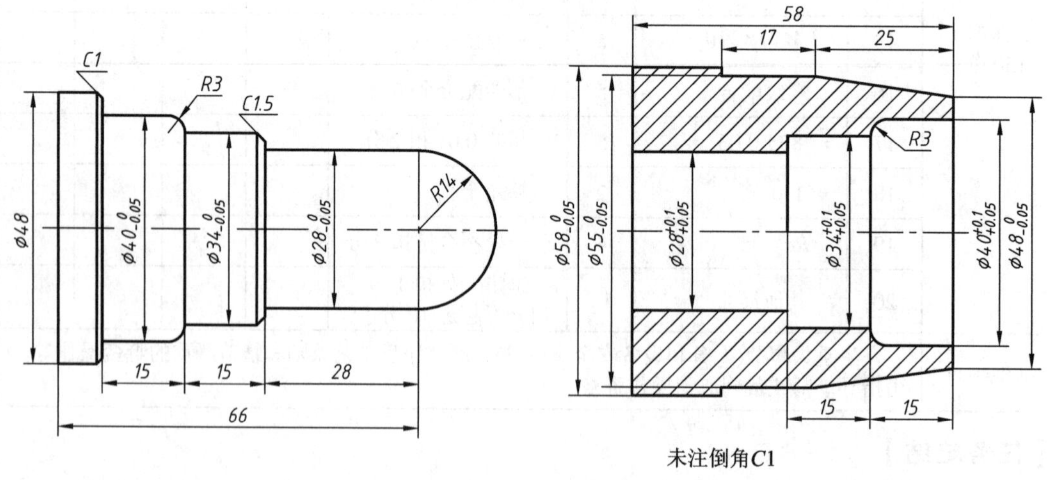

图 3-4-3 综合训练图 3

第二部分

数控铣削篇

项目四　数控铣削的基础知识与操作

任务一　数控铣削的基本知识

【任务目标】

(1) 了解数控铣床的结构、分类和主要功能。

(2) 了解数控铣削加工的一些基本概念。

(3) 正确区分数控系统的机床坐标系和工件坐标系、绝对坐标和相对坐标、模态指令和非模态指令。

【任务引入】

数控铣床一般在功能上由数控系统、主传动系统、进给伺服系统、冷却润滑系统等几大部分组成。下面依据如图 4-1-1 对数控铣床的组成部分介绍如下：

(1) 主轴箱：包括主轴箱体和主轴传动系统，用于装夹刀具并带动刀具旋转，主轴转速范围和输出扭矩对加工有直接的影响。

(2) 进给伺服系统：由进给电机和进给执行机构组成，按照程序设定的进给速度实现刀具和工件之间的相对运动，包括直线进给运动和旋转运动。

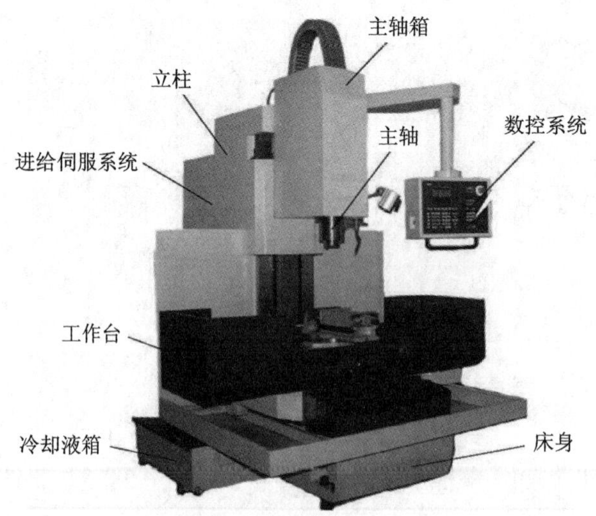

图 4-1-1　数控铣床的组成

(3) 控制系统：数控铣床运动控制的中心，用于执行数控加工程序以及控制机床进行加工。

(4) 辅助装置：如液压、气动、润滑、冷却系统和排屑、防护等装置。

(5) 机床基础件：通常是指底座、立柱、横梁等，它是整个机床的基础和框架。

【相关知识】

一、数控铣床的特点和分类

1. 数控铣床的特点

(1) 半封闭或全封闭防护。

(2) 主轴无级调速，转速范围宽。

(3) 手动换刀，刀具装夹方便。

(4) 一般采用三坐标轴联动。

(5) 应用广泛。

2. 数控铣床的分类

按机床主轴的布置形式及机床的布局特点分类如下：

(1) 数控立式铣床。

(2) 数控卧式铣床。

(3) 数控龙门铣床。

按数控系统的功能分类如下：

(1) 经济型数控铣床：一般采用经济型数控系统，如 SINUMERIK 802D 等系统，采用开环控制，可以实现三坐标轴联动。这种数控铣床成本较低，功能简单，加工精度不高，适用于一般复杂零件的加工。经济型数控铣床有工作台升降式和床身式两种类型。

(2) 全功能型数控铣床：采用半闭环控制或闭环控制，数控系统的功能较多，一般可以实现四坐标轴联动，加工适应性强，应用最广泛。

(3) 高速铣削数控铣床：高速铣削是数控加工的一个发展方向，技术已经比较成熟，已逐渐得到广泛的应用。这种数控铣床采用全新的机床结构、全新的功能部件和功能强大的数控系统并配以加工性能优越的刀具系统，加工时主轴转速一般在 8000～40000 r/min 之间，切削进给速度可达 10～30 m/min，可以对大面积的曲面进行高效率、高质量的加工。但目前这种铣床价格昂贵，使用成本比较高。

二、数控铣床的主要功能

1. 点位控制功能

利用这一功能，数控铣床可以进行只需要做点位控制的钻孔、扩孔、铰孔和镗孔等加工工作。

2. 连续轮廓控制功能

数控铣床通过直线插补和圆弧插补，可以实现对刀具运动轨迹的连续轮廓控制，加工出由直线和圆弧两种几何要素构成的平面轮廓零件。对非圆曲线构成的平面轮廓零件，在经过直线和圆弧逼近后也可以加工。除此之外，该功能还可以加工一些空间曲面零件。

3. 刀具半径自动补偿功能

各种数控铣床大都具有刀具半径自动补偿功能，为零件加工程序的编制提供方便。该功能主要有以下几方面的用途：

(1) 利用这一功能，在编程时可以很方便地按零件实际轮廓形状和尺寸进行编程计算，而加工过程中使刀具中心自动偏离零件轮廓一个刀具半径，从而加工出符合要求的轮廓表面。

(2) 利用该功能，通过改变刀具半径补偿量的方法来弥补铣刀制造的尺寸精度误差，扩大刀具直径选用范围和刀具返修刃磨的允许误差。

(3) 利用改变刀具半径补偿值的方法，以同一加工程序实现分层铣削和粗、精加工，或者用于提高加工精度。

(4) 通过改变刀具半径补偿值的正、负号，还可以用同一加工程序加工某些需要相互配合的零件，例如模具中相互配合的凹、凸模等。

4. 镜像加工功能

镜像加工也称为轴对称加工，对于一个轴对称形状的零件来说，利用这一功能，只要编出一半形状的加工程序就可完成整个零件的全部加工。

5. 固定循环功能

利用数控铣床对孔进行钻、扩、铰和镗加工时，加工的基本动作是相同的，即刀具快速到达孔位—慢速切削进给—快速退回。对于这种典型化动作，可以专门设计一段程序，在需要的时候调用之，以实现循环加工。特别是在加工许多相同的孔时，应用固定循环功能可以大大简化程序。在利用数控铣床的连续轮廓控制功能时，也常常遇到一些典型化的动作，如铣削整圆、方槽等，也可以实现循环加工。

6. 特殊功能

除了常备的功能外，有些数控铣床还加入了一些特殊功能，如增加了计算机仿形加工装置，使铣床可以在数控和靠模两种控制方式中任选一种来进行加工，从而扩大了机床的使用范围；具备自适应功能的数控铣床可以在加工过程中根据感受到的切削状况(如切削力、温度等)的变化，通过适应性控制系统及时控制铣床使之改变切削用量，使铣床及刀具始终保持最佳状态，从而可获得较高的切削效率和加工质量，延长刀具使用寿命；配置了数据采集系统的数控铣床可以通过传感器(通常为电磁感应式、红外线或激光扫描式)对零件或实物(样板、模型等)进行测量和采集所需要的数据。这种功能为那些必须按实物依据生产的零件实现数控加工带来了很大的方便，大大减少了对实样的依赖，为仿制与逆向设计-制造一体化工作提供了有效手段。目前已出现既能对实物进行扫描采集数据，又能对采集到的数据进行自动处理并生成数控加工程序的系统，简称录返系统。

三、数控铣削的基本概念

1. 机床零点

机床坐标系的原点也称为机械原点(机械零点)或机床原点(机床零点)。在机床经过设计、制造和调整后，这个原点便被确定下来，它是固定的点。

通常在每个坐标轴的移动范围内设置一个机床参考点，它在接近正向极限位置的地方。

如果设定机床参考点和机床零点相对位置为零，则机床参考点与机床零点重合。机床参考点与机床零点也可以不重合，通过参数指定机床参考点到机床零点的距离。

2．坐标系

坐标系分为机床坐标系和工件坐标系。机床原点与工件原点如图 4-1-2 所示。

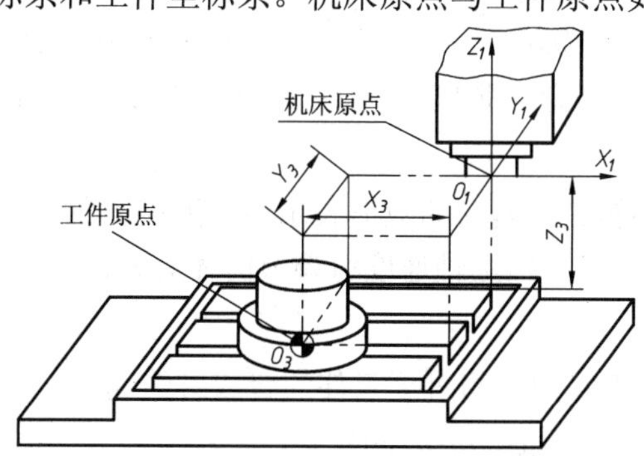

图 4-1-2　机床原点与工件原点

(1) 机床坐标系。机床启动时，通常要进行手动返回参考点，机床回到了参考点位置，也就知道了该坐标轴的零点位置，找到所有坐标轴的参考点，CNC 就确定了机床坐标系。之后换刀时，可采用自动返回参考点的功能。

(2) 工件坐标系。选择被加工零件图上的某一点为坐标原点，建立一个坐标系，这个坐标系称为工件坐标系，坐标原点称为程序原点。工件坐标系一旦建立就一直有效，直到被新的工件坐标系所取代。

工件坐标系的原点选择要尽量满足编程简单、尺寸换算少、引起的加工误差小等条件。

一般情况下，以坐标式尺寸标注的零件，程序原点应选在尺寸标注的基准点；对称零件或以同心圆为主的零件，程序原点应选在对称中心线或圆心上。*Z* 轴的程序原点通常选在工件的上表面。

3．绝对坐标和增量坐标

绝对坐标是指所有坐标点的坐标值均从某一固定的坐标原点来计量。增量坐标是指运动轨迹的终点坐标是相对于线段的起点来计量的。

绝对编程(Absolute Programming)用表示绝对尺寸的控制字进行编程。增量编程(Increment Programming)用表示增量尺寸的控制字进行编程。

4．模态指令和非模态指令

模态功能(续效代码)：一组可相互注销的功能，这些功能在被同一组的另一个功能注销前一直有效。

非模态功能(当段有效代码)：只在书写了该代码的程序段中有效。

模态功能组中包含一个缺省功能，系统上电时将被初始化为该功能。

下面以 G 功能来说明模态功能与非模态功能的区别。G 功能有非模态 G 功能和模态 G 功能之分。

非模态 G 功能：只在所规定的程序段中有效，程序段结束时被注销。

例：N10　G04　P5.0　　　　(延时 5 s)

　　N20　G91　G00　X-20.0　F500　　(*X* 负向移动 20 mm)

N10 程序段中 G04 是非模态 G 代码，不影响 N20 程序段的移动。

模态 G 功能：一组可相互注销的 G 功能，这些功能一旦被执行，就一直有效，直到被同一组的 G 功能注销为止。

例：N10　G90 G01　X-20.0　F500
　　N20　　　　　　Y10.0　　　　　　　　(G90, G01 仍然有效)
　　N30　G03　X20　Y20　R20　　　　　(G03 有效, G01 无效)

5．主轴功能 S

主轴功能 S 控制主轴转速，其后的数值表示主轴速度，单位为转/每分钟(r/min)。

S 是模态指令，S 功能只有在主轴速度可调节时才有效。

6．进给速度 F

F 指令表示工件被加工时刀具相对于工件的合成进给速度，F 的单位取决于 G94(每分钟进给量 mm/min)或 G95(每转进给量 mm/r)。

当工作在 G01、G02 或 G03 方式下时，编程的 F 值一直有效，直到被新的 F 值取代为止，而工作在 G00、G60 方式下时，快速定位的速度是各轴的最高速度，由 CNC 参数设定，与编程的 F 值无关。

借助操作面板上的倍率按键，F 值可在一定范围内进行倍率修调。当执行攻丝循环 CYCLE840、螺纹切削 G33 时，倍率开关失效，进给倍率固定在 100%。

7．刀具功能(T 指令)

T 指令用于选刀，其后续两位数值表示选择的刀具号。T 指令与刀具的关系是由机床制造厂规定的。在加工中心上执行 T 指令，刀库转动选择所需的刀具，然后等待，直到 M06 指令作用时自动完成换刀。T 指令为非模态指令。

【任务实施】

1．了解数控铣床结构、技术参数及功能

立式数控铣床(SINUMERIK 802D S1 系统)的规格参数见表 4-1-1。

表 4-1-1　机床主要规格参数表

名　称	规　格
工作台外形尺寸/mm	1200 × 500
X 轴行程/mm	950
Y 轴行程/mm	550
Z 轴行程/mm	500
主轴转速范围	60～6000 r/min
主电机功率	7 kW
刀柄	BT40
定位精度/mm	0.02
重复定位精度/mm	0.01
冷却液	油质
T 型槽	18×3
控制系统	SINUMERIK 802D S1
电子手轮	分离式
安全防护	全封闭

2．绝对坐标编程和相对坐标编程的练习

按照图 4-1-3 所示的工件尺寸进行绝对坐标编程和相对坐标编程。

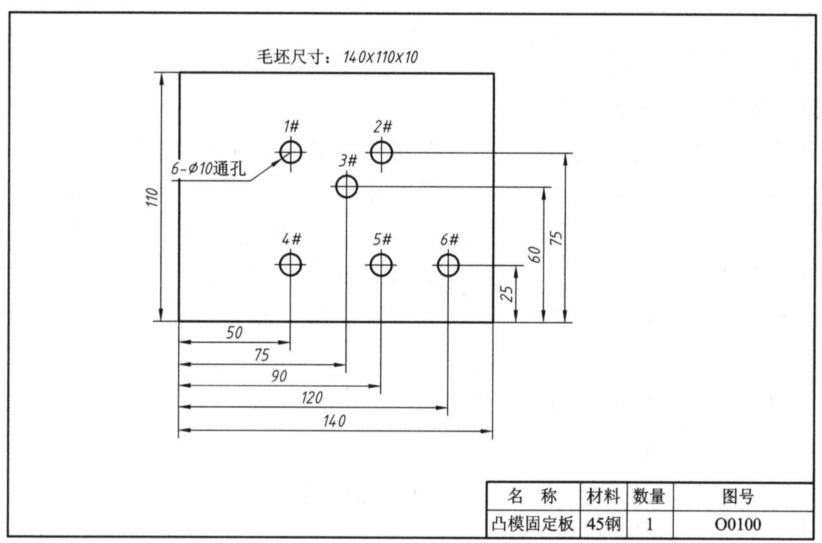

图 4-1-3　绝对坐标编程和相对坐标编程练习图

【任务评价】

(1) 每组学生阐述立式数控铣床(SINUMERIK 802D S1 系统)的结构和主要功能。(30 分)

(2) 完成工件坐标系的建立。(35 分)

(3) 理解绝对坐标编程和相对坐标编程。(35 分)

【任务总结】

整理材料，撰写报告。报告内容包括工艺分析、实施过程、在实施过程中掌握了什么知识、学会了什么技能、发现了什么技巧、出现了什么问题、如何解决问题、遇到的问题怎样改进、尝试了什么创新、创新的结果等。

【任务拓展】

数控铣床安全操作规范如下：

1．安全操作基本注意事项

(1) 工作时必须穿好工作服、安全鞋，戴好工作帽及防护镜等，不允许戴手套操作机床。

(2) 不要移动或损坏安装在机床上的警示标牌。

(3) 注意不要在机床周围放置障碍物，工作空间应足够大。

(4) 某一项工作如需要两人或多人共同完成时，应注意相互间的协调一致。

(5) 不允许采用压缩空气清洗机床、电气柜及 NC 单元。

2．工作前的准备工作

(1) 机床开始工作前要有预热，认真检查润滑系统工作是否正常，如机床长时间未开动，可先采用手动方式向各部分供油润滑。

(2) 使用的刀具应与机床允许的规格相符，有严重破损的刀具要及时更换。
(3) 调整刀具所用工具不要遗忘在机床内。
(4) 刀具安装好后应进行一次试切削。
(5) 检查夹具夹紧工件的状态。

3．工作过程中的安全注意事项

(1) 禁止用手接触刀尖和铁屑，铁屑必须要用铁钩子或毛刷来清理。
(2) 禁止用手或其他任何方式接触正在旋转的主轴、工件或其他运动部位。
(3) 禁止加工过程中测量工件、变速，更不能用棉纱擦拭工件、清扫机床。
(4) 铣床运转中，操作者不得离开岗位，如机床发生异常现象，应立即停车。
(5) 经常检查轴承温度，过高时应找有关人员进行检查。
(6) 在加工过程中，不允许打开机床防护门。
(7) 严格遵守岗位责任制，机床由专人使用，他人使用须经本人同意。

4．工作完成后的注意事项

(1) 清除切屑、擦拭机床，使机床与环境保持清洁状态。
(2) 检查润滑油、冷却液的状态，及时添加或更换。
(3) 依次关掉机床操作面板上的电源和总电源。

任务二 数控铣削常用的工具

【任务目标】

(1) 掌握数控铣削加工常用刀具的种类和使用方法。
(2) 了解数控铣削加工常用夹具的种类和使用方法。

【任务引入】

图 4-2-1 所示为加工形状与铣刀的选择。

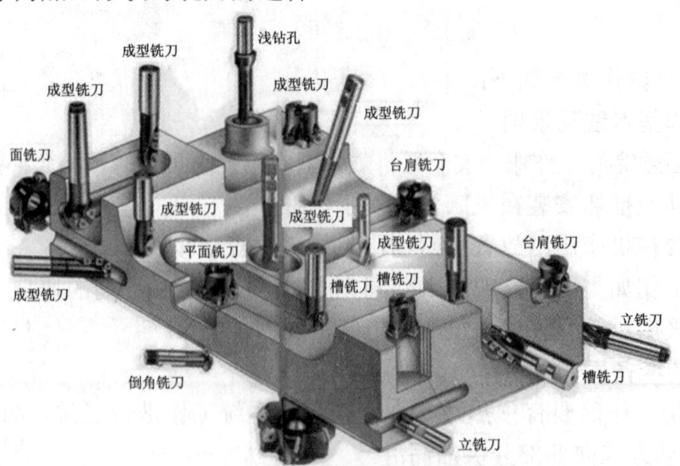

图 4-2-1 加工形状与铣刀的选择

【相关知识】

一、数控铣削加工常用的刀具

1．数控铣削加工常用的刀具选用原则

(1) 尽量选择通用的标准刀具，不用或少用特殊的非标准刀具。

(2) 尽量使用不重磨刀片，少用焊接式刀片。平面铣削应选用不重磨硬质合金端铣刀或立铣刀。一般采用二次走刀，第一次走刀最好用端铣刀粗铣，沿工件表面连续走刀。

注意选好每次走刀宽度和铣刀直径，使接刀刀痕不影响精切走刀精度。因此加工余量大又不均匀时，铣刀直径要选小些。精加工时铣刀直径要选大些，最好能包容加工面的整个宽度。

(3) 立铣刀和镶硬质合金刀片的端铣刀主要用于加工凸台、凹槽和箱口面。为了提高槽宽的加工精度，减少铣刀的种类，加工时可采用直径比槽宽小的铣刀，先铣槽的中间部分，然后用刀具半径补偿功能铣槽的两边。

(4) 铣削平面零件的周边轮廓一般采用立铣刀。

(5) 加工型面零件和变斜角轮廓外形时常采用球头刀、环形刀、鼓形刀和锥形刀等。

刀具确定好后，要把刀具规格、专用刀具代号和该刀所要加工的内容列表记录下来。此外，刀具材料还应具有较好的经济性，以便于推广使用，同时，还应注意多采用国内生产的刀具材料。

2．数控铣削加工刀柄的分类

(1) 按结构分：整体式刀柄和模块式刀柄，如图 4-2-2 和图 4-2-3 所示。

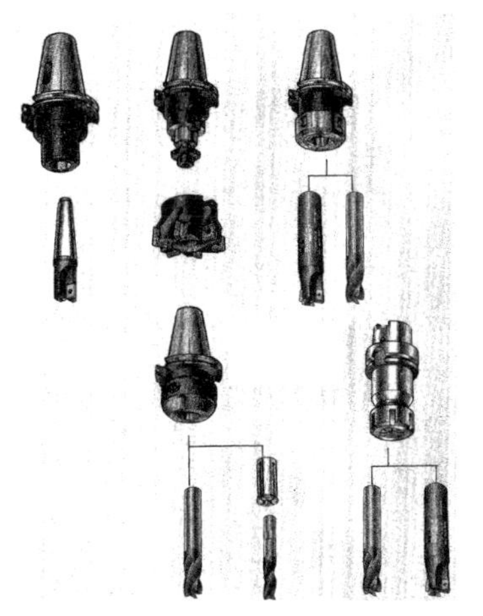

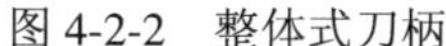

图 4-2-2　整体式刀柄

图 4-2-3　模块式刀柄

(2) 按刀柄与主轴的连接形式分：一面定位式刀柄和二面定位式刀柄。

(3) 按刀具夹紧方式分：弹簧夹头式刀柄、侧向夹紧式刀柄、液压夹紧式刀柄、冷缩夹紧式刀柄。

(4) 按允许的转速分：低速刀柄和高速刀柄。

(5) 按所夹持的刀具种类分：圆柱铣刀刀柄、锥柄钻头刀柄、盘铣刀刀柄、直柄钻头刀柄、镗刀刀柄、丝锥刀柄。

(6) 按功能分：特殊刀柄、增速刀柄和中心冷却刀柄。

3．常用刀柄使用方法

1) 弹簧夹头刀柄的使用

(1) 将刀柄放入卸刀座并锁紧。

(2) 根据刀具直径尺寸选择相应的卡簧，清洁工作表面。

(3) 将卡簧按入锁紧螺母。

(4) 将铣刀装入卡簧孔中，并根据加工深度控制刀具伸出长度。

(5) 用扳手顺时针锁紧螺母。

(6) 检查无问题后，将刀柄装上主轴。

2) 莫氏锥度刀柄的装刀

(1) 选择与刀具尺寸相适应的莫氏锥度刀柄。

(2) 清洁刀柄与刀具配合的表面。

(3) 将刀柄放在卸刀座中卡紧。

(4) 拆卸刀柄螺钉。

(5) 将铣刀锥柄装入刀柄锥孔。

(6) 用螺钉锁紧铣刀。

(7) 锁紧刀柄螺钉。

3) 三面刃铣刀刀柄的装刀

(1) 将刀柄放在卸刀座中卡紧。

(2) 旋下刀柄顶部螺钉。

(3) 清洁刀柄与刀具配合的表面。

(4) 将三面刃铣刀装在刀柄上，锁紧刀柄螺钉。

4) 钻夹头刀柄的装刀

(1) 将刀柄放在卸刀座中卡紧。

(2) 旋松夹头。

(3) 装入钻头或中心钻并旋紧夹头。

上述刀具在刀柄上安装完毕后，清洁刀柄和铣床主轴锥孔，手动将刀柄装入铣床主轴锥孔中。

二、数控铣削加工常用的夹具

1．用机用平口钳安装工件

机用平口钳(见图 4-2-4)适用于中小尺寸和形状规则的工件安装，它是一种通用夹具，一般有非旋转式和旋转式两种，前者刚性较好，后者底座上有一刻度盘，能够把平口钳转成任意角度。安装平口钳时必须先将底面和工作台面擦干净，利用百分表校正钳口，使钳口与横向或纵向工作台方向平行，以保证铣削的加工精度，如图 4-2-5 所示。

图 4-2-4　机用平口钳

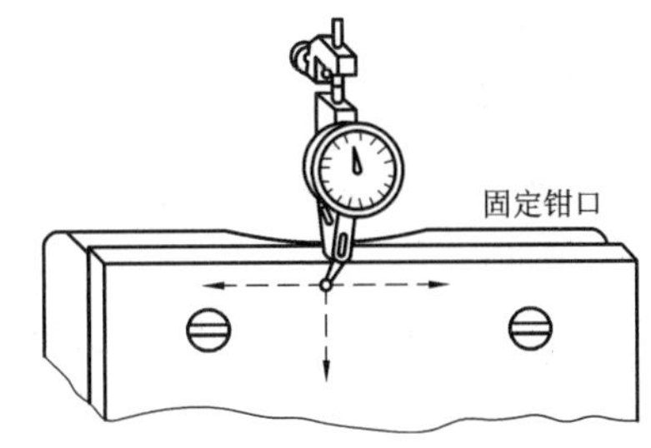

图 4-2-5　机用平口钳的校正

2. 用组合压板安装工件

对于体积较大的工件大都用组合压板来装夹，根据图纸的加工要求，可将工件直接压在工作台面上，如图 4-2-6(a)所示，但这种装夹方法不能进行贯通的挖槽或钻孔加工等；也可在工件下面垫上厚度适当且要求较高的等高垫块后再将其压紧，如图 4-2-6(b)所示，这种装夹方法可进行贯通的挖槽或钻孔加工。

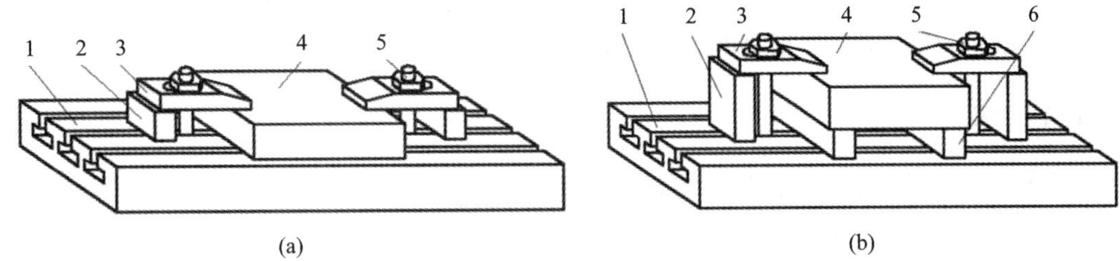

1—工作台；2—支承块；3—压板；4—工件；5—双头螺柱；6—等高垫块

图 4-2-6　组合压板安装工件的方法

使用组合压板时应注意以下几点：

(1) 必须将工作台面和工件底面擦干净，不能拖拉粗糙的铸件、锻件等，以免划伤台面。在工件的光洁表面或材料硬度较低的表面与压板之间必须安置垫片(如铜片或厚纸片)，这样可以避免表面因受压而损伤。

(2) 压板的位置要安排妥当，要压在工件刚性最好的地方，不得与刀具发生冲突，夹紧力的大小也要适当，不然会产生变形。

(3) 支撑压板的支承块高度要与工件相同或略高于工件，压板螺栓必须尽量靠近工件，并且螺栓到工件的距离应小于螺栓到支承块的距离，以便增大压紧力。螺母必须拧紧，否则将会因压力不够而使工件移动，以致损坏工件、机床和刀具，甚至发生意外事故。

3. 用万能分度头安装工件

万能分度头是铣床常用的重要附件，能使工件绕分度头主轴轴线回转一定角度，在一次装夹中完成等分或不等分零件的分度工作，如加工四方、六角等。

4. 用三爪卡盘安装工件

将三爪卡盘(见图 4-2-7)利用压板安装在工作台面上，可装夹圆柱形零件。该方法可用在批量加工圆柱工件端面时，装夹快捷方便，例如铣削端面凸轮、不规则槽等。

图 4-2-7　三爪卡盘

【任务实施】

(1) 参观数控实训中心，观察常见的刀具，注意区分普通铣床所用刀具和数控车床所用刀具的区别。

(2) 数控铣削加工常用刀具(包括弹簧夹头刀柄、莫氏锥度刀柄、三面刃铣刀刀柄、钻夹头刀柄)的装夹训练。

(3) 数控铣削加工常用夹具——机用平口钳的安装和使用。

(4) 数控铣削加工常用量具(包括游标卡尺 、外径千分尺、内径千分尺 、高度游标卡尺、深度千分尺等)的使用。

【任务评价】

(1) 数控铣削加工常用刀具的装夹训练。(30 分)

(2) 数控铣削加工常用夹具——机用平口钳的安装和使用。(40 分)

(3) 数控铣削加工常用量具的使用。(30 分)

【任务总结】

整理材料，撰写报告。报告内容包括工艺分析、实施过程、在实施过程中掌握了什么知识、学会了什么技能、发现了什么技巧、出现了什么问题、如何解决问题、遇到的问题怎样改进、尝试了什么创新、创新的结果等。

【任务拓展】

(1) 数控铣削加工常用刀具的选用技巧有哪些？

(2) 数控铣削加工常用夹具三爪卡盘如何安装和使用？

任务三　SINUMERIK 802D 系统数控铣床操作基础

【任务目标】

(1) 了解数控铣床的基本操作方法。

(2) 了解 SINUMERIK 802D 系统数控铣床的界面组成和各功能按键的作用。

(3) 掌握 SINUMERIK 802D 系统数控铣床的自动加工、手动加工、MDA 模式、程序管理、参数的备份与恢复等。

【任务引入】

SINUMERIK 802D 系统数控铣床的操作面板、系统面板分别如图 4-3-1、图 4-3-2 所示。

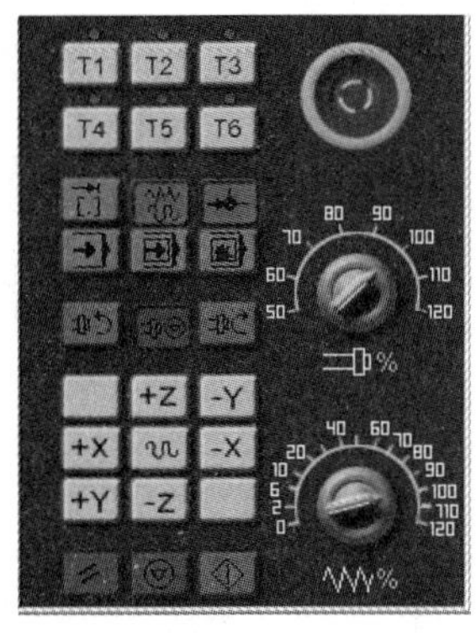

图 4-3-1　SINUMERIK 802D 铣床操作面板

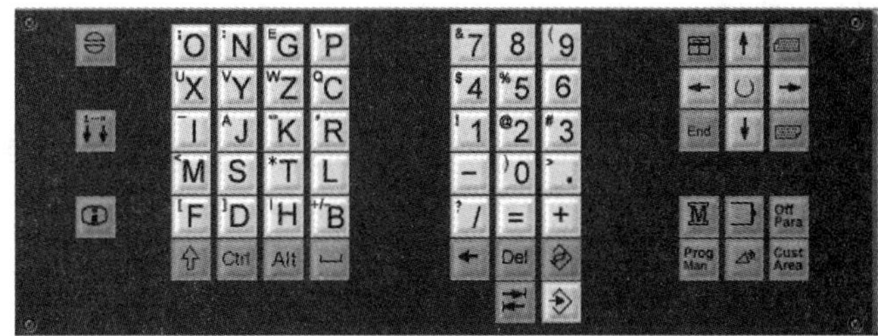

图 4-3-2　SINUMERIK 802D 系统面板

【相关知识】

一、面板介绍

SINUMERIK 802D 系统数控铣床的面板介绍见表 4-3-1。

表 4-3-1　SINUMERIK 802D 系统面板介绍

按　钮	名　称	功　能　简　介
	紧急停止	按下此按钮，可使机床移动立即停止，并且所有的输出(如主轴的转动等)都会关闭
	点动距离选择键	在单步或手轮方式下，用于选择移动距离
	手动方式	手动方式，连续移动
	回零方式	机床回零；机床必须首先执行回零操作，然后才可以运行
	自动方式	进入自动加工模式
	单段	按下此按钮，运行程序时每次执行一条数控指令
	手动数据输入(MDA)	单程序段执行模式
	主轴正转	按下此按钮，主轴开始正转
	主轴停止	按下此按钮，主轴停止转动
	主轴反转	按下此按钮，主轴开始反转
	快速移动	在手动方式下，按下此按钮后，再按下移动按钮则可以快速移动机床
	方向移动	

续表

按　钮	名　称	功　能　简　介
	复位	按下此按钮，可复位CNC系统，包括取消报警、主轴故障复位、中途退出自动操作循环和输入、输出过程等
	循环保持	程序运行暂停，在程序运行过程中，按下此按钮运行暂停。按 　恢复运行
	运行开始	程序运行开始
	主轴倍率修调	将光标移至此旋钮上后，通过点击鼠标的左键或右键来调节主轴倍率
	进给倍率修调	调节数控程序自动运行时的进给速度倍率，调节范围为0～120%。置光标于旋钮上，点击鼠标左键，旋钮逆时针转动，点击鼠标右键，旋钮顺时针转动
	报警应答	
	通道转换	
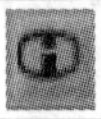	信息	
	上档	对两种功能进行转换。使用上档按钮，当按下字符按钮时，该按钮上行的字符(除了光标按钮)就被输出
	空格	
	删除(退格)	自右向左删除字符
 Del	删除	自左向右删除字符
	取消	
	制表	
	回车/输入	(1) 接受一个编辑值;(2)打开、关闭一个文件目录;(3) 打开文件
	翻页	
 M	加工操作区域	按下此按钮，进入机床操作区域
	程序操作区域	
 Off Para	参数操作区域	按下此按钮，进入参数操作区域
 Prog Man	程序管理操作区域	按下此按钮，进入程序管理操作区域
	报警/系统操作区域控制	
	选择转换	一般用于单选、多选框

二、自动加工模式

(1) 查看机床是否机床回零。若未回零，则先将机床回零。

(2) 使用程序控制机床运行，选择程序，按下运行开始按钮 。

(3) 按下控制面板上的自动方式按钮 ，若 CRT 当前界面为加工操作区，则系统显示如图 4-3-3 所示的界面，否则仅在左上角显示当前操作模式“自动”而界面不变。

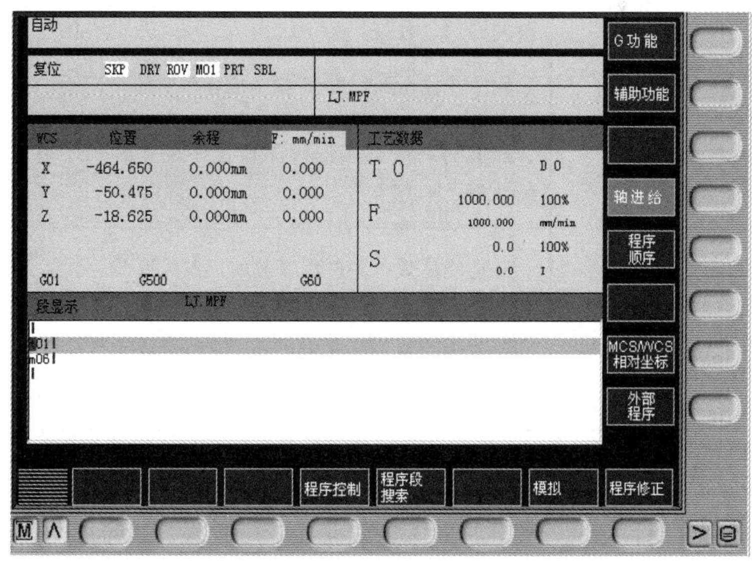

图 4-3-3　自动方式界面

(4) 软键【程序顺序】可以切换段的第 7 行和第 3 行显示。

(5) 按软键【程序控制】来设置程序运行的控制选项，如图 4-3-4 所示。

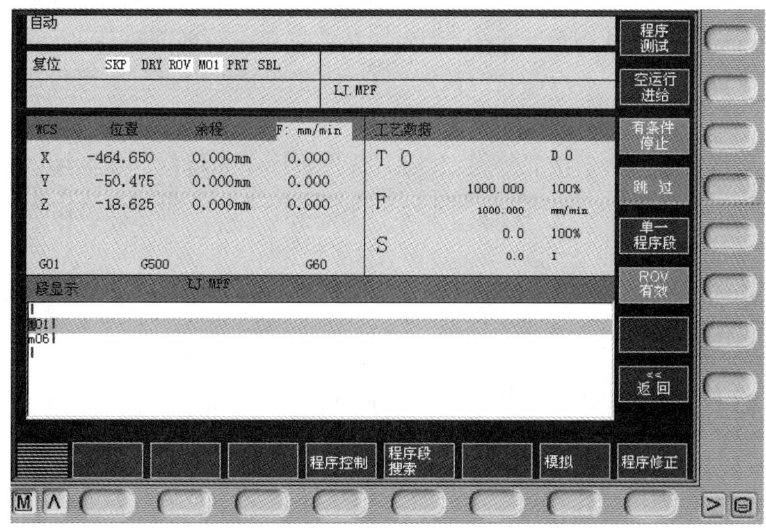

图 4-3-4　程序控制界面

(6) 按软键 返回前一界面。竖排软键对应的状态说明如表 4-3-2 所示。

表 4-3-2　程序控制中状态说明

软　键	显示	说　明
程序测试	PRT	在程序测试方式下所有到进给轴和主轴的给定值被禁止输出，机床不动，但显示运行数据
空运行进给	DRY	进给轴以空运行设定数据中的设定参数运行，执行空运行进给时编程指令无效
有条件停止	M01	程序在执行到有 M01 指令的程序时停止运行
跳过	SKP	前面有斜线标志的程序在程序运行时跳过不予执行(如：/N100G…)
单一程序段	SBL	此功能生效时零件程序按如下方式逐段运行：每个程序段逐段解码，在程序段结束时有一暂停，但在没有空运行进给的螺纹程序段时为一例外，在引只有螺纹程序段运行结束后才会产生一暂停。单段功能中有处于程序复位状态时才可以选择
ROV 有效	ROV	按快速修调键，修调开关对于快速进给也生效

若需修改程序，可按“程序修正”进入编辑状态，所有修改立即被存储。

(7) 按运行开始按钮开始执行程序。

(8) 程序执行完毕，若按复位按钮则中断加工程序，若按运行开始按钮则从头开始。

数控程序在运行过程中可根据需要暂停、停止、急停和重新运行。

数控程序在运行过程中，点击循环保持按钮，程序暂停运行，机床保持暂停运行时的状态。若再次点击运行开始按钮，则程序从暂停行开始继续运行。

在数控程序运行过程中，点击复位按钮，程序停止运行，机床停止，再次点击运行开始按钮，程序从暂停行开始继续运行。

在数控程序运行过程中，按急停按钮，数控程序中断运行，要继续运行时，先将急停按钮松开，再点击运行开始按钮，则余下的数控程序从中断行开始作为一个独立的程序执行。

三、手动加工模式

若当前界面不是加工操作区，则按下加工操作区域按钮，切换到加工操作区。

按下控制面板上的手动方式按钮，选择手动运行方式。

按下相应的坐标轴按钮，机床开始运行，运行速度为设定数据中设置的值，参考编程设定数据功能，若设定的进给值为 0，则按机床内部定义的速度运行。

需要时可用进给倍率修调旋钮调节速度，实际运行速度为指定速度乘以调节倍率。

同时按下坐标轴按钮和快进按钮，则坐标轴以快进速度移动。

四、MDA 模式

(1) 检查机床是否机床回零，若未回零，则先将机床回零。

(2) 选择一个供自动加工的数控程序(主程序和子程序需分别选择)。

(3) 点击操作面板上的自动方式按钮，使其指示灯变亮，机床进入自动加工模式。

(4) 点击操作面板上的单段按钮，使其指示灯变亮。

(5) 每点击一次运行开始按钮，数控程序执行一行，可以通过主轴倍率修调旋钮和进给倍率修调旋钮来调节主轴旋转的速度和移动的速度。

注：数控程序执行后，若想返回到程序开头，则可点击操作面板上的复位按钮。

五、程序管理

可参照图 4-3-5 所示的程序管理菜单树来了解程序的管理。

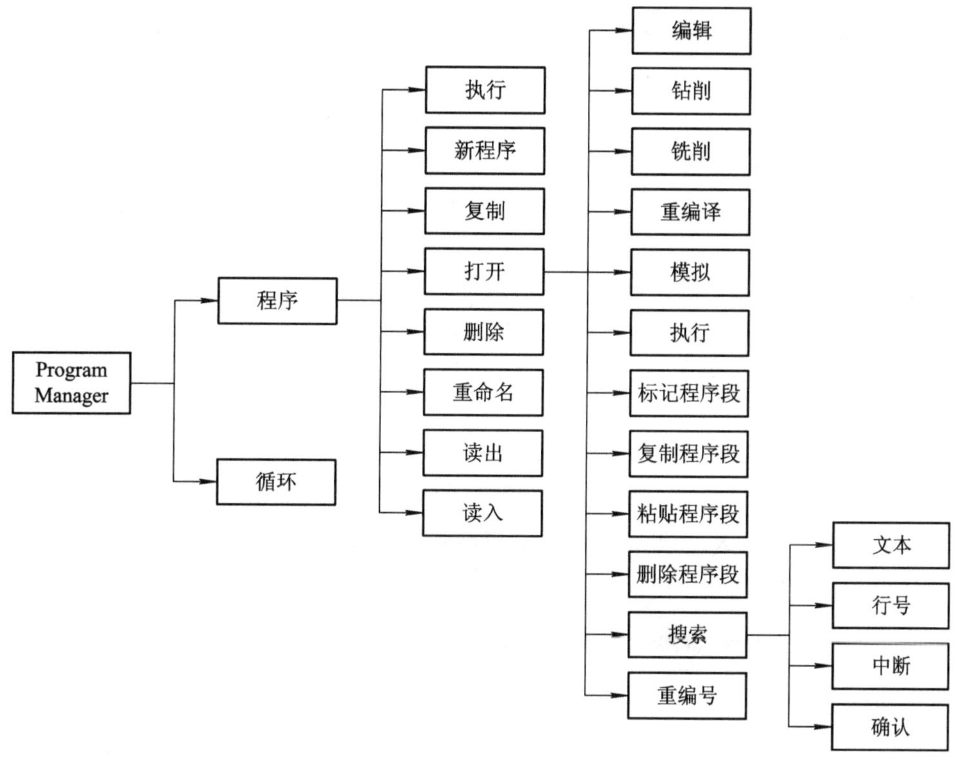

图 4-3-5　程序管理菜单树

六、参数的备份与恢复

1. 将数据备份到 CF 卡

在 CF 卡上备份数据只需在 802D Sl 上进行以下操作：选择【调试文件】，在【802D 数据】中选择需要备份的数据，如图 4-3-6 所示，用菜单软键【复制】后，进入【用户 CF 卡】，用软键【粘贴】将备份文件复制到 CF 卡上。

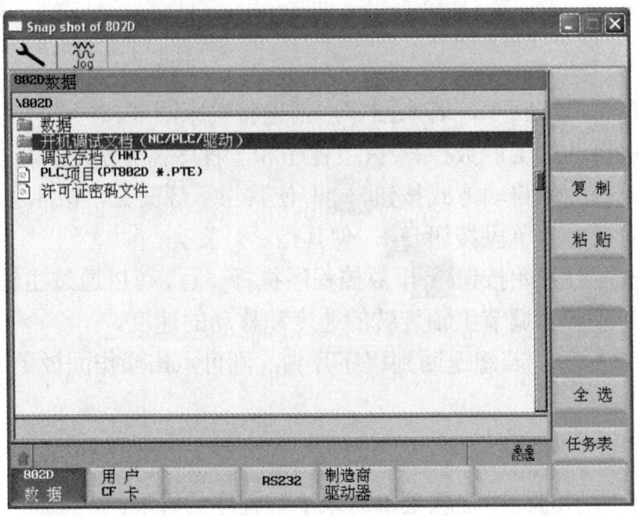

图 4-3-6　802D 数据界面

数据有文本格式和二进制格式之分，可将光标置于根目录备份此目录的所有内容，也可点击回车键进入下级子目录进行分项备份：

• 数据，文本格式，其中包括机床数据、设定数据、刀具数据、R 参数、零点偏置、丝杠误差补偿和全局用户数据。

• 调试存档(NC/PLC/驱动)，二进制格式，其中包括 NC、PLC、驱动的所有数据和用户报警文本及加工程序。

• 调试存档(HMI)，二进制格式，包括系统开机画面等。

• PLC 项目(PT802D *.PTE)，PLC 程序 PTE 格式的备份。通过编程工具 Programming Tool PLC802 的菜单【文件】→【引入…】可以打开 PTE 格式的文件，通过菜单【文件】/【引出…】可以生成 PTE 格式的文件。

加工程序的分项备份可在【程序管理器】区进行，如图 4-3-7 所示。

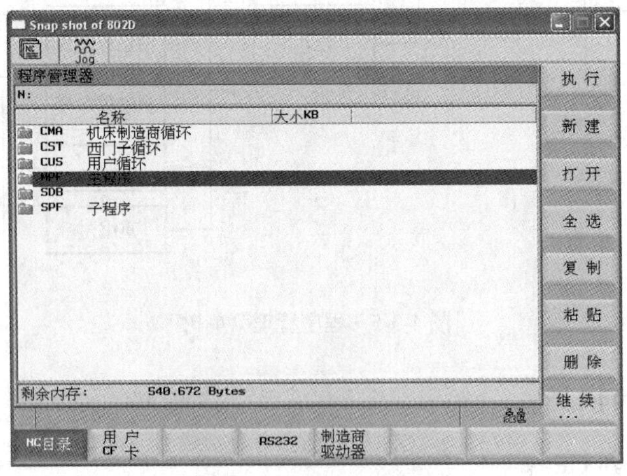

图 4-3-7　程序管理器界面

2. 将数据备份到计算机

(1) 利用准备好的 802D 调试电缆将计算机和 802D 的 COM1 连接起来，如图 4-3-8 所示。

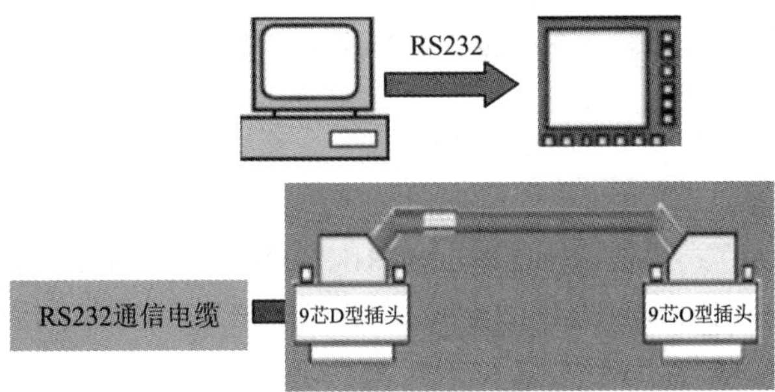

图 4-3-8　802D 调试连接图

(2) 从 Windows 的【开始】菜单中找到通信工具软件 WinPCIN 并启动，主界面如图 4-3-9 所示。

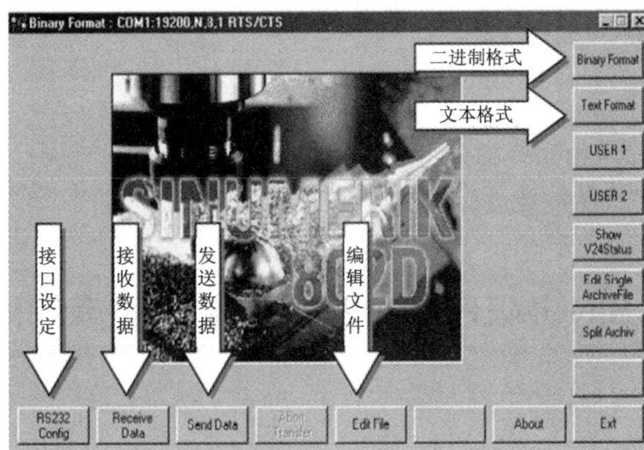

图 4-3-9　主界面

(3) 设定 RS232 接口参数，见图 4-3-10。

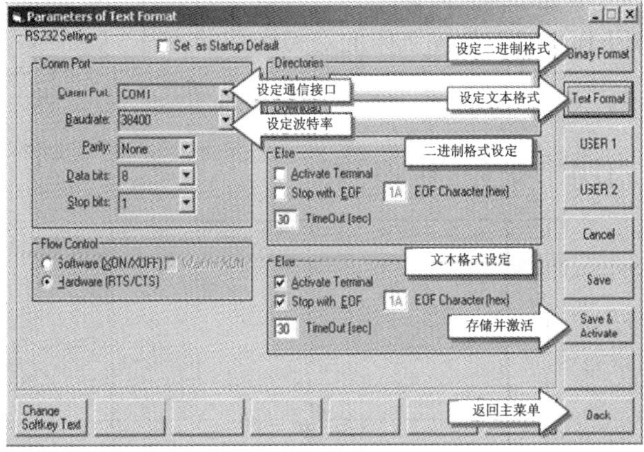

图 4-3-10　RS232 接口参数设定

(4) 在 WinPCIN 软件中选择文件类型，然后选择“接收数据”。

(5) 在 MMC(Multimedia Card)选择进行并启动数据备份。

【任务实施】

(1) 学生到数控实训中心分组操作数控铣床。

(2) 了解 SINUMERIK 802D 系统数控铣床的自动加工、手动加工、MDA 模式、程序管理、参数的备份与恢复等。

【任务评价】

(1) 每组学生阐述立式数控铣床(SINUMERIK 802D Sl 系统)的基本操作方法。(40 分)

(2) 教师布置数控铣床(SINUMERIK 802D Sl 系统)的操作任务，学生独立完成。(60 分)

【任务总结】

整理材料，撰写报告。报告内容包括工艺分析、实施过程、在实施过程中掌握了什么知识、学会了什么技能、发现了什么技巧、出现了什么问题、如何解决问题、遇到的问题怎样改进、尝试了什么创新、创新的结果等。

【任务拓展】

(1) 数控机床的程序由哪些部分组成？

(2) 使用 CF 卡对机床参数进行备份与恢复。

任务四　SINUMERIK 802D 系统数控铣床的对刀操作

【任务目标】

(1) 了解常见的对刀工具。

(2) 掌握 SINUMERIK 802D 数控铣床刀具参数及刀具补偿参数设置的方法。

(3) 掌握 SINUMERIK 802D 数控铣床的对刀操作的方法。

【任务引入】

根据图 4-4-1 在工件中心建立工件坐标系。

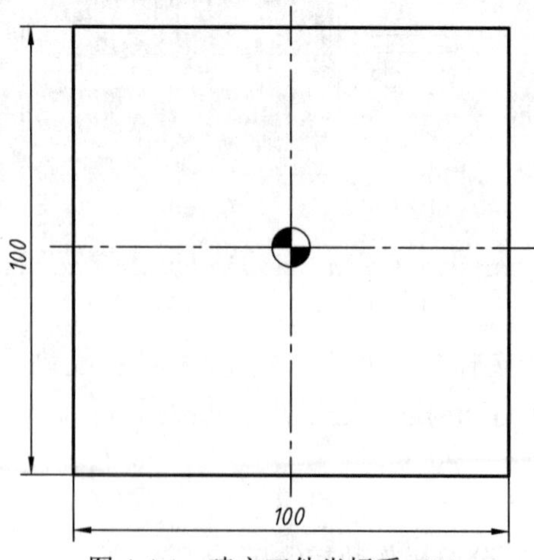

图 4-4-1　建立工件坐标系 G54

【相关知识】

一、常见的对刀工具

1．寻边器

因为生产的需要，寻边器有不同的类型，如光电式(见图 4-4-2)、防磁式、回转式、陶瓷式、偏置式(见图 4-4-3)等，比较常用的是偏置式。

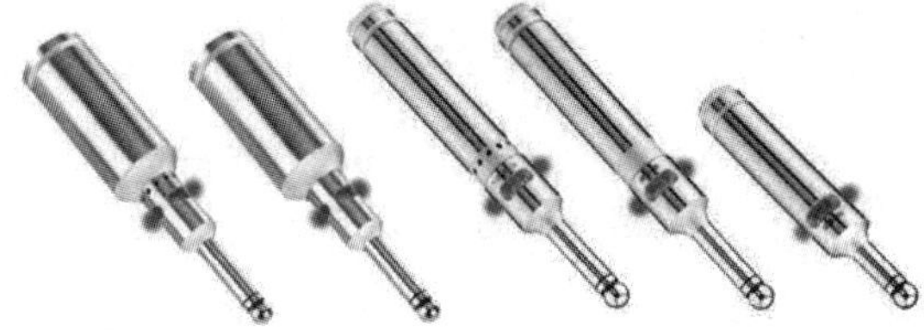

图 4-4-2　光电式寻边器

图 4-4-3　偏置式寻边器

寻边器是数控加工中为了精确确定被加工工件的中心位置的一种检测工具。寻边器的工作原理是首先在 *X* 轴上选定一边为零，再选另一边得出数值，取其一半为 *X* 轴中点，然后按同样方法找出 *Y* 轴原点，这样工件在 *XY* 平面上的加工中心就可以确定。

光电式寻边器具有以下特点：

(1) 不需要回转测量。

(2) 精确度可以达到 ±0.005 mm。

偏置式寻边器具有以下特点：

(1) ϕ10 的直柄可以安装在切削夹头或钻孔夹头上。

(2) 用手指轻压测定子的侧边，使其偏心 0.5 mm。

(3) 使其以 400～600 r/m 的速度转动。

(4) 弹簧力较小，可以避免小铣刀或小钻头断裂。

(5) 使测定子与工件的端面相接触，一点一点地触碰移动，就会达到全接触状态，测定子不会震动，如同静止的状态接触着，如果此时加以外力，测定子就会偏移出位，此处滑动的起点就是所要求的基准位置。

(6) 工件本身的端面位置，就是加上测定子半径 5 mm 的坐标位置。

2．*Z* 轴设定器

Z 轴设定器是用于设定 CNC 数控机床工具长度的一种五金工具，其设定高度为(50.00 ± 0.01)mm。

Z 轴设定器包括圆形 Z 轴设定器、方形 Z 轴设定器、外附表型 Z 轴设定器、光电式 Z 轴设定器、磁力 Z 轴设定器等。Z 轴设定器实物如图 4-4-4 所示。

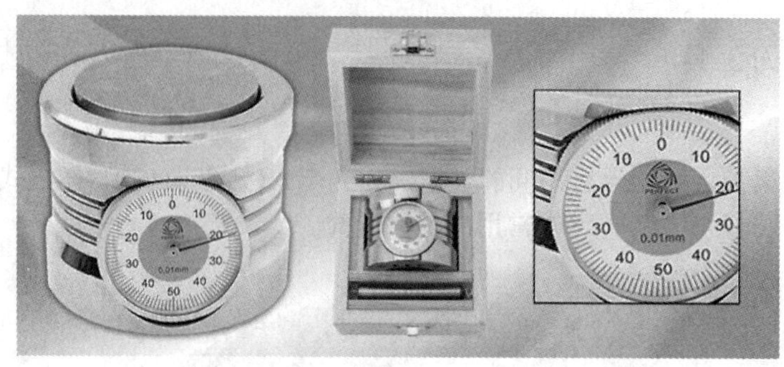

图 4-4-4　Z 轴设定器

Z 轴设定器的使用方法如下：

(1) 将刀具装在主轴上，将 Z 轴设定器吸附在已经装夹好的工件或夹具平面上。

(2) 快速移动工作台和主轴，让刀具端面靠近 Z 轴设定器的上表面。

(3) 改用步进或电子手轮微调操作，开始倍率可大些，快要接近设定器表面时，倍率改小，使刀具端面慢慢接触到 Z 轴设定器的上表面，直到 Z 轴对刀器发光或指针指示到零位。

(4) 记下机械坐标系中的 Z 值数据。

(5) 在当前刀具情况下，工件或夹具平面在机床坐标系中的 Z 坐标值为此数据值再减去 Z 轴设定器的高度。

(6) 若工件坐标系 Z 坐标零点设定在工件或夹具的对刀平面上，则此值即为工件坐标系 Z 坐标零点在机床坐标系中的位置，也就是 Z 坐标零点偏置值。

二、SINUMERIK 802D 数控铣床刀具参数的设置

建立新刀具，在刀具参数设置功能下有两个软键供使用，包括【刀具类型】和【刀具号】。刀具类型设置见图 4-4-5。刀具号设置见图 4-4-6。

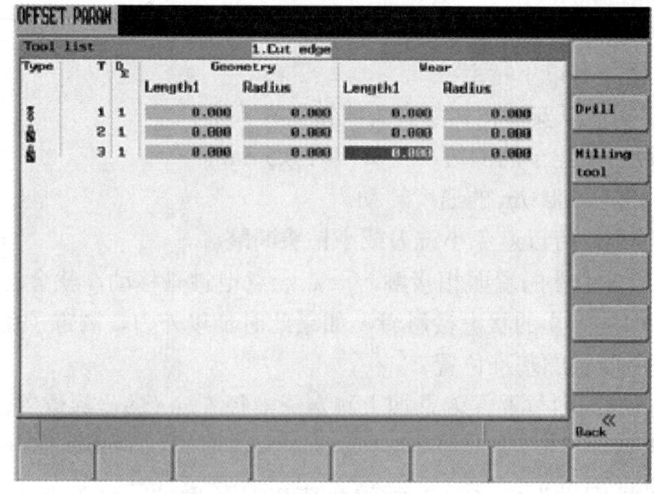

图 4-4-5　刀具类型设置

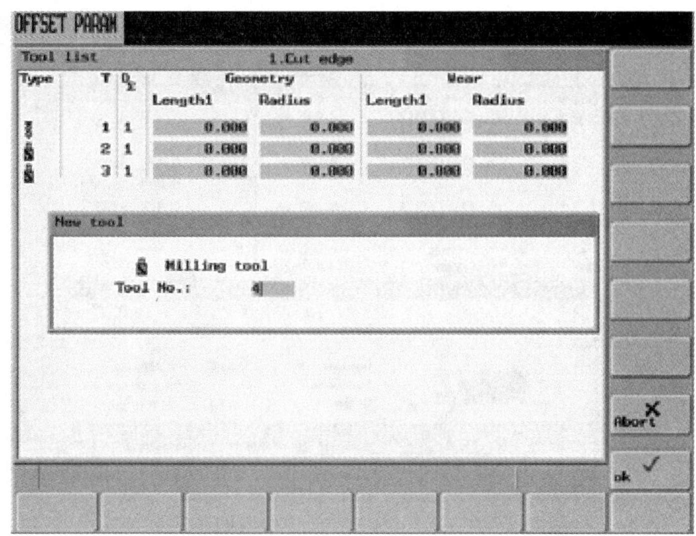

图 4-4-6　刀具号设置

三、SINUMERIK 802D 数控铣床的对刀操作

1. 输入/修改零点偏移

在回参考点之后实际值存储器以及实际值的显示均以机床零点为基准，而工件的加工程序则以工件零点为基准。这之间的差值就作为可设定的零点偏移输入。

通过按【参数偏移】软键和【零点偏移】软键可以选择零点偏移，如图 4-4-7 所示。

屏幕上显示出可设定零点偏移的情况，包括已编程的零点偏移、有效的比例系数、镜相功能有效以及所有的零点偏移。

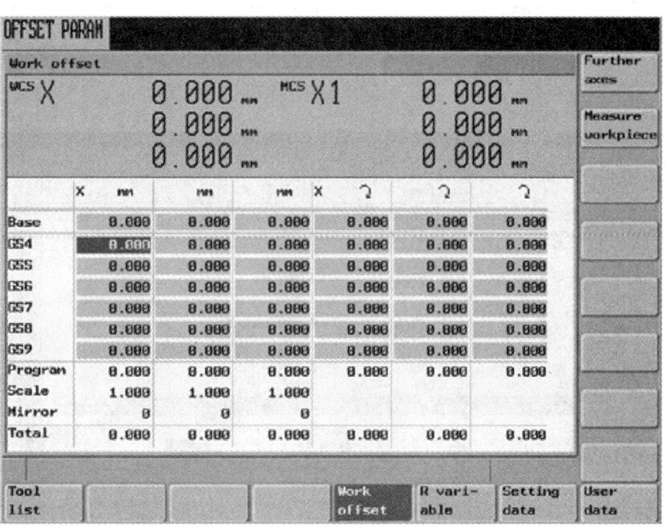

图 4-4-7　输入/修改零点偏移

2. 计算零点偏移

图 4-4-8～图 4-4-10 分别为 X 方向、Y 方向、Z 方向的零点偏移。

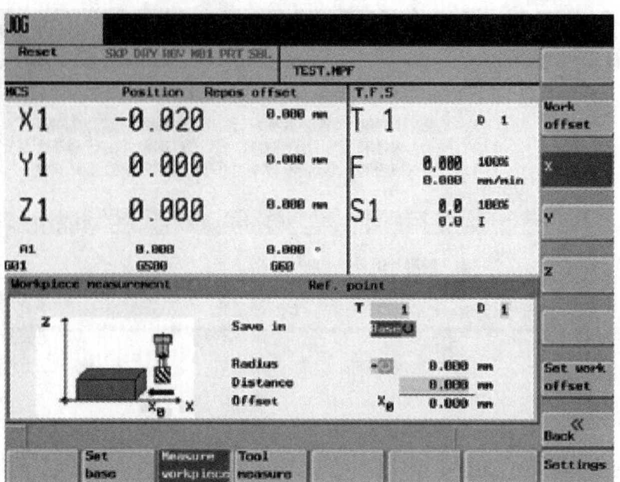

图 4-4-8　*X* 方向零点偏移

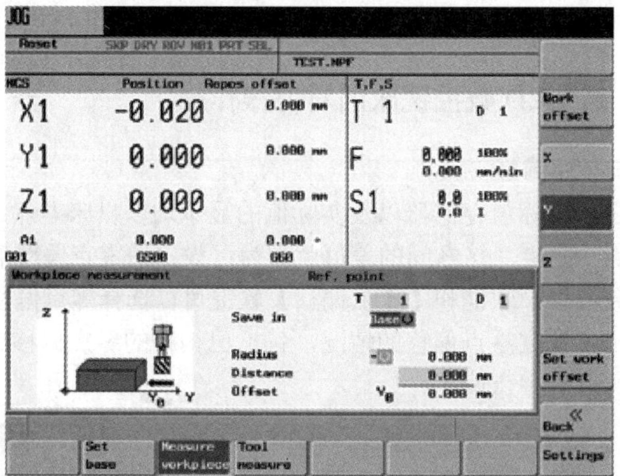

图 4-4-9　*Y* 方向零点偏移

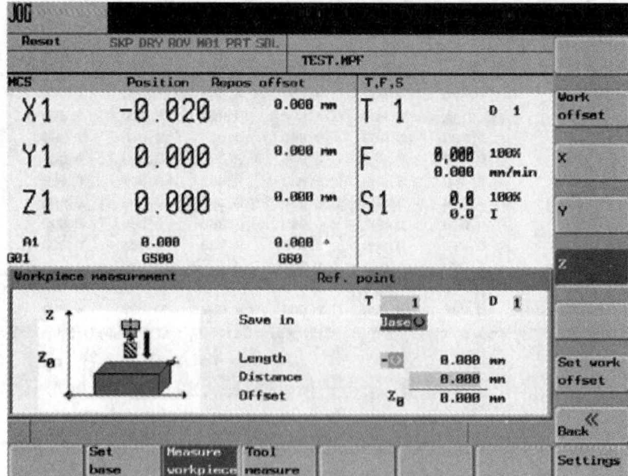

图 4-4-10　*Z* 方向零点偏移

零点偏移的操作步骤如下：

(1) 按软键【测量工件】。控制系统转换到加工操作区域，出现的对话框用于测量零点偏移。所选择的坐标轴以背景为黑色的软键显示。

(2) 移动刀具，使其与工件相接触。

如果刀具不可能触接到工件边沿，或者刀具无法到达所要求的点(比如使用了一个垫块)，则在填参数【间隔】时必须要输入刀具与工件表面之间的距离。

如果刀具已激活，则在计算零点偏移时必须要考虑刀具移动的方向。如果没有刀具激活，【半径】一栏则隐含。

(3) 按软键【设置偏移值】计算零点偏移，结果显示在零点偏移栏。

【任务实施】

学生分组在 SINUMERIK 802D 数控铣床上完成图 4-4-1 所示的对刀操作并做记录于表 4-4-1 中。

表 4-4-1　对刀数值记录表

数值 学生	*X*1/mm	*X*2/mm	*X*/mm	*Y*1/mm	*Y*2/mm	*Y*/mm	*Z*/mm
1							
2							
3							
4							
5							

对刀操作步骤如下：

(1) *X*、*Y* 向对刀。

① 将工件通过夹具装在机床工作台上，装夹时，工件的四个侧面都应留出寻边器的测量位置。

② 快速移动工作台和主轴，让寻边器测头靠近工件的左侧。

③ 改用微调操作，让测头慢慢接触到工件左侧，直到寻边器发光，记下此时机床坐标系中的 *X* 坐标值 *X*1。

④ 抬起寻边器至工件上表面之上，快速移动工作台和主轴，让测头靠近工件右侧。

⑤ 改用微调操作，让测头慢慢接触到工件右侧，直到寻边器发光，记下此时机械坐标系中的 *X* 坐标值 *X*2。

⑥ 工件坐标系原点在机床坐标系中的 *X* 坐标值为$(X1 + X2)/2$。

⑦ 同理可得 *Y* 的坐标值。

(2) *Z* 向对刀。

① 卸下寻边器，将加工所用刀具装上主轴。

② 快速移动主轴，让刀具端面靠近 *Z* 轴设定器的上表面。

③ 改用微调操作，让刀具端面慢慢接触到 *Z* 轴设定器的上表面，直到其指针指示到零位。

④ 记下此时机床坐标系中的 Z 值 Z1。

⑤ 若 Z 轴设定器的高度为 50 mm，则工件坐标系原点在机械坐标系中 Z 坐标值为(Z1−50) mm。

(3) 输入零点偏移到存储器中(以 G54～G59 代码存储对刀参数)。

【任务评价】

学生分组在 SINUMERIK 802D 数控铣床上完成图 4-4-1 所示的对刀操作。(100 分)

【任务拓展】

(1) 分析工件坐标系与机床坐标系的区别。

(2) 使用塞尺完成数控铣床的对刀操作。

【任务总结】

整理材料，撰写报告。报告内容包括工艺分析、实施过程、在实施过程中掌握了什么知识、学会了什么技能、发现了什么技巧、出现了什么问题、如何解决问题、遇到的问题怎样改进、尝试了什么创新、创新的结果等。

项目五　SINUMERIK 802D 数控铣床的编程指令及编程方法

任务一　数控铣削编程基本知识

【任务目标】

(1) 能够掌握 SINUMERIK 802D 数控铣削编程基本指令的使用方法。

(2) 能够正确使用数控铣削加工的刀具半径补偿功能。

【任务引入】

根据图 5-1-1，要求用以下两种方式编写程序：

(1) 不使用刀具半径补偿功能。

(2) 使用刀具半径补偿功能。

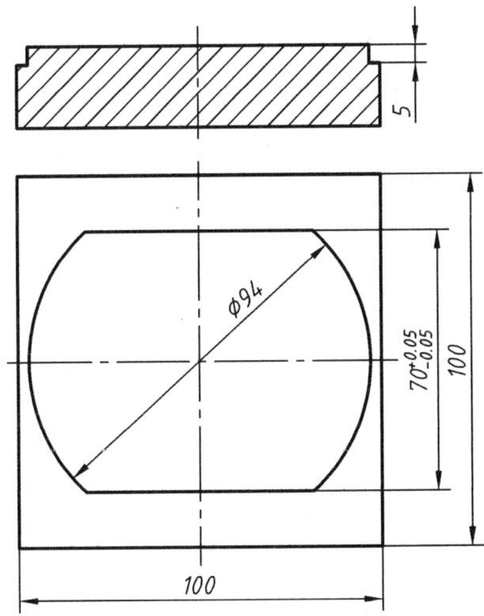

图 5-1-1　刀具半径补偿功能练习图

【相关知识】

一、程序名称和结构

1. 程序名称

每个程序均有一个程序名。在编制程序时可以按以下规则确定程序名：

(1) 开始的两个字符必须是字母。

(2) 仅使用字母、数字或下划线。

(3) 不得使用分隔符。

(4) 小数点仅可以用于标识文件的扩展名。

(5) 最多使用 25 个字符。

例如：SKXX10

2．程序结构

程序结构如表 5-1-1 所示。

表 5-1-1 程序结构表

程序段	字	字	字	…	注 释
程序段	N10	G00	X200	…	第一段程序
程序段	N20	G02	Y50	…	第二段程序
程序段	N30	G91	…	…	…
程序段	N40	…	…	…	…
程序段	N50	M30	…	…	程序结束

一个程序段中含有执行一个工序所需的全部数据。

程序段中有很多指令时，建议按如下顺序：N_ G_ X_ Y_ Z_ F_ S_ T_ D_ M_ H_。

二、常用 G 代码指令的功能表

常用 G 代码指令的功能见表 5-1-2。

表 5-1-2 G 代码指令的功能表

分类	分组	代码	意 义	格 式	备 注
插补	1	G0	快速插补(笛卡尔坐标)	G0 X_ Y_ Z_	在直角坐标系中
		G1*	直线插补(笛卡尔坐标)	G1 X_ Y_ Z_ F_	在直角坐标系中
		G2	顺时针圆弧(笛卡尔坐标，终点+圆心)	G2 X_ Y_ I_ J_ F_	X、Y 确定终点，I、J、F 确定圆心
			顺时针圆弧(笛卡尔坐标，终点+半径)	G2 X_ Y_ CR=_ F_	X、Y 确定终点，CR 为半径(大于 0 为劣弧，小于 0 为优弧)
		G3	逆时针圆弧(笛卡尔坐标，终点+圆心)	G3 X_ Y_ I_ J_ F_	
			逆时针圆弧(笛卡尔坐标，终点+半径)	G3 X_ Y_ CR=_ F_	
平面	6	G17*	指定 *X*/*Y* 平面	G17	该平面上的垂直轴为刀具长度补偿轴
		G18	指定 *Z*/*X* 平面	G18	该平面上的垂直轴为刀具长度补偿轴
		G19	指定 *Y*/*Z* 平面	G19	该平面上的垂直轴为刀具长度补偿轴

续表

分类	分组	代码	意　义	格　式	备　注
增量设置	14	G90*	绝对尺寸	G90	
		G91	增量尺寸	G91	
工件坐标	8	G500*	取消可设定零点偏值	G500	
		G55	第二可设定零点偏值	G55	
		G56	第三可设定零点偏值	G56	
		G57	第四可设定零点偏值	G57	
		G58	第五可设定零点偏值	G58	
		G59	第六可设定零点偏值	G59	

三、数控铣削加工刀具半径补偿功能

1．刀具半径补偿功能指令的格式

刀具半径补偿功能指令的格式如下：

$$\begin{Bmatrix} G17 \\ G18 \\ G19 \end{Bmatrix} \quad \begin{Bmatrix} G40 \\ G41 \\ G42 \end{Bmatrix} \quad \begin{Bmatrix} G00 \\ G01 \end{Bmatrix} \quad X\_\ Y\_\ Z\_\ D\_$$

刀具半径初偿功能示意图见图 5-1-2。

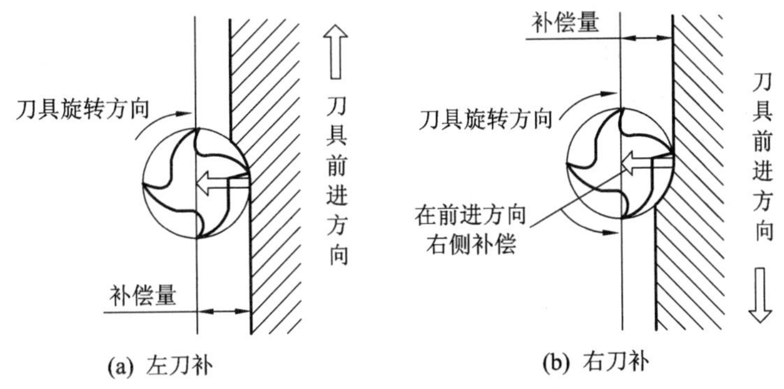

图 5-1-2　刀具半径补偿功能示意图

图中各指令说明如下：

G40：取消刀具半径补偿。

G41：左刀补(在刀具前进方向左侧补偿)，如图 5-1-2(a)所示。

G42：右刀补(在刀具前进方向右侧补偿)，如图 5-1-2(b)所示。

G17：刀具半径补偿平面为 *XY* 平面。

G18：刀具半径补偿平面为 *ZX* 平面。

G19：刀具半径补偿平面为 *YZ* 平面。

X、Y、Z：G00/G01 的参数，即刀补建立或取消的终点(注：投影到补偿平面上的刀具轨迹受到补偿)。

D：G41/G42 的参数，即刀补号码(D00～D99)，它代表了刀补表中对应的半径补偿值。G40、G41、G42 都是模态代码，可相互注销。

2．刀具半径补偿的注意事项

(1) 使用刀具半径补偿时应避免过切削现象。这又包括以下三种情况：

① 使用刀具半径补偿和取消刀具半径补偿时，刀具必须在所补偿的平面内移动，移动距离应大于刀具补偿值。

② 加工半径小于刀具半径的内圆弧时，进行半径补偿将产生过切削。只有过渡圆角 $R \geq$ 刀具半径 $r+$ 精加工余量的情况下才能正常切削。

③ 被铣削槽底宽小于刀具直径时将产生过切削，如图 5-1-3、图 5-1-4 所示。

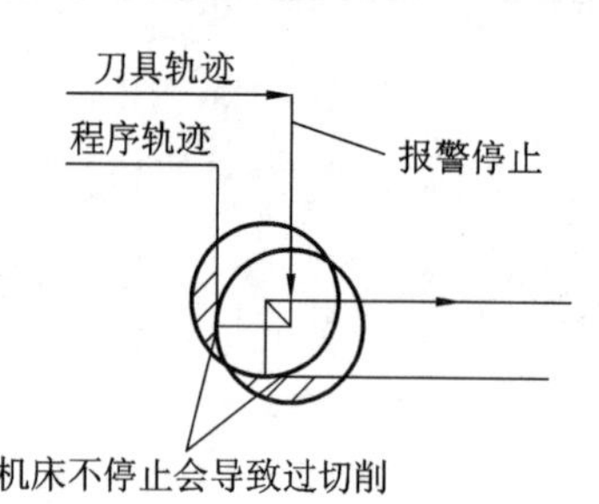

图 5-1-3 刀具半径大于工件内凹圆弧半径

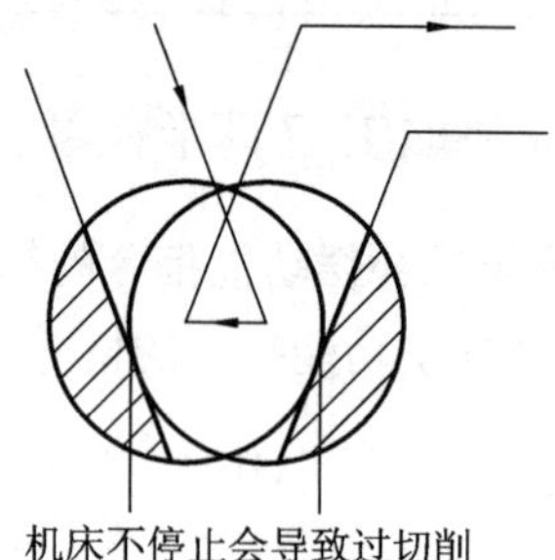

图 5-1-4 刀具半径大于工件槽底宽度

(2) G41、G42、G40 须在 G00 或 G01 模式下使用，现在有一些系统可以在 G02、G03 模式下使用。

(3) D00～D99 为刀具补偿号，D00 意味着取消刀具补偿。刀具补偿值在加工或试运行之前须设定在刀具半径补偿存储器中。

3．编程举例

以图 5-1-5 为例进行编程，程序如表 5-1-3 所示。

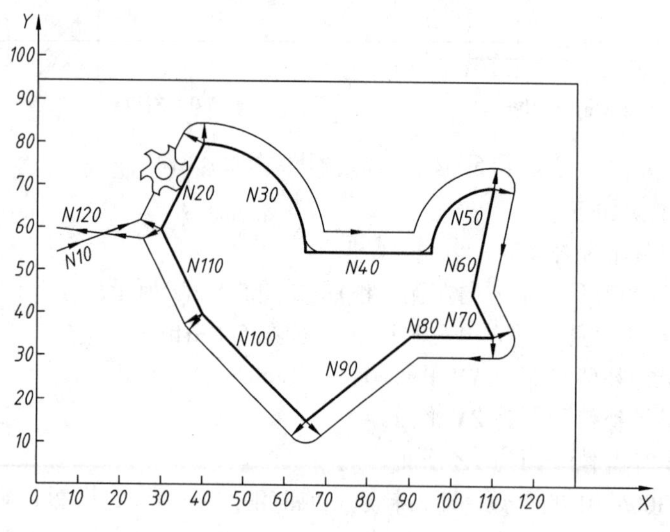

图 5-1-5 刀具半径补偿功能练习图

表 5-1-3 主 程 序

程序内容		程序说明
%_N_215 _MPF		程序名
；$PATH=/_N_MPF_DIR		
N1	T1	调用刀具 1 号半径补偿
N5	G0 G17 G90 X5 Y55 Z50	X、Y、Z 轴快速定位
N8	G1 Z0 F200 S200 M3	主轴正转，转速为 200 r/min
N10	G41 G450 X30 Y60 F400	建立刀具半径补偿
N20	X40 Y80	N20 段加工
N30	G2 X65 Y55 I0 J-5	N30 段加工
N40	G1 X95	N40 段加工
N50	G2 X110 Y70 I15 J0	N50 段加工
N60	G1 X105 Y45	N60 段加工
N70	X110 Y35	N70 段加工
N80	X90	N80 段加工
N90	X65 Y15	N90 段加工
N100	X40 Y40	N100 段加工
N110	X30 Y60	N110 段加工
N120	G40 X5 Y60	取消刀具半径补偿
N130	G0 Z50	Z 轴快速定位
N140	M5	主轴停转
N150	M2	程序结束

【任务实施】

(1) 按照图 5-1-1 所示的尺寸编写加工程序，见表 5-1-4。

表 5-1-4 主 程 序

程序内容		程序说明
%_N_211 _MPF		程序名
；$PATH=/_N_MPF_DIR		
N1	T1	调用 1 号刀具
N5	G0 G17 G90 X5 Y55 Z50	X、Y、Z 向快速定位
N8	S1200 M3	主轴正转，转速 1200 r/min
N10	G00X50Y-50	XY 向快速定位
N20	G00Z3	Z 向快速定位
N30	G1Z-2F50	Z 向下刀
N40	G1G41X31.37Y-35D1F200	调用刀具半径补偿
N50	G1X-31.37Y-35	X、Y 向加工
N60	G02X-31.37Y35CR=47F150	圆弧加工
N70	G1X31.37Y35	X、Y 向加工
N80	G02X31.37Y-35CR=47F150	圆弧加工
N90	G1X50Y-50F200	X、Y 向加工
N100	G1Z-4F50	Z 向下刀
N110	G1X31.37Y-35F200	X、Y 向加工
N120	G1X-31.37Y-35	X、Y 向加工
N130	G02X-31.37Y35CR=47F150	圆弧加工
N140	G1X31.37Y35	X、Y 向加工

续表

程序内容		程序说明
N150	G02X31.37Y-35CR=47	圆弧加工
N160	G1X50Y-50	*X*、*Y* 向加工
N170	G1Z-5F50	*Z* 向下刀
N180	G1X31.37Y-35F200	*X*、*Y* 向加工
N190	G1X-31.37Y-35	*X*、*Y* 向加工
N200	G02X-31.37Y35CR=47F150	圆弧加工
N210	G1X31.37Y35	*X*、*Y* 向加工
N220	G02X31.37Y-35CR=47	圆弧加工
N230	G1X50Y-50	*X*、*Y* 向加工
N240	G1G40ZX70	取消刀具半径补偿
N250	G0Z100	*Z* 向提刀
N260	M05	主轴停转
N270	M30	程序结束

(2) 分析两种加工方法的不同。

【任务评价】

检验工件质量的结果填入表 5-1-5 中。

表 5-1-5　工件质量评分表

<table>
<tr><th>序号</th><th colspan="4">鉴定项目及标准</th><th>配分</th><th>自检</th><th>检验结果</th><th>得分</th><th>备注</th></tr>
<tr><td rowspan="5">1</td><td rowspan="5">工艺准备
(35 分)</td><td colspan="3">工艺编制</td><td>8</td><td></td><td></td><td></td><td></td></tr>
<tr><td colspan="3">程序编制及输入</td><td>15</td><td></td><td></td><td></td><td></td></tr>
<tr><td colspan="3">工件装夹</td><td>3</td><td></td><td></td><td></td><td></td></tr>
<tr><td colspan="3">刀具选择</td><td>4</td><td></td><td></td><td></td><td></td></tr>
<tr><td colspan="3">切削用量选择</td><td>5</td><td></td><td></td><td></td><td></td></tr>
<tr><td rowspan="5">2</td><td rowspan="5">工件加工
(60 分)</td><td colspan="3">用试切法对刀</td><td>20</td><td></td><td></td><td></td><td></td></tr>
<tr><td rowspan="4">工件质量
(50 分)</td><td rowspan="2">70</td><td>+0.05</td><td rowspan="2">20</td><td rowspan="2"></td><td rowspan="2"></td><td rowspan="2"></td><td rowspan="2"></td></tr>
<tr><td>−0.05</td></tr>
<tr><td colspan="2">深 5</td><td>10</td><td></td><td></td><td></td><td></td></tr>
<tr><td colspan="2">粗糙度</td><td>10</td><td></td><td></td><td></td><td></td></tr>
<tr><td>3</td><td>精度检验及误差分析(5 分)</td><td colspan="3"></td><td>5</td><td></td><td></td><td></td><td></td></tr>
<tr><td>4</td><td>时间扣分</td><td colspan="3">每超时 3 分钟</td><td>−1</td><td></td><td></td><td></td><td></td></tr>
<tr><td>5</td><td>安全文明生产扣分</td><td colspan="3">未严格执行铣工安全操作规程</td><td>−5</td><td></td><td></td><td></td><td></td></tr>
<tr><td rowspan="4">6</td><td rowspan="4">现场操作规范扣分</td><td colspan="3">未正确使用工具</td><td>−1</td><td></td><td></td><td></td><td></td></tr>
<tr><td colspan="3">未正确使用量具</td><td>−1</td><td></td><td></td><td></td><td></td></tr>
<tr><td colspan="3">未合理使用刀具</td><td>−1</td><td></td><td></td><td></td><td></td></tr>
<tr><td colspan="3">未正确操作和维护保养设备</td><td>−2</td><td></td><td></td><td></td><td></td></tr>
<tr><td colspan="2">记录员</td><td colspan="4">检验员</td><td colspan="4">评分员</td></tr>
</table>

【任务总结】

整理材料，撰写报告。报告内容包括工艺分析、实施过程、在实施过程中掌握了什么知识、学会了什么技能、发现了什么技巧、出现了什么问题、如何解决问题、遇到的问题怎样改进、尝试了什么创新、创新的结果等。

【任务拓展】

根据图 5-1-6 制定工艺路线分析，选择夹具、量具和刀具，选择合理的切削参数，编写铣削零件的加工程序。毛坯尺寸均为 100 mm × 100(厚度不定)mm，材料为 2AL2T4，加工面表面粗糙度未标注的均为 *Ra*3.2。

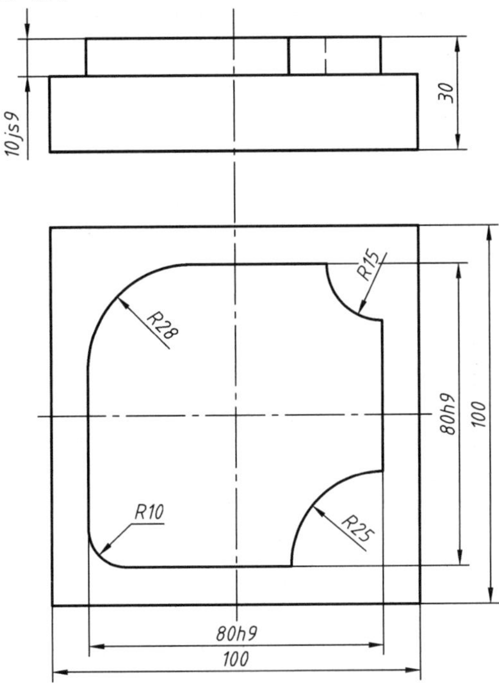

技术要求：未注尺寸公差的按照IT12加工和检验。

图 5-1-6　刀具半径补偿功能练习图

任务二　平 面 铣 削

【任务目标】

(1) 熟悉 SINUMERIK 802D 数控铣床的操作。

(2) 了解数控铣削加工工艺路线的制定方法。

(3) 掌握 SINUMERIK 802D 数控铣床平面铣削循环的使用方法。

【任务引入】

根据图 5-2-1 制定工艺路线分析，选择夹具、量具和刀具，选择合理的切削参数，编写铣削零件的加工程序。

毛坯尺寸均为 100 mm× 100(厚度不定)mm，材料为 2AL2T4，加工面表面粗糙度未标注的均为 *Ra*3.2。

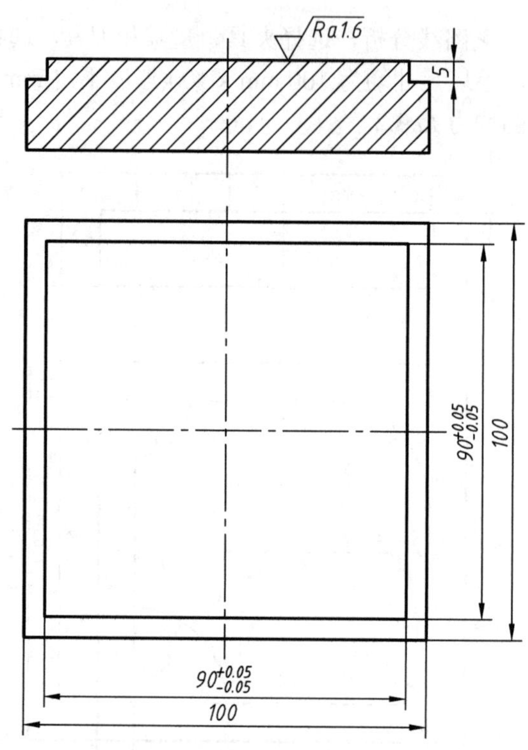

图 5-2-1　平面铣削循环练习图

【相关知识】

1．功能

CYCLE71 可以切削任何矩形端面，也可以识别粗加工(分步连续加工端面直至精加工)和精加工(端面的一次彻底加工)，还可以定义最大宽度和深度进给率。

2．编程格式

CYCLE71 指令编程格式如下：

CYCLE71(_RTP, _RFP, _SDIS, _DP, _PA, _PO, _LENG, _WID, _STA,_MID, _MIDA, _FDP, _FALD, _FFP1, _VARI, _FDP1)

3．参数说明

CYCLE71 指令程序中各参数的说明见表 5-2-1。

表 5-2-1　平面铣削循环参数说明

参数	赋值	含　义
_RTP	实数	返回平面(绝对值)
_RFP	实数	参考平面(绝对值)
_SDIS	实数	安全间隙(添加到参考平面；不输入符号)
_DP	实数	深度(绝对值)
_PA	实数	起始点(绝对值)，平面的第一轴
_PO	实数	起始点(绝对值)，平面的第二轴
_LENG	实数	第一轴上的矩形长度(增量)，由符号确定开始标注尺寸的角
_WID	实数	第二轴上的矩形长度(增量)，由符号确定开始标注尺寸的角
_STA	实数	纵向轴和平面的第一轴间的角度(不输入符号)值范围：0°≤_STA≤180°
_MID	实数	最大进给深度(不输入符号)
_MIDA	实数	平面中连续加工时作为数值的最大进给宽度(不输入符号)
_FDP	实数	精加工方向上的返回行程(增量，不输入符号)
_FALD	实数	深度的精加工大小(增量，不输入符号)
_FFP1	实数	端面加工进给率
_VARI	实数	加工类型(不输入符号) 个位数值：1 表示粗加工；2 表示精加工。 十位数值：1 表示在一个方向平行于平面的第一轴；2 表示在一个方向平行于平面的第二轴；3 表示平行于平面的第一轴；4 表示平行于平面的第二轴，方向可交替
_FDP1		在平面的进给方向上越程(增量，不输入符号)

4．动作顺序

(1) 循环启动前到达位置：起始位置可以是任意位置，只需从该位置出发可以无碰撞地回到返回平面的槽中心点。

(2) 精加工时，根据参数_DP、_MID 和_FALD 的编程值，在不同的平面中进行端面铣削；从上而下进行加工，即每次切除一平面后在开口处进行下一个深度进给(参数_FDP)。

(3) 精加工时，端面只在平面中切削一次。这表示在粗加工时必须选择精加工余量，以便剩余深度可以使用精加工刀具一次加工完成。每次端面切削后，刀具将退回。

平面铣削加工时可以选择的加工方式如图 5-2-2 所示。

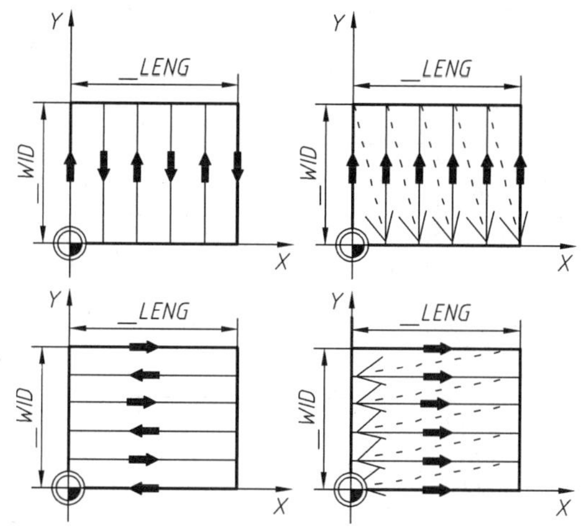

图 5-2-2　平面铣削的加工方式

【任务实施】

(1) 加工工艺的确定。

① 工艺参数的选择见表 5-2-2。

表 5-2-2 工艺参数表

加工步骤		刀具与切削参数					
序号	加工内容	刀具规格		主轴转速/(r/min)	进给速度/(mm/min)	刀具补偿	
		类型	材料			长度	半径
1	粗加工上表面	ϕ80 面铣刀	硬质合金	450	200	H1	D1
2	精加工上表面			700	150		
3	粗加轮廓	ϕ16 立铣刀	高速钢	600	100	H2	D2
4	精加工轮廓	ϕ16 键槽铣刀		1200	200	H3	D3

② 夹具和量具的选择见表 5-2-3。

表 5-2-3 夹具和量具表

序号	名称	规格/mm	数量
1	游标卡尺	0.02/0～150	1 把
2	深度外径千分尺	0.01/0～25	1 把
3	百分表及表座	0.01/0～3	1 把
4	机用虎钳	125	1 台
5	常用工具	自定	自定

(2) 编制加工程序，见表 5-2-4。

表 5-2-4 主 程 序

程序内容		程序说明
%_N_221_MPF		程序名
；$PATH=/_N_MPF_DIR		
N1	T1	调用 1 号刀具
N5	G54G90 G17G40	零点偏移，绝对编程，*XY* 平面编程
N8	S1200 M3	主轴正转，转速为 1200 r/min
N10	G00X65Y-65Z100	建立刀具半径补偿
N20	G00Z2	*Z* 向快速定位
N30	CYCLE71(10,0,2,-1.5,55,-55,110,110,0,2,7,,,300,12,)	平面粗加工
N40	CYCLE71(10,0,2,-2,55,-55,110,110,0,2,7,,,300,12,)	平面精加工
N50	G0Z100	*Z* 向快速定位
N60	T2	调用 2 号刀具
N70	G0 X-45Y65	*X*、*Y* 向快速定位
N80	G0Z2	*Z* 向快速定位
N90	G1Z-5F50	*Z* 向下刀
N100	G41X-45Y45D1	建立刀具半径补偿
N110	Y45	*Y* 向加工
N120	X45	*X* 向加工
N130	Y-45	*Y* 向加工
N140	X-45	*X* 向加工
N150	G40X-65	取消刀具半径补偿
N160	G00Z100	*Z* 向快速定位
N170	M05	主轴停转
N180	M30	程序结束

(3) 在数控铣床上模拟加工轨迹，模拟正确后进行加工。

(4) 检验工件。

(5) 打扫现场卫生。

【任务评价】

一、评分原则(以下章节评分参考此原则)

(1) 采用 100 分制进行检验评分，60 分为合格。

(2) 在计总分时，工件质量分占 80%，安全、文明生产分占 10%，设备的使用与维护分占 10%，质量分原则上须达到 60%，即总分 48 分，才能得到安全文明生产及工具、设备的使用与维护分。

(3) 尺寸及形位公差合格得该项全部质量配分。

(4) 考虑到机床和测量的因素，使用万能量具测量尺寸和形状、位置、精度，超差在 0.005 mm 内不扣分，超差在 0.005～0.01 mm 之间扣该项的一半质量配分，超差在 0.01 mm 以上不得该项质量配分。

(5) 表面粗糙度合格得该项质量配分。*Ra* 值大一级扣该项一半配分，*Ra* 值大两级不得该项质量配分。

(6) 外形严重不符的，为不合格工件。

(7) 严重违反安全文明规程，违反设备操作规程，发生较重人身设备事故的，不得该项配分，直至取消操作资格。

(8) 规定时间内全部完成加工的不扣分，每超时 3 分钟从总分中扣 1 分，总超时 15 分钟停止作业。

二、评分标准

检验工件质量的结果填入表 5-2-5 中。

表 5-2-5　工件质量评分表

<table>
<tr><th>序号</th><th colspan="4">鉴定项目及标准</th><th>配分</th><th>自检</th><th>检验结果</th><th>得分</th><th>备注</th></tr>
<tr><td rowspan="5">1</td><td rowspan="5">工艺准备
(35 分)</td><td colspan="3">工艺编制</td><td>8</td><td></td><td></td><td></td><td></td></tr>
<tr><td colspan="3">程序编制及输入</td><td>15</td><td></td><td></td><td></td><td></td></tr>
<tr><td colspan="3">工件装夹</td><td>3</td><td></td><td></td><td></td><td></td></tr>
<tr><td colspan="3">刀具选择</td><td>4</td><td></td><td></td><td></td><td></td></tr>
<tr><td colspan="3">切削用量选择</td><td>5</td><td></td><td></td><td></td><td></td></tr>
<tr><td rowspan="5">2</td><td rowspan="5">工件加工
(60 分)</td><td colspan="3">用试切法对刀</td><td>20</td><td></td><td></td><td></td><td></td></tr>
<tr><td rowspan="4">工件质量
(50 分)</td><td rowspan="2">90</td><td>+0.05</td><td rowspan="2">20</td><td rowspan="2"></td><td rowspan="2"></td><td rowspan="2"></td><td rowspan="2"></td></tr>
<tr><td>−0.05</td></tr>
<tr><td colspan="2">深 5</td><td>10</td><td></td><td></td><td></td><td></td></tr>
<tr><td colspan="2">粗糙度</td><td>10</td><td></td><td></td><td></td><td></td></tr>
</table>

续表

序号	鉴定项目及标准		配分	自检	检验结果	得分	备注
3	精度检验及误差分析(5 分)		5				
4	时间扣分	每超时 3 分钟	−1				
5	安全文明生产扣分	未严格执行铣工安全操作规程	−5				
6	现场操作规范扣分	未正确使用工具	−1				
		未正确使用量具	−1				
		未合理使用刃具	−1				
		未正确操作和维护保养设备	−2				
记录员		检验员		评分员			

【任务总结】

整理材料，撰写报告。报告内容包括工艺分析、实施过程、在实施过程中掌握了什么知识、学会了什么技能、发现了什么技巧、出现了什么问题、如何解决问题、遇到的问题怎样改进、尝试了什么创新、创新的结果等。

【任务拓展】

根据图 5-2-3 制定工艺路线分析，选择夹具、量具和刀具，选择合理的切削参数，编写铣削零件的加工程序。

毛坯尺寸均为 100 mm × 100(厚度不定)mm，材料为 2AL2T4，加工面表面粗糙度未标注的均为 *Ra*3.2。

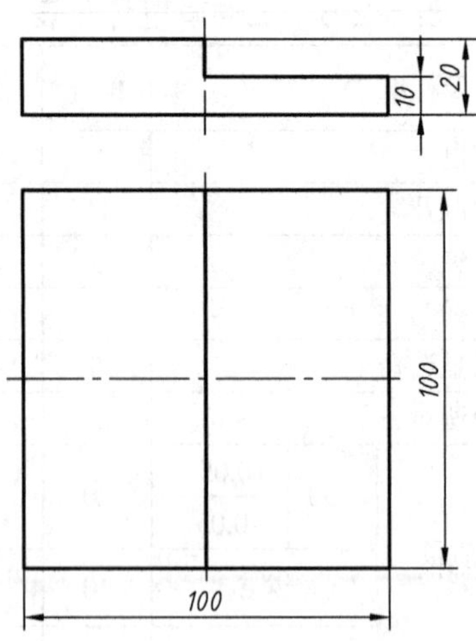

图 5-2-3　平面铣削循环拓展练习图

任务三　零件轮廓铣削

【任务目标】

(1) 了解数控铣削加工工艺路线的制定方法。

(2) 熟悉 SINUMERIK 802D 数控铣床的操作。

(3) 掌握 SINUMERIK 802D 数控铣床轮廓铣削循环的使用方法。

【任务引入】

根据图 5-3-1 制定工艺路线分析，选择夹具、量具和刀具，选择合理的切削参数，编写铣削零件的加工程序。

毛坯尺寸均为 100 mm× 100(厚度不定)mm，材料为 2AL2T4，加工面表面粗糙度未标注均为 $Ra3.2$。

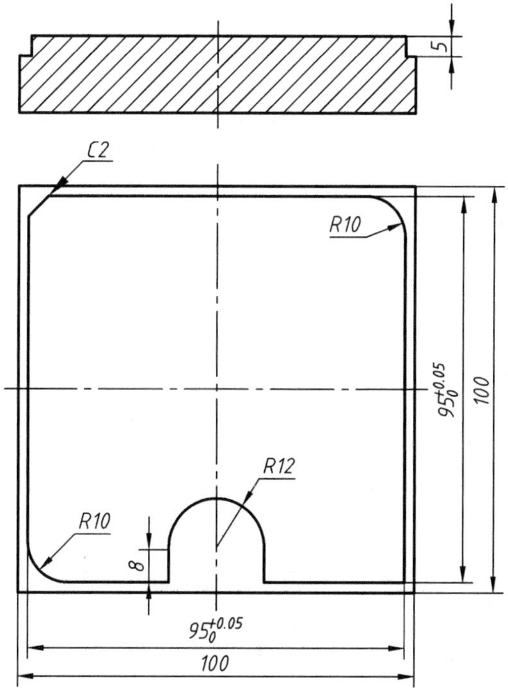

图 5-3-1　轮廓铣削循环练习图

【相关知识】

1. 功能

CYCLE72 循环指令可以铣削定义在子程序中的任何轮廓。循环运行时可以有或没有刀具半径补偿，不要求轮廓一定是封闭的；通过刀具半径补偿的位置(轮廓中央，左或右)来定义内部或外部加工。轮廓的编程方向必须是它的加工方向而且必须包含至少两个轮廓程序块(起始点和终点)，因为轮廓子程序直接在循环内部调用。

2．编程格式

CYCLE72 指令编程格式如下：

CYCLE72 (_KNAME, _RTP, _RFP, _SDIS, _DP, _MID, _FAL, _FALD, _FFP1, _FFD, _VARI, _RL, _AS1, _LP1, _FF3, _AS2, _LP2)

3．参数说明

CYCLE72 指令中各参数的说明见表 5-3-1。

表 5-3-1　CYCLE72 参数说明

参数	赋值	含　义
_KNAME	实数	轮廓子程序名称
_RTP	实数	返回平面(绝对值)
_RFP	实数	参考平面(绝对值)
_SDIS	实数	安全间隙(添加到参考平面;无符号输入)
_DP	实数	深度(绝对值)
_MID	实数	最大进给深度(增量，无符号输入)
_FAL	实数	边缘轮廓的精加工余量(增量，无符号输入)
_FALD	实数	底部精加工余量(增量，无符号输入)
_FFP1	实数	端面加工进给率
_FFD	实数	深度进给率(无符号输入)
_VARI	实数	加工类型(无符号输入) 个位数值：1 表示粗加工；2 表示精加工。 十位数值：0 表示使用 G0 的中间路径；1 表示使用 G1 的中间路径。 百位数值：0 表示在轮廓末端返回_RTP；1 表示在轮廓末端返回_RFP +_SDIS；2 表示在轮廓末端返回_SDIS；3 表示在轮廓末端不返回
_RL	实数	沿轮廓中心，向右或向左进给(使用 G40、G41 或 G42，无符号输入)值：40 表示 G40(返回和出发只有一条线)；41 表示 G41；42 表示 G42
_AS1	实数	返回方向/路径的定义(无符号输入) 个位数值：1 表示直线切线；2 表示 1/4 圆；3 表示半圆。 十位数值：0 表示接近平面中的轮廓；1 表示接近沿空间路径的轮廓
_LP1	实数	返回路径的长度(对于直线)或接近圆弧的半径(对于圆)(无符号输入)
_FF3	实数	返回进给率和平面中中间位置的进给率(在开口处)
_AS2	实数	出发方向/出发路径的定义：(无符号输入) 个位数：1 表示直线切线；2 表示四分之一圆；3 表示半圆。 十位数：0 表示从平面中的轮廓出发；1 表示沿空间路径的轮廓出发
_LP2	实数	出发路径的长度(使用直线)或出发圆弧的半径(使用圆)(无符号输入)

4. 动作顺序

粗加工时的动作顺序如下：

(1) 首次铣削时使用 G0/G1(和_FF3)移动到起始点，如图 5-3-2 所示。

(2) 使用 G0/G1 进行深度进给至首次或第二次加工深度加上安全间隙。

(3) 使用深度进给垂直接近轮廓，然后在平面中以编程的进给率或按照在_FAD(慢速进刀)下编程的进给率根据编程进行平滑返回。

(4) 使用 G40/G41/G42 沿轮廓铣削。

(5) 使用 G1 从轮廓平滑出发并始终以端面加工的进给率返回。

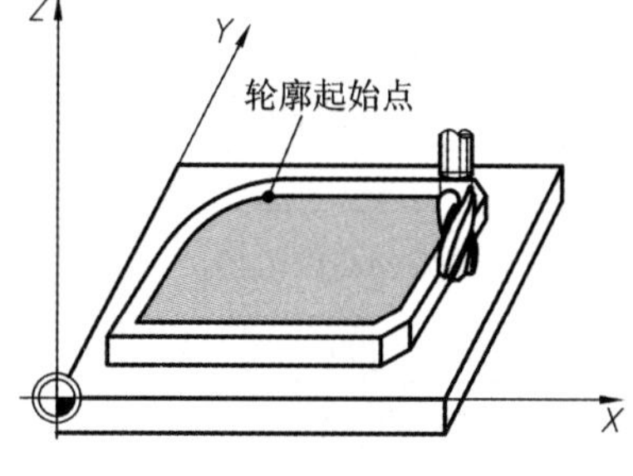

图 5-3-2 轮廓铣削循环示意图

(6) 使用 G0/G1 返回，取决于编程。

(7) 使用 G0/G1 返回到深度进给点。

(8) 在下一个加工平面中重复此动作顺序直至到达深度方向的精加工余量。

(9) 粗加工结束时，刀具位于在返回平面的轮廓出发点(系统内部计算得出)的上方。

精加工时的动作顺序如下：

(1) 精加工时，沿轮廓的底部按相应的进给率进行铣削直至到达最后的尺寸。

(2) 按现有的参数进行平稳接近和返回轮廓，其轨迹将在控制系统内部进行计算。

(3) 循环结束时，刀具位于返回平面的轮廓出发点。

【任务实施】

(1) 加工工艺的确定。

① 工艺参数的选择见表 5-3-2。

表 5-3-2 工艺参数表

加工步骤		刀具与切削参数					
序号	加工内容	刀具规格		主轴转速/(r/min)	进给速度/(mm/min)	刀具补偿	
		类型	材料			长度	半径
1	粗加工上表面	ϕ80 面铣刀	硬质合金	450	200	H1	D1
2	精加工上表面	ϕ80 面铣刀	硬质合金	700	150	H1	D1
3	粗加工轮廓	ϕ10 立铣刀	高速钢	1200	300	H2	D2
4	精加工轮廓	ϕ10 立铣刀	高速钢	1200	300	H2	D2

② 夹具和量具的选择见表 5-3-3。

表 5-3-3 夹具和量具表

序号	名称	规格/mm	数量
1	游标卡尺	0.02/0～150	1 把
2	深度外径千分尺	0.01/0～25	1 把
3	百分表及表座	0.01/0～3	1 把
4	机用虎钳	125	1 台
5	常用工具	自定	自定

(2) 编制加工程序，见表 5-3-4 和表 5-3-5。

表 5-3-4 主 程 序

程序内容		程序说明
%_N_231_MPF		主程序程序名
；$PATH=/_N_MPF_DIR		
N1	T1	调用刀具
N5	G54 G90 G17 G40	零点偏移，绝对编程，XY 平面编程，取消半径补偿
N8	M03 S1200	主轴正转，转速为 1200 r/min
N10	G00X55Y-55	X、Y 向快速定位
N20	G00Z5	Z 向快速定位
N30	CYCLE71(10,0,2,-2,55,-55,110,110,0,2,7,,,300,12,)	平面加工
N40	G00Z10	Z 向快速定位
N50	G00X55Y-55	X、Y 向快速定位
N60	CYCLE72("L1",10,0,2,-6,3,15,0,500,50,11,41,1,5,300,1,5)	轮廓粗加工
N70	CYCLE72("L1",10,0,2,-6,3,10,0,500,50,11,41,1,5,300,1,5)	轮廓粗加工
N80	CYCLE72("L1",10,0,2,-6,3,5,0,500,50,11,41,1,5,300,1,5)	轮廓粗加工
N90	CYCLE72("L1",10,0,2,-6,3,0.2,0,500,50,11,41,1,5,300,1,5)	轮廓粗加工
N100	CYCLE72("L1",10,0,2,-6,3,0,0,500,50,11,41,1,5,300,1,5)	轮廓精加工
N110	G00Z150	Z 向快速定位
N120	M05	主轴停转
N130	M30	程序结束
N140		
N150		

表 5-3-5 子 程 序

程序内容		程序说明
%_N_L1_SPF		子程序程序名
；$PATH=/_N_SPF_DIR		
N10	G1X47.5Y-47.5	X、Y 向定位
N20	G1X12	X 向加工
N30	G1Y-39.5	Y 向加工
N40	G03X-12Y-39.5CR=12	圆弧加工
N50	G1Y-47.5	Y 向加工
N60	G1X-37.5	X 向加工
N70	G02X-47.5Y-37.5CR=10	圆弧加工
N80	G1Y45.5	Y 向加工
N90	G1X-45.5Y47.5	X、Y 向加工
N100	G1X37.5	X 向加工
N110	G02X47.5Y37.5CR=10	圆弧加工
N120	G1Y-47.5	Y 向加工
N130	M17	子程序结束

(3) 在数控铣床上模拟加工轨迹，模拟正确后进行加工。

(4) 检验工件。

(5) 打扫现场卫生。

【任务评价】

一、评分原则

这里可参考任务二中评分原则的内容。

二、评分标准

检验工件质量的结果填入表 5-3-6 中。

表 5-3-6　工件质量评分表

<table>
<tr><th>序号</th><th colspan="4">鉴定项目及标准</th><th>配分</th><th>自检</th><th>检验结果</th><th>得分</th><th>备注</th></tr>
<tr><td rowspan="5">1</td><td rowspan="5">工艺准备(35 分)</td><td colspan="3">工艺编制</td><td>8</td><td></td><td></td><td></td><td></td></tr>
<tr><td colspan="3">程序编制及输入</td><td>15</td><td></td><td></td><td></td><td></td></tr>
<tr><td colspan="3">工件装夹</td><td>3</td><td></td><td></td><td></td><td></td></tr>
<tr><td colspan="3">刀具选择</td><td>4</td><td></td><td></td><td></td><td></td></tr>
<tr><td colspan="3">切削用量选择</td><td>5</td><td></td><td></td><td></td><td></td></tr>
<tr><td rowspan="9">2</td><td rowspan="9">工件加工(60 分)</td><td colspan="3">用试切法对刀</td><td>15</td><td></td><td></td><td></td><td></td></tr>
<tr><td rowspan="8">工件质量(50 分)</td><td rowspan="2">95</td><td>+0.05</td><td rowspan="2">10</td><td rowspan="2"></td><td rowspan="2"></td><td rowspan="2"></td><td rowspan="2"></td></tr>
<tr><td>0</td></tr>
<tr><td colspan="2">2 × R10</td><td>10</td><td></td><td></td><td></td><td></td></tr>
<tr><td colspan="2">R12</td><td>5</td><td></td><td></td><td></td><td></td></tr>
<tr><td colspan="2">C2</td><td>5</td><td></td><td></td><td></td><td></td></tr>
<tr><td colspan="2">8</td><td>5</td><td></td><td></td><td></td><td></td></tr>
<tr><td colspan="2">深 5</td><td>5</td><td></td><td></td><td></td><td></td></tr>
<tr><td colspan="2">粗糙度</td><td>5</td><td></td><td></td><td></td><td></td></tr>
<tr><td>3</td><td>精度检验及误差分析(5 分)</td><td colspan="3"></td><td>5</td><td></td><td></td><td></td><td></td></tr>
<tr><td>4</td><td>时间扣分</td><td colspan="3">每超时 3 分钟</td><td>−1</td><td></td><td></td><td></td><td></td></tr>
<tr><td>5</td><td>安全文明生产扣分</td><td colspan="3">未严格执行铣工安全操作规程</td><td>−5</td><td></td><td></td><td></td><td></td></tr>
<tr><td rowspan="4">6</td><td rowspan="4">现场操作规范扣分</td><td colspan="3">未正确使用工具</td><td>−1</td><td></td><td></td><td></td><td></td></tr>
<tr><td colspan="3">未正确使用量具</td><td>−1</td><td></td><td></td><td></td><td></td></tr>
<tr><td colspan="3">未合理使用刃具</td><td>−1</td><td></td><td></td><td></td><td></td></tr>
<tr><td colspan="3">未正确操作和维护保养设备</td><td>−2</td><td></td><td></td><td></td><td></td></tr>
<tr><td colspan="2">记录员</td><td colspan="4">检验员</td><td colspan="4">评分员</td></tr>
</table>

【任务总结】

整理材料，撰写报告。报告内容包括工艺分析、实施过程、在实施过程中掌握了什么知识、学会了什么技能、发现了什么技巧、出现了什么问题、如何解决问题、遇到的问题怎样改进、尝试了什么创新、创新的结果等。

【任务拓展】

根据图 5-3-3 编写铣削零件加工程序。毛坯尺寸均为 100 mm× 100(厚度不定)mm，材料为硬铝，加工面表面粗糙度均为 *Ra*3.2，刀具直径为 10 mm。

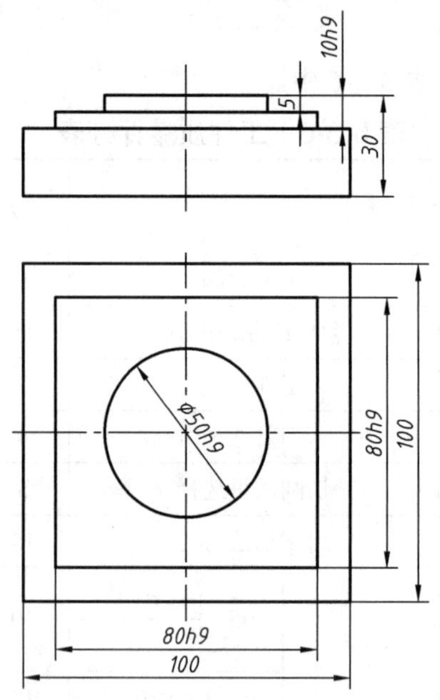

技术要求：未注尺寸公差的按照IT12加工和检验。

图 5-3-3　轮廓铣削拓展练习图

任务四　孔类零件加工

【任务目标】

(1) 了解数控铣削加工工艺路线的制定方法。

(2) 熟悉 SINUMERIK 802D 数控铣床的操作。

(3) 掌握 SINUMERIK 802D 数控铣床钻孔循环的格式和使用方法。

【任务引入】

根据图 5-4-1 制定工艺路线分析，选择夹具、量具和刀具，选择合理的切削参数，编写铣削零件的加工程序。

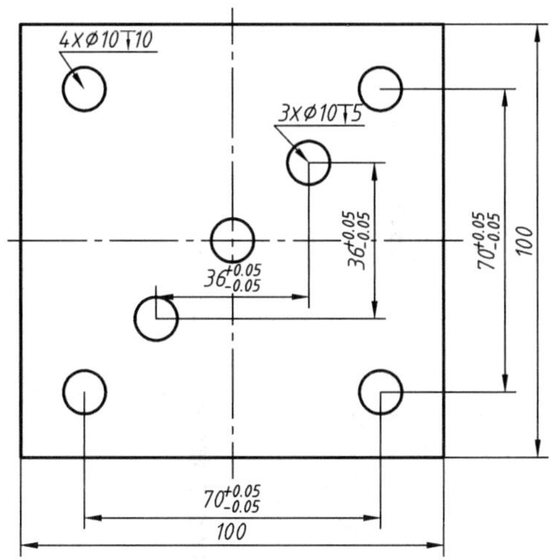

图 5-4-1　钻孔练习图

毛坯尺寸均为 100 mm × 100(厚度不定)mm，材料为 2AL2T4，加工面表面粗糙度未标注的均为 *Ra*3.2。

【相关知识】

一、钻削循环指令 CYCLE81

1. 功能

CYCLE81 指令可以钻通孔或者对孔底没有要求的盲孔。

2. 编程格式

CYCLE81 指令编程格式如下：

CYCLE81 (_RTP, _RFP, _SDIS, _DP, _DPR)

3. 参数说明

CYCLE81 指令中各参数的说明见表 5-4-1。

表 5-4-1　CYCLE81 指令参数说明

参数	赋值	含　义
_RTP	实数	返回平面(绝对值)
_RFP	实数	参考平面(绝对值)
_SDIS	实数	安全间隙(添加到参考平面；不输入符号)
_DP	实数	钻削深度(绝对值)
DPR	实数	相对参考平面的钻削深度(不输入符号)

4. 动作顺序

循环形成以下的运动顺序：使用 G0 回到安全间隙之前的参考平面；按循环调用前所编程的进给率(G1)移动到最后的钻孔深度；设置在最后钻孔深度处的停顿时间；使用 G0

返回到退回平面。

CYCLE81 指令动作示意图见图 5-4-2。

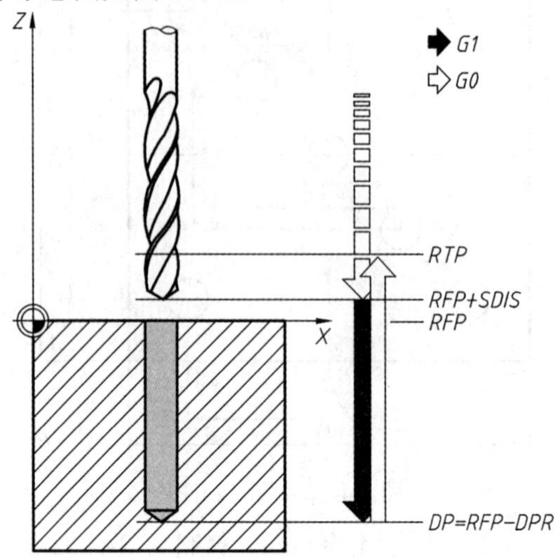

图 5-4-2　CYCLE81 指令动作示意图

二、钻削循环指令 CYCLE82

1. 功能

CYCLE82 指令可以钻通孔或者对孔底没有要求的盲孔。

2. 编程格式

CYCLE82 指令编程格式如下：

CYCLE82(_RTP，_RFP，_SDIS，_DP，_DPR，_DTB)

3. 参数说明

CYCL82 指令中的参数说明见表 5-4-2。

表 5-4-2　CYCLE82 指令参数说明

参数	赋值	含　义
_RTP	实数	返回平面(绝对值)
_RFP	实数	参考平面(绝对值)
_SDIS	实数	安全间隙(添加到参考平面;无符号输入)
_DP	实数	钻削深度(绝对值)
_DPR	实数	相对参考平面的钻削深度(不输入符号)
_DTB	实数	孔底暂停时间

4. 动作顺序

循环形成以下的运动顺序：使用 G0 回到安全间隙之前的参考平面；按循环调用前所编程的进给率(G1)移动到最后的钻孔深度；设置在最后钻孔深度处的停顿时间；使用 G0 返回到退回平面。

CYCLE82 指令动作示意图见图 5-4-3。

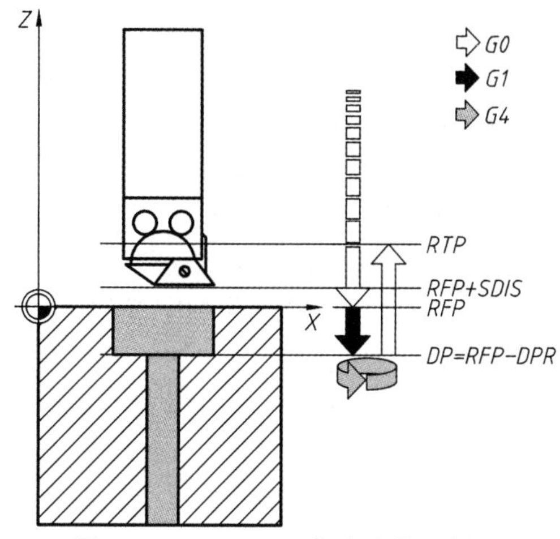

图 5-4-3　CYCLE82 指令动作示意图

三、钻削循环指令 CYCLE83

1．功能

CYCLE83 指令可以钻深孔。

2．编程格式

CYCLE83 指令编程格式如下：

CYCLE83 (RTP, RFP, SDIS, DP, DPR, FDEP, FDPR, DAM, DTB, DTS, FRF, VARI)

3．参数说明

CYCLE83 指令中各参数的说明见表 5-4-3。

表 5-4-3　CYCLE83 参数说明

参数	赋值	含　义
RTP	实数	返回平面(绝对值)
RFP	实数	参考平面(绝对值)
SDIS	实数	安全间隙(添加到参考平面；不输入符号)
DP	实数	钻削深度(绝对值)
DPR	实数	相对参考平面的钻削深度(不输入符号)
FDEP	实数	第一次钻削深度(绝对值)
FDPR	实数	相对于参考平面的第一次钻削深度(不输入符号)
DAM	实数	其余每次钻削深度(不输入符号)
DTB	实数	孔底暂停时间(断屑)
DTS	实数	在起始点和排屑点的停留时间
FRF	实数	第一次钻削深度的进给速度系数(不输入符号)，取值范围为0.001～1
VARI	整数	加工方式：1表示排屑；0表示断屑

4．动作顺序

钻深孔时选择排屑加工方式：

(1) 使用 G0 回到安全间隙之前的参考平面。

(2) 使用 G1 移动到起始钻孔深度，进给率来自程序调用中的进给率，它取决于参数 FRF(进给系数)。

(3) 设置在最后钻孔深度处的停留时间(参数 DTB)。

(4) 使用 G0 返回到安全间隙之前的参考平面，用于排屑。

(5) 设置在起始点的停留时间(参数 DTS)。

(6) 使用 G0 回到上次到达的钻孔深度，并保持预留量距离。

(7) 使用 G1 钻削到下一个钻孔深度(持续动作顺序直至到达最后钻孔深度)。

(8) 使用 G0 返回到返回平面。

CYCLE83 指令的动作示意图见图 5-4-4。

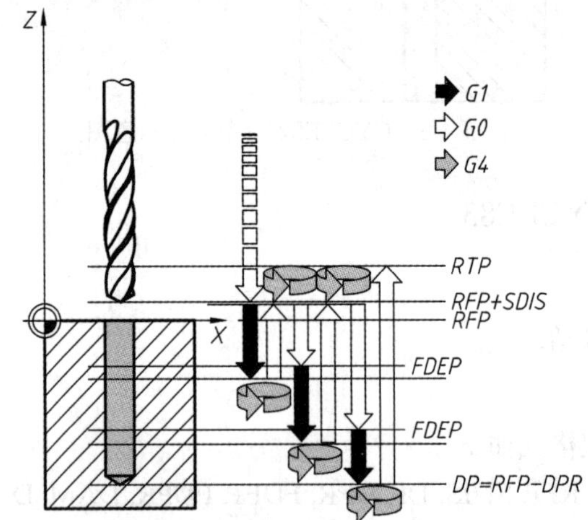

图 5-4-4 CYCLE83 指令动作示意图

【任务实施】

(1) 加工工艺的确定。

① 工艺参数的选择见表 5-4-4。

表 5-4-4 工艺参数表

加工步骤		刀具与切削参数					
序号	加工内容	刀具规格		主轴转速/(r/min)	进给速度/(mm/min)	刀具补偿	
		类型	材料			长度	半径
1	中心孔加工	ϕ3 中心钻	高速钢	1000	100	H1	D1
2	4-ϕ10 孔加工	ϕ10 麻花钻	高速钢	1000	50	H2	D2

② 夹具和量具的选择见表 5-4-5。

表 5-4-5 夹具和量具表

序号	名称	规格/mm	数量
1	游标卡尺	0.02/0～150	1 把
2	深度外径千分尺	0.01/0～25	1 把
3	百分表及表座	0.01/0～3	1 把
4	机用虎钳	125	1 台
5	常用工具	自定	自定

(2) 编制加工程序，见表 5-4-6。

表 5-4-6 主 程 序

程序内容		程序说明
%_N_231_MPF		主程序程序名
；$PATH=/_N_MPF_DIR		
N1	T1	调用刀具
N5	G54 G90 G17 G40	零点偏移，绝对编程，XY 平面编程，取消半径补偿
N8	M03 S800	主轴正转，转速 800 r/min
N10	G00X55Y-65	X、Y 向快速定位
N20	G00X35Y-35Z5	X、Y、Z 向快速定位
N30	G1Z2F50	Z 向定位，切削速度为 50 mm/min
N40	MCALL CYCLE81(10,0,2,-2.5,,5)	模态调用钻孔指令
N50	X35Y-35	中心孔 1 加工
N60	X-35Y-35	中心孔 2 加工
N70	X-35Y35	中心孔 3 加工
N80	X35Y35	中心孔 4 加工
N90	X18Y18	中心孔 5 加工
N100	X0Y0	中心孔 6 加工
N110	X-18Y-18	中心孔 7 加工
N120	MCALL	取消模态调用
N130	MCALL CYCLE83(10,0,2,-10,,1,3,3,1,,1,1)	模态调用钻孔指令
N140	X35Y-35	孔 1 加工
N150	X-35Y-35	孔 2 加工
N160	X-35Y35	孔 3 加工
N170	X35Y35	孔 4 加工
N180	MCALL	取消模态调用
N190	MCALL CYCLE81(10,0,2,-5,,5)	模态调用钻孔指令
N200	X18Y18	孔 5 加工
N210	X0Y0	孔 6 加工
N220	X-18Y-18	孔 7 加工
N230	MCALL	取消模态调用
N240	G00Z100	Z 向快速定位
N250	M05	主轴停转
N260	M30	程序结束

(3) 在数控铣床上模拟加工轨迹，模拟正确后进行加工。

(4) 检验工件。

(5) 打扫现场卫生。

【任务评价】

一、评分原则

这里可参考任务二中评分原则的内容。

二、评分标准

检验工件质量的结果填入表 5-4-7 中。

表 5-4-7 工件质量评分表

<table>
<tr><th>序号</th><th colspan="4">鉴定项目及标准</th><th>配分</th><th>自检</th><th>检验结果</th><th>得分</th><th>备注</th></tr>
<tr><td rowspan="5">1</td><td rowspan="5">工艺准备
(35 分)</td><td colspan="3">工艺编制</td><td>8</td><td></td><td></td><td></td><td></td></tr>
<tr><td colspan="3">程序编制及输入</td><td>15</td><td></td><td></td><td></td><td></td></tr>
<tr><td colspan="3">工件装夹</td><td>3</td><td></td><td></td><td></td><td></td></tr>
<tr><td colspan="3">刀具选择</td><td>4</td><td></td><td></td><td></td><td></td></tr>
<tr><td colspan="3">切削用量选择</td><td>5</td><td></td><td></td><td></td><td></td></tr>
<tr><td rowspan="8">2</td><td rowspan="8">工件加工
(60 分)</td><td colspan="3">用试切法对刀</td><td>15</td><td></td><td></td><td></td><td></td></tr>
<tr><td rowspan="7">工件
质量
(50 分)</td><td rowspan="2">70</td><td>+0.05</td><td rowspan="2">10</td><td rowspan="2"></td><td rowspan="2"></td><td rowspan="2"></td><td rowspan="2"></td></tr>
<tr><td>−0.05</td></tr>
<tr><td rowspan="2">36</td><td>+0.05</td><td rowspan="2">10</td><td rowspan="2"></td><td rowspan="2"></td><td rowspan="2"></td><td rowspan="2"></td></tr>
<tr><td>−0.05</td></tr>
<tr><td colspan="2">5−ϕ10</td><td>15</td><td></td><td></td><td></td><td></td></tr>
<tr><td colspan="2">2−ϕ10</td><td>5</td><td></td><td></td><td></td><td></td></tr>
<tr><td colspan="2">粗糙度</td><td>5</td><td></td><td></td><td></td><td></td></tr>
<tr><td>3</td><td>精度检验及误差
分析(5 分)</td><td colspan="3"></td><td>5</td><td></td><td></td><td></td><td></td></tr>
<tr><td>4</td><td>时间扣分</td><td colspan="3">每超时 3 分钟</td><td>−1</td><td></td><td></td><td></td><td></td></tr>
<tr><td>5</td><td>安全文明生产扣分</td><td colspan="3">未严格执行铣工安全操作规程</td><td>−5</td><td></td><td></td><td></td><td></td></tr>
<tr><td>6</td><td>现场操作规范扣分</td><td colspan="3">未正确使用工具</td><td>−1</td><td></td><td></td><td></td><td></td></tr>
<tr><td></td><td></td><td colspan="3">未正确使用量具</td><td>−1</td><td></td><td></td><td></td><td></td></tr>
<tr><td></td><td></td><td colspan="3">未合理使用刃具</td><td>−1</td><td></td><td></td><td></td><td></td></tr>
<tr><td></td><td></td><td colspan="3">未正确操作和维护保养设备</td><td>−2</td><td></td><td></td><td></td><td></td></tr>
<tr><td colspan="2">记录员</td><td colspan="4">检验员</td><td colspan="4">评分员</td></tr>
</table>

【任务总结】

整理材料，撰写报告。报告内容包括工艺分析、实施过程、在实施过程中掌握了什么知识、学会了什么技能、发现了什么技巧、出现了什么问题、如何解决问题、遇到的问题怎样改进、尝试了什么创新、创新的结果等。

【任务拓展】

根据图 5-4-5 编写铣削零件加工程序。毛坯尺寸均为 100 mm × 100(厚度不定)mm，材料为硬铝，加工面表面粗糙度均为 *Ra*3.2，刀具直径为 10 mm。

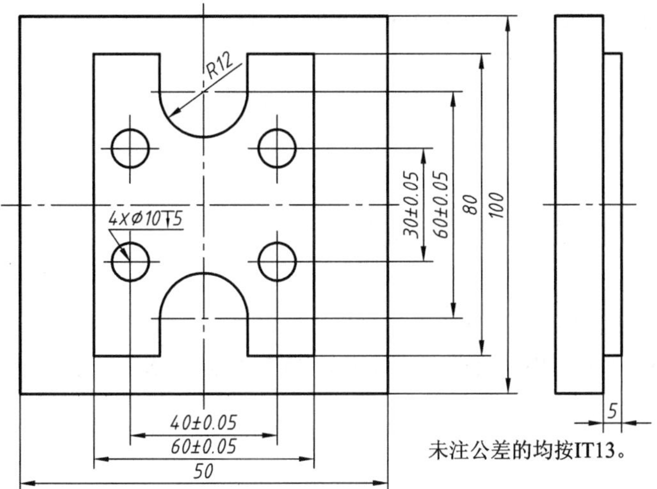

图 5-4-5 拓展练习图

任务五 螺纹孔加工

【任务目标】

(1) 熟悉 SINUMERIK 802D 数控铣床的操作。

(2) 了解数控铣削加工工艺路线的制定方法。

(3) 掌握 SINUMERIK 802D 数控铣床攻丝循环的使用方法。

【任务引入】

根据图 5-5-1 制定工艺路线分析，选择夹具、量具和刀具，选择合理的切削参数，编写铣削零件的加工程序。

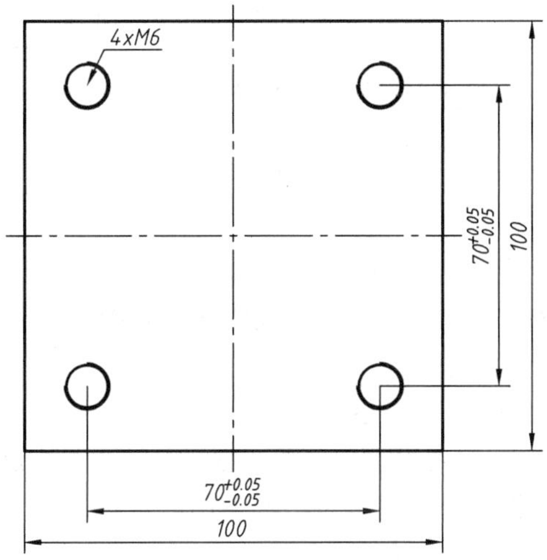

图 5-5-1 攻丝循环练习图

毛坯尺寸均为 100 mm × 100(厚度不定)mm。材料为 2AL2T4，加工面表面粗糙度未标注均为 *Ra*3.2，加工深度为 6 mm。

【相关知识】

1. 功能

CYCLE84 指令可以完成刚性攻丝循环。

2. 编程格式

CYCLE84 指令编程格式如下：

CYCLE84 (RTP, RFP, SDIS, DP, DPR, DTB, SDAC, MPIT, PIT, POSS, SST, SST1)

3. 参数说明

CYCLE84 指令中各参数的说明见表 5-5-1。

表 5-5-1 CYCLE84 参数说明

参数	赋值	含 义
RTP	实数	返回平面(绝对值)
RFP	实数	参考平面(绝对值)
SDIS	实数	安全间隙(添加到参考平面；不输入符号)
DP	实数	攻丝深度(绝对值)
DPR	实数	相对参考平面的攻丝深度(不输入符号)
DTB	实数	螺纹底部停留时间
SDAC	实数	循环结束后的旋转方向。取值：3、4 或 5
MPIT	实数	用螺纹规格表示螺距。取值范围：3(*M*3)～48(*M*48)
PIT	实数	用螺纹尺寸表示螺距。取值范围：0.001～2000.00 mm
POSS	实数	攻丝循环中主轴的初始位置(用角度表示)
SST	实数	攻丝速度(主轴转速)
SST1	实数	退刀速度(主轴转速)

4. 动作顺序

(1) 使用 G0 回到安全间隙之前的参考平面。

(2) 定位主轴停止(值在参数 POSS 中)以及将主轴转换为进给轴模式。

(3) 攻丝至最终钻孔深度，速度为 SST。

(4) 设置螺纹深度处的停留时间(参数 DTB)。

(5) 退回到安全间隙前的参考平面，速度为 SST1 且方向相反。

(6) 使用 G0 退回到返回平面；通过在循环调用前重新编程有效的主轴速度以及 SDAC 下编程的旋转方向，从而改变主轴模式。

CYCLE84 指令的动作示意图见图 5-5-2。

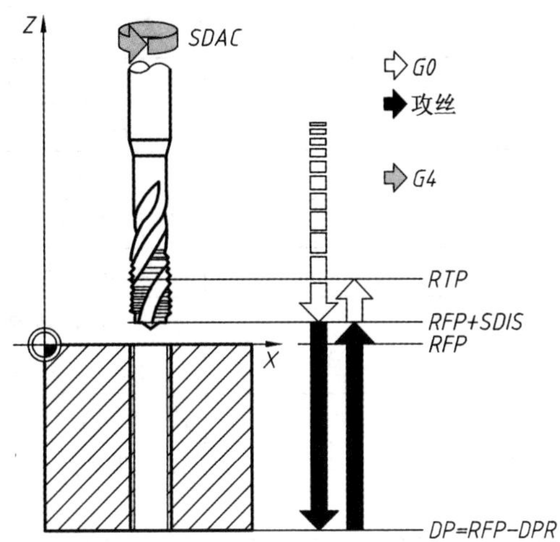

图 5-5-2 CYCLE84 指令动作示意图

【任务实施】

(1) 加工工艺的确定。

① 工艺参数的选择见表 5-5-2。

表 5-5-2 工 艺 参 数 表

加工步骤		刀具与切削参数					
序号	加工内容	刀具规格		主轴转速/(r/min)	进给速度/(mm/min)	刀具补偿	
		类型	材料			长度	半径
1	中心孔加工	ϕ3 中心钻	高速钢	1000	100	H1	D1
2	*M*6 底孔加工	ϕ5 麻花钻	高速钢	1000	50	H2	D2
3	*M*6 螺纹孔加工	*M*6 机用丝锥	高速钢	500	50	H3	D3

② 夹具和量具的选择见表 5-5-3。

表 5-5-3 夹具和量具表

序号	名称	规格/mm	数量
1	游标卡尺	0.02/0～150	1 把
2	深度外径千分尺	0.01/0～25	1 把
3	百分表及表座	0.01/0～3	1 把
4	机用虎钳	125	1 台
5	常用工具	自定	自定

(2) 编制加工程序，见表5-5-4。

表5-5-4 主 程 序

程序内容		程序说明
%_N_261_MPF		程序名
；$PATH=/_N_MPF_DIR		
N1	T1	调用1号刀具
N5	G54G90 G17G40	零点偏移，绝对编程，*XY*平面编程
N8	S1000 M3	主轴正转，转速为1000 r/min
N10	G00X35Y-35Z5	*X*、*Y*、*Z*向快速定位
N20	G1Z2F50	*Z*向定位，切削速度为50 mm/min
N30	MCALL CYCLE81(10,0,2,-2.5,,5)	模态调用钻孔指令
N40	X35Y-35	中心孔1加工
N50	X-35Y-35	中心孔2加工
N60	X-35Y35	中心孔3加工
N70	X35Y35	中心孔4加工
N80	MCALL	取消模态调用
N90	G0Z100	*Z*向定位
N100	T2	调用2号刀具
N110	S1000 M3	主轴正转，转速为1000 r/min
N120	MCALL CYCLE83(10,0,2,-10,,1,3,3,1,,1,1)	模态调用钻孔指令
N130	X35Y-35	底孔1加工
N140	X-35Y-35	底孔2加工
N150	X-35Y35	底孔3加工
N160	X35Y35	底孔4加工
N170	MCALL	取消模态调用
N180	G00Z100	*Z*向快速定位
N190	T3	调用2号刀具
N200	S500 M3	主轴正转，转速为500 r/min
N210	G1Z2F50	*Z*向定位
N220	MCALL CYCLE 84(5,0,2,-5,,5,,6,,,,)	模态调用钻孔指令
N230	X35Y-35	螺纹孔1加工
N240	X-35Y-35	螺纹孔2加工
N250	X-35Y35	螺纹孔3加工
N260	X35Y35	螺纹孔4加工
N270	MCALL	取消模态调用
N280	G00Z100	*Z*向提刀
N290	M05	主轴停转
N300	M30	程序结束

(3) 编制加工程序。

(4) 在数控铣床上模拟加工轨迹，模拟正确后进行加工。

(5) 检验工件。

(6) 打扫现场卫生。

【任务评价】

一、评分原则

这里可参考任务二中评分原则的内容。

二、评分标准

检验工件质量的结果填入表 5-5-5 中。

表 5-5-5 工件质量评分表

<table>
<tr><th>序号</th><th colspan="4">鉴定项目及标准</th><th>配分</th><th>自检</th><th>检验结果</th><th>得分</th><th>备注</th></tr>
<tr><td rowspan="5">1</td><td rowspan="5">工艺准备(35 分)</td><td colspan="3">工艺编制</td><td>8</td><td></td><td></td><td></td><td></td></tr>
<tr><td colspan="3">程序编制及输入</td><td>15</td><td></td><td></td><td></td><td></td></tr>
<tr><td colspan="3">工件装夹</td><td>3</td><td></td><td></td><td></td><td></td></tr>
<tr><td colspan="3">刀具选择</td><td>4</td><td></td><td></td><td></td><td></td></tr>
<tr><td colspan="3">切削用量选择</td><td>5</td><td></td><td></td><td></td><td></td></tr>
<tr><td rowspan="6">2</td><td rowspan="6">工件加工(60 分)</td><td colspan="3">用试切法对刀</td><td>15</td><td></td><td></td><td></td><td></td></tr>
<tr><td rowspan="5">工件质量(50 分)</td><td rowspan="2">70</td><td>+0.05</td><td rowspan="2">6</td><td rowspan="2"></td><td rowspan="2"></td><td rowspan="2"></td><td rowspan="2"></td></tr>
<tr><td>−0.05</td></tr>
<tr><td colspan="2">4-M6</td><td>28</td><td></td><td></td><td></td><td></td></tr>
<tr><td colspan="2">深 8</td><td>6</td><td></td><td></td><td></td><td></td></tr>
<tr><td colspan="2">粗糙度</td><td>5</td><td></td><td></td><td></td><td></td></tr>
<tr><td>3</td><td>精度检验及误差分析(5 分)</td><td colspan="3"></td><td>5</td><td></td><td></td><td></td><td></td></tr>
<tr><td>4</td><td>时间扣分</td><td colspan="3">每超时 3 分钟扣 1 分</td><td></td><td></td><td></td><td></td><td></td></tr>
<tr><td colspan="5">合计</td><td>100</td><td></td><td></td><td></td><td></td></tr>
</table>

【任务总结】

整理材料，撰写报告。报告内容包括设计思路、控制原理图、实施过程、在实施过程中掌握了什么知识、学会了什么技能、发现了什么技巧、出现了什么问题、如何解决问题、遇到的问题怎样改进、尝试了什么创新、创新的结果等。

【任务拓展】

试述 SINUMERIK 802D 系统中 CYCLE84 指令的用法。

任务六　标准型腔加工

【任务目标】

(1) 熟悉 SINUMERIK 802D 数控铣床的操作。

(2) 了解数控铣削加工工艺路线的制定方法。

(3) 了解挖槽铣削循环指令的格式和用法。

(4) 掌握 SINUMERIK 802D 数控铣床型腔铣削循环的使用方法。

【任务引入】

根据图 5-6-1 制定工艺路线分析，选择夹具、量具和刀具，选择合理的切削参数，编写铣削零件的加工程序。

毛坯尺寸均为 100 mm× 100(厚度不定)mm，材料为 2AL2T4，加工深度为 3 mm，加工面表面粗糙度未标注均为 *Ra*3.2。

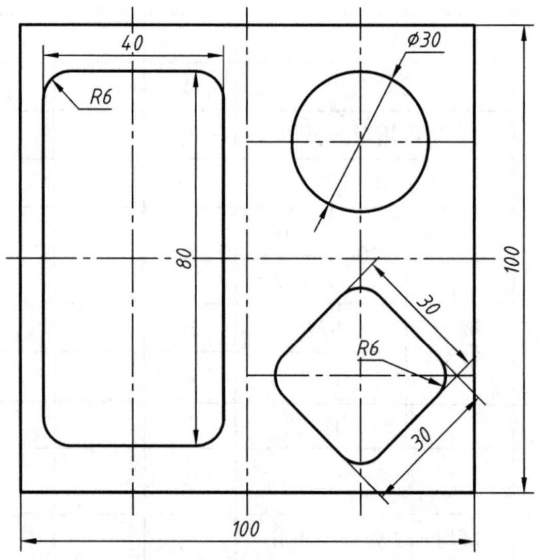

图 5-6-1　挖槽铣削循环练习图

【相关知识】

一、矩形槽铣削指令 POCKET3

1．功能

POCKET3 指令可以铣削出矩形槽，还可以用于粗加工和精加工。

2．编程格式

POCKET3 指令编程格式如下：

POCKET3(_RTP，_RFP，_SDIS，_DP，_LENG，_WID，_CRAD，_PA，_PO，_STA，_MID，FAL，FALD，_FFP1，_FFD，_CDIR，_VARI，_MIDA，_AP1，_AP2，_AD，_RAD1，_DP1)

3. 参数说明

POCKET3 指令中各参数的说明见表 5-6-1。

表 5-6-1 POCKET3 参数说明

参数	赋值	含　义
_RTP	实数	返回平面(绝对值)
_RFP	实数	参考平面(绝对值)
_SDIS	实数	安全间隙(输入时不带正负号)
_DP	实数	槽深(绝对值)
_LENG	实数	槽长，带符号从拐角测量
_WID	实数	槽宽，带符号从拐角测量
_CRAD	实数	槽拐角半径(不输入符号)
_PA	实数	槽参考点(绝对值)，平面的第一轴
_PO	实数	槽参考点(绝对值)，平面的第二轴
_STA	实数	槽纵向轴和平面第一轴间的角度(不输入符号)，取值范围：0°≤_STA≤180°
_MID	实数	最大进给深度(不输入符号)
_FAL	实数	槽边缘的精加工余量(不输入符号)
_FALD	实数	槽底的精加工余量(不输入符号)
_FFP1	实数	端面加工进给率
_FFD	实数	深度进给量
_CDIR	实数	铣削方向值(不输入符号)：0 表示沿主轴方向同向铣削；1 表示沿主轴方向逆向铣削；2 表示直接用 G2 方式铣削；3 表示直接用 G3 方式铣削
_VARI	实数	加工类型 个位数值：1 表示粗加工；2 表示精加工 十位数值：0 表示以 G0 方式垂直于槽中心加工；1 表示以 G1 方式垂直于槽中心加工；2 表示沿螺旋轨迹加工；3 表示沿槽纵向轴摆动加工
_MIDA	实数	在平面的连续加工中作为数值的最大进给宽度
_AP1	实数	槽长的毛坯尺寸
_AP2	实数	槽宽的毛坯尺寸
_AD	实数	距离参考平面的毛坯槽深尺寸
_RAD1	实数	插入时螺旋路径的半径(相当于刀具中心点路径)或者摆动时的最大插入角
_DP1	实数	沿螺旋路径插入时每转(360°)的插入深度

4. 动作顺序

粗加工时的动作顺序：使用 G0 回到返回平面的槽中心点，然后再同样以 G0 回到安全间隙前的参考平面，随后根据所选的插入方式及已编程的毛坯尺寸对槽进行加工。

精加工时的动作顺序：从槽边缘开始精加工，直到到达槽底的精加工余量，然后对槽底进行精加工。如果其中某个精加工余量为零，则跳过此部分的精加工过程。

POCKET3 指令的动作示意图见图 5-6-2。

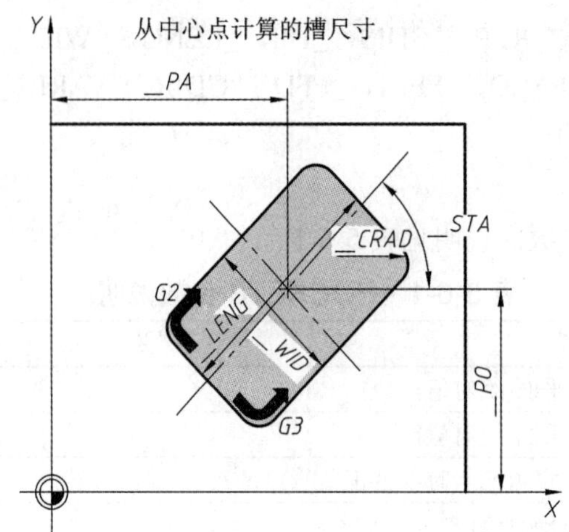

图 5-6-2 POCKET3 指令动作示意图

二、圆形槽铣削指令 POCKET4

1. 功能

POCKET4 指令可以铣削出矩形槽，也可以用于粗加工和精加工。

2. 编程格式

POCKET4 指令编程格式如下：

POCKET4(_RTP，_RFP，_SDIS，_DP，_PRAD，_PA，_PO，_MID，_FAL，_FALD，_FFP1，_FFD，_CDIR，_VARI，_MIDA，_AP1，_AD，_RAD1，_DP1)

3. 参数说明

POCKET4 指令中各参数的说明见表 5-6-2。

表 5-6-2 POCKET4 参数说明

参数	赋值	含 义
_RTP	实数	返回平面(绝对值)
_RFP	实数	参考平面(绝对值)
_SDIS	实数	安全间隙(输入时不带正负号)
_DP	实数	槽深(绝对值)
_PRAD	实数	槽半径
_PA	实数	槽参考点(绝对值)，平面的第一轴
_PO	实数	槽参考点(绝对值)，平面的第二轴
_MID	实数	最大进给深度(不输入符号)
_FAL	实数	槽边缘的精加工余量(不输入符号)
_FALD	实数	槽底的精加工余量(不输入符号)
_FFP1	实数	端面加工进给率
_FFD	实数	深度进给量
_CDIR	实数	铣削方向(不输入符号)值：0 表示沿主轴方向同向铣削；1 表示沿主轴方向逆向铣削；2 表示直接用 G2 方式铣削；3 表示直接用 G3 方式铣削

续表

参数	赋值	含　义
_VARI	实数	加工类型 个位数值：1 表示粗加工；2 表示精加工。 十位数值： 0 表示以 G0 方式垂直于槽中心加工；1 表示以 G1 方式垂直于槽中心加工；2 表示沿螺旋轨迹加工；3 表示沿槽纵向轴摆动加工
_MIDA	实数	在平面的连续加工中作为数值的最大进给宽度
_AP1	实数	槽长的毛坯尺寸
_AD	实数	距离参考平面的毛坯槽深尺寸
_RAD1	实数	插入时螺旋路径的半径(相当于刀具中心点路径)或者摆动时的最大插入角
_DP1	实数	沿螺旋路径插入时每转(360°)的插入深度

4. 动作顺序

粗加工时的动作顺序(VARI=X1)：使用 G0 回到返回平面的槽中心点，然后再同样以 G0 回到安全间隙前的参考平面。随后根据所选的插入方式及已编程的毛坯尺寸对槽进行加工。

精加工时的动作顺序：从槽边缘开始精加工，直到到达槽底的精加工余量，然后对槽底进行精加工。如果其中某个精加工余量为零，则跳过此部分的精加工过程。

POCKET4 指令的动作示意图见图 5-6-3。

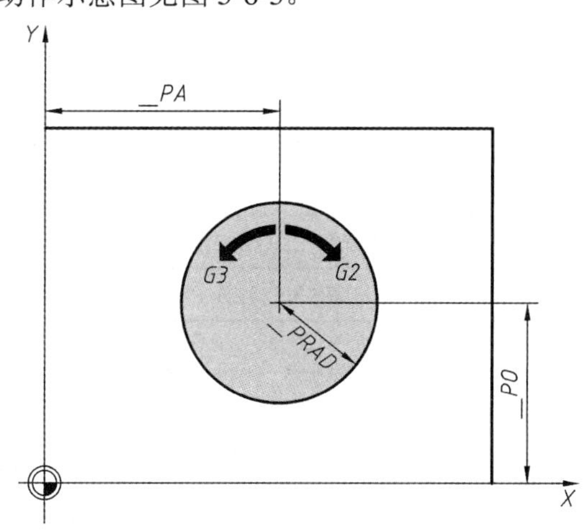

图 5-6-3　POCKET4 指令动作示意图

【任务实施】

(1) 加工工艺的确定。

① 工艺参数的选择见表 5-6-3。

表 5-6-3　工 艺 参 数 表

加 工 步 骤		刀具与切削参数					
序号	加工内容	刀 具 规 格		主轴转速 /(r/min)	进给速度 /(mm/min)	刀具补偿	
		类　型	材　料			长度	半径
1	粗加工上表面	ϕ80 面铣刀	硬质合金	450	200	H1	D1
2	精加工上表面	ϕ80 面铣刀	硬质合金	700	150	H1	D1
3	矩形槽加工	ϕ10 立铣刀	高速钢	1200	300	H2	D2
4	圆形槽加工	ϕ10 立铣刀	高速钢	1200	300	H2	D2

② 夹具和量具的选择见表 5-6-4。

表 5-6-4 夹具和量具表

序号	名 称	规 格/mm	数 量
1	游标卡尺	0.02/0～150	1 把
2	深度外径千分尺	0.01/0～25	1 把
3	百分表及表座	0.01/0～3	1 把
4	机用虎钳	125	1 台
5	常用工具	自定	自定

(2) 编制加工程序，见表 5-6-5。

表 5-6-5 主 程 序

程序内容		程序说明
%_N_251_MPF		程序名
；$PATH=/_N_MPF_DIR		
N1	T1	调用刀具
N5	G54G90 G17G40	零点偏移，绝对编程，*XY* 平面编程
N8	S1200 M3	主轴正转，转速为 1200 r/min
N10	G00X65Y-65Z100	建立刀具半径补偿
N20	G00Z2	*Z* 向快速定位
N30	CYCLE71(10,0,2,−1.5,55,−55,110,110,0,2,7,,,300,12,)	平面粗加工
N40	CYCLE71(10,0,2,−2,55,−55,110,110,0,2,7,,,300,12,)	平面精加工
N50	G00X25Y-25	*X*、*Y* 向快速定位
N60	G00Z5	*Z* 向快速定位
N70	POCKET3(10,0,2,-3,30,30,6,25,-25,45,2,0,0,400,50,1,22,7,,,11,)	矩形槽加工
N80	G00X25Y25	*X*、*Y* 向快速定位
N90	G00Z5	*Z* 向快速定位
N100	POCKET4(10,0,2,-3,15,25,25,2,0,0,400,50,1,22,7,,,11,)	圆形槽加工
N110	G00X-25Y0	*X*、*Y* 向快速定位
N120	G00Z5	*Z* 向快速定位
N130	POCKET3(10,0,2,-3,80,40,6,-25,0,0,2,0,0,400,50,1,22,7,,,11,)	矩形槽加工
N140	G00Z100	*Z* 向快速定位
N150	M05	主轴停转
N160	M30	程序结束

(3) 在数控铣床上模拟加工轨迹，模拟正确后进行加工。

(4) 检验工件。

(5) 打扫现场卫生。

【任务评价】

一、评分原则

这里可参考任务二中评分原则的内容。

二、评价标准

检验工件质量的结果填入表 5-6-6 中。

表 5-6-6 工件质量评分表

<table>
<tr><th>序号</th><th colspan="4">鉴定项目及标准</th><th>配分</th><th>自检</th><th>检验结果</th><th>得分</th><th>备注</th></tr>
<tr><td rowspan="5">1</td><td rowspan="5">工艺准备(35 分)</td><td colspan="3">工艺编制</td><td>8</td><td></td><td></td><td></td><td></td></tr>
<tr><td colspan="3">程序编制及输入</td><td>15</td><td></td><td></td><td></td><td></td></tr>
<tr><td colspan="3">工件装夹</td><td>3</td><td></td><td></td><td></td><td></td></tr>
<tr><td colspan="3">刀具选择</td><td>4</td><td></td><td></td><td></td><td></td></tr>
<tr><td colspan="3">切削用量选择</td><td>5</td><td></td><td></td><td></td><td></td></tr>
<tr><td rowspan="11">2</td><td rowspan="11">工件加工(60 分)</td><td colspan="3">用试切法对刀</td><td>20</td><td></td><td></td><td></td><td></td></tr>
<tr><td rowspan="10">工件质量(50 分)</td><td rowspan="2">40</td><td>+0.05</td><td rowspan="2">6</td><td rowspan="2"></td><td rowspan="2"></td><td rowspan="2"></td><td rowspan="2"></td></tr>
<tr><td>−0.05</td></tr>
<tr><td colspan="2">4-R6</td><td>4</td><td></td><td></td><td></td><td></td></tr>
<tr><td rowspan="2">30</td><td>+0.05</td><td rowspan="2">6</td><td rowspan="2"></td><td rowspan="2"></td><td rowspan="2"></td><td rowspan="2"></td></tr>
<tr><td>−0.05</td></tr>
<tr><td colspan="2">4-R6</td><td>4</td><td></td><td></td><td></td><td></td></tr>
<tr><td rowspan="2">ϕ30</td><td>+0.05</td><td rowspan="2">10</td><td rowspan="2"></td><td rowspan="2"></td><td rowspan="2"></td><td rowspan="2"></td></tr>
<tr><td>−0.05</td></tr>
<tr><td colspan="2">深 3</td><td>5</td><td></td><td></td><td></td><td></td></tr>
<tr><td colspan="2">粗糙度</td><td>5</td><td></td><td></td><td></td><td></td></tr>
<tr><td>3</td><td>精度检验及误差分析(5 分)</td><td colspan="3"></td><td>5</td><td></td><td></td><td></td><td></td></tr>
<tr><td>4</td><td>时间扣分</td><td colspan="3">每超时 3 分钟</td><td>−1</td><td></td><td></td><td></td><td></td></tr>
<tr><td>5</td><td>安全文明生产</td><td colspan="3">未严格执行铣工安全操作规程</td><td>−5</td><td></td><td></td><td></td><td></td></tr>
<tr><td rowspan="4">6</td><td rowspan="4">现场操作规范</td><td colspan="3">未正确使用工具</td><td>−1</td><td></td><td></td><td></td><td></td></tr>
<tr><td colspan="3">未正确使用量具</td><td>−1</td><td></td><td></td><td></td><td></td></tr>
<tr><td colspan="3">未合理使用刀具</td><td>−1</td><td></td><td></td><td></td><td></td></tr>
<tr><td colspan="3">未正确操作和维护保养设备</td><td>−2</td><td></td><td></td><td></td><td></td></tr>
<tr><td colspan="2">记录员</td><td colspan="3">检验员</td><td colspan="5">评分员</td></tr>
</table>

【任务总结】

整理材料，撰写报告。报告内容包括工艺分析、实施过程、在实施过程中掌握了什么知识、学会了什么技能、发现了什么技巧、出现了什么问题、如何解决问题、遇到的问题怎样改进、尝试了什么创新、创新的结果等。

【任务拓展】

试述 SINUMERIK 802D 系统中 POCKET3、POCKET4 指令的用法。

任务七　子程序的调用

【任务目标】

(1) 熟悉 SINUMERIK 802D 数控铣床的操作。
(2) 了解数控铣削加工工艺路线的制定方法。
(3) 掌握 SINUMERIK 802D 数控铣床子程序调用的格式和使用方法。

【任务引入】

根据图 5-7-1 制定工艺路线分析，选择夹具、量具和刀具，选择合理的切削参数，编写铣削零件的加工程序。

毛坯尺寸均为 100 mm × 100(厚度不定)mm，材料为 2AL2T4，加工面表面粗糙度未标注的均为 *Ra*3.2。

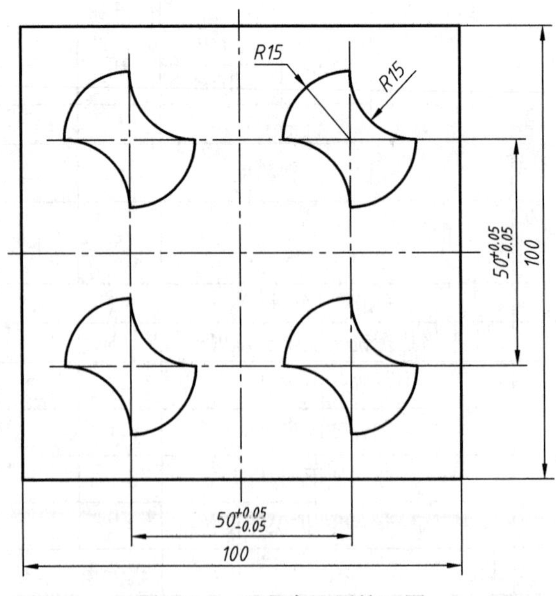

图 5-7-1　子程序调用练习图

【相关知识】

一、子程序的定义和功能

基本上子程序与主程序没有什么区别，子程序包含将执行若干次的加工操作，如图 5-7-2 所示。

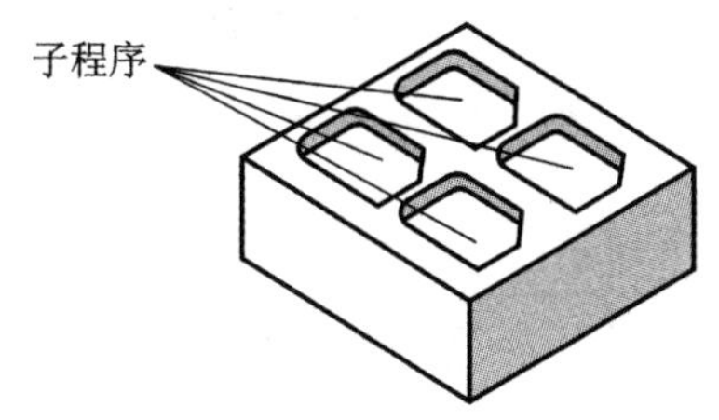

图 5-7-2 一个工件加工中 4 次使用子程序

子程序可用来编写经常重复进行的加工，如某一确定的轮廓形状。子程序位于主程序中适当的地方，在需要时进行调用、运行。

子程序可以调用并可在任何主程序中执行。

二、子程序的结构

子程序的结构与主程序相同，唯一的区别是子程序用 M17 指令表示程序结束时，表示返回子程序调出的程序级。

用 RET 指令结束子程序，返回主程序时不会中断 G64 连续路径方式。用 M2 指令结束子程序则会中断 G64 运行方式，并进入准确停止状态。

三、子程序名

子程序必须有自己的名称。在编写程序时可以自由选择名称，但应注意以下几点：

(1) 开头两个字符必须是字母。

(2) 其他可以是字母、数字或下划线字符。

(3) 最多可以使用 31 个字符。

(4) 不能使用分隔符。

例如：N10 POCKET1

另外，子程序允许使用地址 L…，数据有 7 位数(仅为整数)。

注：L01 与 L1 不同。

四、子程序的调用

利用地址 L 及子程序号或子程序名可以在主程序中调用子程序。

例如：N120 L100

如果要求多次连续地执行某一子程序，则在编程时必须在所调用子程序的程序名后地址 P 下写入调用次数。最大次数可以为 9999(P1～P9999)。

例如：N10 L785 P3，表示调用子程序 L785，并运行 3 次。

五、子程序的嵌套

子程序不仅可以从主程序中调用，也可以从其他子程序中调用，这个过程称为子程序的嵌套。这样的嵌套调用总共有 8 个程序层可供使用，包括主程序层，如图 5-7-3 所示。

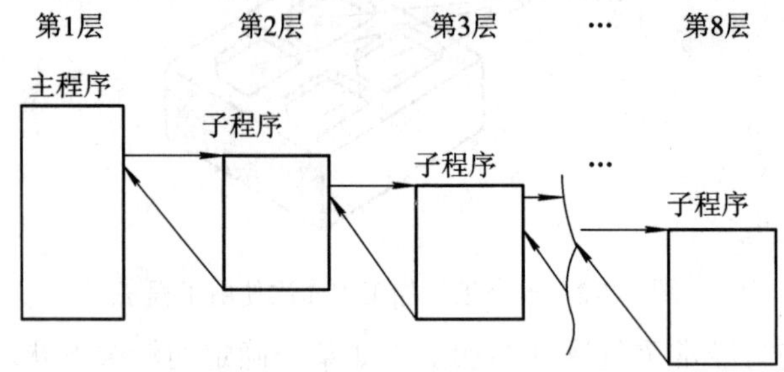

图 5-7-3　子程序的嵌套结构图

【任务实施】

(1) 加工工艺的确定。

① 工艺参数的选择见表 5-7-1。

表 5-7-1　工 艺 参 数 表

加工步骤		刀具与切削参数					
序号	加工内容	刀具规格		主轴转速/(r/min)	进给速度/(mm/min)	刀具补偿	
		类型	材料			长度	半径
1	粗加工上表面	ϕ80 面铣刀	硬质合金	450	200	H1	D1
2	精加工上表面	ϕ80 面铣刀	硬质合金	700	150	H1	D1
3	轮廓加工	ϕ10 立铣刀	高速钢	1200	300	H2	D2

② 夹具和量具的选择见表 5-7-2。

表 5-7-2　夹具和量具表

序号	名称	规格/mm	数量
1	游标卡尺	0.02/0～150	1 把
2	深度外径千分尺	0.01/0～25	1 把
3	百分表及表座	0.01/0～3	1 把
4	机用虎钳	125	1 台
5	常用工具	自定	自定

(2) 编制加工程序，见表5-7-3和表5-7-4。

表5-7-3　主　程　序

程序内容		程序说明
%_N_231_MPF		主程序程序名
；$PATH=/_N_MPF_DIR		
N1	T1	调用刀具
N5	G54 G90 G17 G40	零点偏移，绝对编程，*XY*平面编程，取消半径补偿
N8	M03 S1200	主轴正转，转速为1200 r/min
N10	G00X55Y-55	*X*、*Y*向快速定位
N20	G00Z5	*Z*向快速定位
N30	CYCLE71(10,0,2,-2,55,-55,110,110,0,2,7,,,300,12,)	平面加工
N40	G00Z100	*Z*向快速定位
N50	T2	调用2号刀具
N60	M03 S1200	主轴正转，转速为1200 r/min
N70	TRANS X-25Y-25	调用偏移
N80	CYCLE72("L7",10,0,2,-5,3,0,0,500,50,11,41,1,5,300,1,5)	加工轮廓1
N90	TRANS Y25	调用偏移
N100	CYCLE72("L7",10,0,2,-5,3,0,0,500,50,11,41,1,5,300,1,5)	加工轮廓2
N110	TRANS X25	调用偏移
N120	CYCLE72("L7",10,0,2,-5,3,0,0,500,50,11,41,1,5,300,1,5)	加工轮廓3
N130	TRANS Y-25	调用偏移
N140	CYCLE72("L7",10,0,2,-5,3,0,0,500,50,11,41,1,5,300,1,5)	加工轮廓4
N150	TRANS	取消偏移
N160	G00Z150	*Z*向快速定位
N170	M05	主轴停转
N180	M30	程序结束

表5-7-4　子　程　序

程序内容		程序说明
%_N_L7_SPF		子程序程序名
；$PATH=/_N_SPF_DIR		
N10	G1X-25Y-40	*X*、*Y*向定位
N20	G03X0Y-15CR=15	圆弧加工
N30	G02X-15Y-0CR=15	圆弧加工
N40	G03X0Y15CR=15	圆弧加工
N50	G02X15Y0CR=15	
N60	M17	子程序结束

(3) 在数控铣床上模拟加工轨迹，模拟正确后进行加工。

(4) 检验工件。

(5) 打扫现场卫生。

【任务评价】

一、评分原则

这里可参考任务二中评分原则的内容。

二、评价标准

检验工件质量的结果填入表 5-7-5 中。

表 5-7-5 工件质量评分表

<table>
<tr><th>序号</th><th colspan="4">鉴定项目及标准</th><th>配分</th><th>自检</th><th>检验结果</th><th>得分</th><th>备注</th></tr>
<tr><td rowspan="5">1</td><td rowspan="5">工艺准备(35 分)</td><td colspan="3">工艺编制</td><td>8</td><td></td><td></td><td></td><td></td></tr>
<tr><td colspan="3">程序编制及输入</td><td>15</td><td></td><td></td><td></td><td></td></tr>
<tr><td colspan="3">工件装夹</td><td>3</td><td></td><td></td><td></td><td></td></tr>
<tr><td colspan="3">刀具选择</td><td>4</td><td></td><td></td><td></td><td></td></tr>
<tr><td colspan="3">切削用量选择</td><td>5</td><td></td><td></td><td></td><td></td></tr>
<tr><td rowspan="8">2</td><td rowspan="8">工件加工(60 分)</td><td colspan="3">用试切法对刀</td><td>15</td><td></td><td></td><td></td><td></td></tr>
<tr><td rowspan="7">工件
质量
(50 分)</td><td rowspan="2">50</td><td>+0.05</td><td rowspan="2">10</td><td rowspan="2"></td><td rowspan="2"></td><td rowspan="2"></td><td rowspan="2"></td></tr>
<tr><td>−0.05</td></tr>
<tr><td colspan="2">16-R15</td><td>15</td><td></td><td></td><td></td><td></td></tr>
<tr><td rowspan="2">50</td><td>+0.05</td><td rowspan="2">10</td><td rowspan="2"></td><td rowspan="2"></td><td rowspan="2"></td><td rowspan="2"></td></tr>
<tr><td>−0.05</td></tr>
<tr><td colspan="2">深 3</td><td>5</td><td></td><td></td><td></td><td></td></tr>
<tr><td colspan="2">粗糙度</td><td>5</td><td></td><td></td><td></td><td></td></tr>
<tr><td>3</td><td>精度检验及误差分析(5 分)</td><td colspan="3"></td><td>5</td><td></td><td></td><td></td><td></td></tr>
<tr><td>4</td><td>时间扣分</td><td colspan="3">每超时 3 分钟</td><td>−1</td><td></td><td></td><td></td><td></td></tr>
<tr><td>5</td><td>安全文明生产扣分</td><td colspan="3">未严格执行铣工安全操作规程</td><td>−5</td><td></td><td></td><td></td><td></td></tr>
<tr><td rowspan="4">6</td><td rowspan="4">现场操作规范扣分</td><td colspan="3">未正确使用工具</td><td>−1</td><td></td><td></td><td></td><td></td></tr>
<tr><td colspan="3">未正确使用量具</td><td>−1</td><td></td><td></td><td></td><td></td></tr>
<tr><td colspan="3">未合理使用刀具</td><td>−1</td><td></td><td></td><td></td><td></td></tr>
<tr><td colspan="3">未正确操作和维护保养设备</td><td>2</td><td></td><td></td><td></td><td></td></tr>
<tr><td colspan="2">记录员</td><td colspan="4">检验员</td><td colspan="4">评分员</td></tr>
</table>

【任务总结】

整理材料，撰写报告。报告内容包括设计思路、控制原理图、实施过程、在实施过程中掌握了什么知识、学会了什么技能、发现了什么技巧、出现了什么问题、如何解决问题、遇到的问题怎样改进。

【任务拓展】

根据图 5-7-4 制定工艺路线分析，选择夹具、量具和刀具，选择合理的切削参数，编写铣削零件的加工程序。

毛坯尺寸均为 100 mm × 100(厚度不定)mm，材料为 2AL2T4，加工面表面粗糙度未标注的均为 *Ra*3.2。

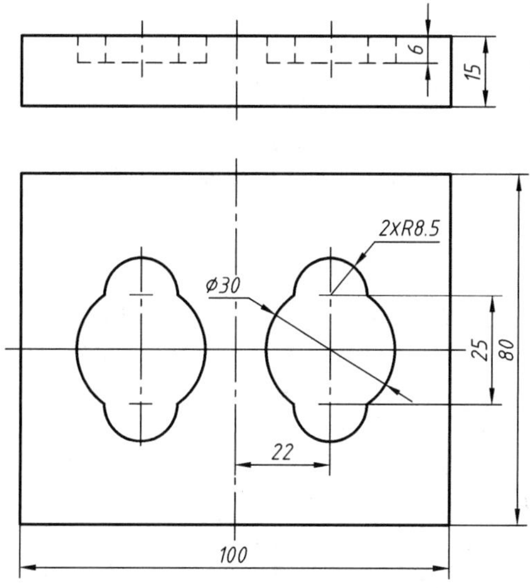

图 5-7-4 任务拓展练习图

项目六　数控铣床操作技能强化训练

任务一　数控铣削操作技能训练一

【任务目标】

(1) 熟悉 SINUMERIK 802D 数控铣床的操作。
(2) 了解数控铣削加工工艺路线的制定方法。
(3) 掌握 SINUMERIK 802D 数控铣床铣削循环的使用方法。

【任务引入】

根据图 6-1-1 制定工艺路线分析，选择夹具、量具和刀具，选择合理的切削参数，编写铣削零件的加工程序。

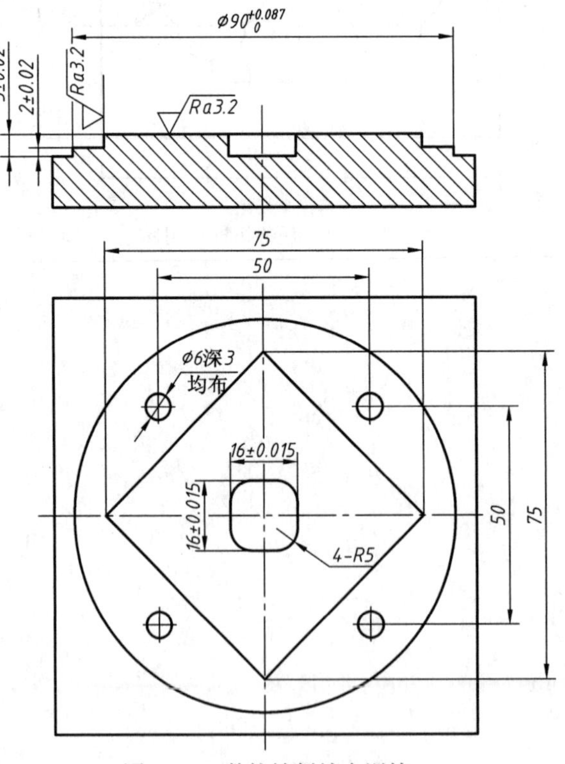

图 6-1-1　数控铣削综合训练 1

毛坯尺寸均为 100 mm × 100(厚度不定)mm，材料为 2AL2T4，加工面表面粗糙度未标注的均为 *Ra*3.2。

【任务实施】

(1) 加工工艺的确定。

① 工艺参数的选择见表 6-1-1。

表 6-1-1　工艺参数表

加工步骤		刀具与切削参数					
序号	加工内容	刀具规格		主轴转速/(r/min)	进给速度/(mm/min)	刀具补偿	
		类型	材料			长度	半径
T1	粗加工上表面	ϕ80 面铣刀	硬质合金	450	200	H1	D1
T2	粗加工去除轮廓边角料	ϕ16 立铣刀	高速钢	600	100	H2	D2
	粗加工所有轮廓与槽			600	100		
T3	精加工所有轮廓与槽	ϕ10 立铣刀		1200	200	H3	D3
T4	中心孔加工	ϕ3 中心钻		1000	50	H4	D4
T5	4-ϕ6 孔加工	ϕ6 麻花钻		1200	50	H5	D5

② 夹具和量具的选择见表 6-1-2。

表 6-1-2　夹具和量具表

序号	名　称	规　格/mm	数　量
1	游标卡尺	0.02/0～150	1 把
2	深度外径千分尺	0.01/0～25	1 把
3	百分表及表座	0.01/0～3	1 把
4	机用虎钳	125	1 台
5	常用工具	自定	自定

(2) 编制加工程序，见表 6-1-3 和表 6-1-4。

表 6-1-3　主　程　序

程序内容		程序说明
%_N_311_MPF		程序名
；$PATH=/_N_MPF_DIR		
N1	T1	调用 T1 ϕ80 面铣刀
N5	G54G90 G17G40	零点偏移，绝对编程，*XY* 平面编程
N8	S1200 M3	主轴正转，转速为 1200 r/min
N10	G00X65Y-65Z100	建立刀具半径补偿
N20	G00Z2	*Z* 向快速定位
N30	CYCLE71(10,0,2,-2,55,-55,110,110,0,2,7,,,300,12,)	平面加工
N40	G0Z100	*Z* 向快速定位
N50	T2	调用 T2 ϕ16 立铣刀

续表

程序内容		程序说明
N60	G00X55Y-55	X、Y 向快速定位
N70	CYCLE72("L3101",10,0,2,-6,3,15,0,500,50,11,41,1,5,300,1,5)	轮廓粗加工
N80	CYCLE72("L3101",10,0,2,-6,3,8,0,500,50,11,41,1,5,300,1,5)	轮廓粗加工
N90	CYCLE72("L3101",10,0,2,-6,3,0.2,0,500,50,11,41,1,5,300,1,5)	轮廓粗加工
N100	CYCLE72("L3102",10,0,2,-6,3,15,0,500,50,11,41,1,5,300,1,5)	轮廓粗加工
N110	CYCLE72("L3102",10,0,2,-6,3,8,0,500,50,11,41,1,5,300,1,5)	轮廓粗加工
N120	CYCLE72("L3102",10,0,2,-6,3,0.2,0,500,50,11,41,1,5,300,1,5)	轮廓粗加工
N130	G0Z100	Z 向快速定位
N140	T3	调用 T3 ϕ10 立铣刀
N150	CYCLE72("L3101",10,0,2,-6,3,0,0,500,50,11,41,1,5,300,1,5)	轮廓精加工
N160	CYCLE72("L3102",10,0,2,-6,3,0,0,500,50,11,41,1,5,300,1,5)	轮廓精加工
N170	POCKET3(10,0,2,-5,16,16,5,0,0,45,3,0.2,0,300,50,2,12,7,0,0,0,5,1)	槽粗加工
N180	POCKET3(10,0,2,-5,16,16,5,0,0,45,3,0,0,300,50,2,12,7,0,0,0,5,1)	槽精加工
N190	G0Z100	Z 向快速定位
N200	T4	调用 T4 ϕ3 中心钻
N210	F50	进给速度为 50 mm/min
N220	MCALL CYCLE81(10.00000,0.00000,2.00000,-6.00000,0.00000)	中心孔加工
N230	X-25Y-25	孔位 1
N240	Y25	孔位 2
N250	X25	孔位 3
N260	Y-25	孔位 4
N270	MCALL	取消模态调用
N280	G00Z100	Z 向快速定位
N290	T5	调用 T5 ϕ6 麻花钻
N300	M3S1200	主轴正转，转速为 1200 r/min
N310	G00Z10	Z 向快速定位
N320	F50	进给速度为 50 mm/min
N330	MCALL CYCLE81(10.00000,0.00000,2.00000,-9.00000,0.00000)	孔加工
N340	X-25Y-25	孔位 1
N350	Y25	孔位 2
N360	X25	孔位 3
N370	Y-25	孔位 4
N380	MCALL	取消模态调用
N390	G00Z100	Z 向快速定位
N400	M05	主轴停转
N410	M30	程序结束

表 6-1-4　子　程　序

<table>
<tr><th colspan="2">程序内容</th><th>程序说明</th></tr>
<tr><td colspan="2">%_N_L3101_SPF</td><td>子程序程序名</td></tr>
<tr><td colspan="2">; $PATH=/_N_SPF_DIR</td><td></td></tr>
<tr><td>N10</td><td>G01X-45Y0</td><td>X、Y 向加工</td></tr>
<tr><td>N20</td><td>G02X-45Y0I45J0</td><td>圆弧加工</td></tr>
<tr><td>N30</td><td>M17</td><td>子程序结束</td></tr>
<tr><td colspan="2">%_N_L3102_SPF</td><td>子程序程序名</td></tr>
<tr><td colspan="2">; $PATH=/_N_SPF_DIR</td><td></td></tr>
<tr><td>N10</td><td>G01X-37.5Y0</td><td>X、Y 向加工</td></tr>
<tr><td>N20</td><td>X0Y37.5</td><td>X、Y 向加工</td></tr>
<tr><td>N30</td><td>X37.5Y0</td><td>X、Y 向加工</td></tr>
<tr><td>N40</td><td>X0Y-37.5</td><td>X、Y 向加工</td></tr>
<tr><td>N50</td><td>M17</td><td>子程序结束</td></tr>
</table>

(3) 在数控铣床上模拟加工轨迹，模拟正确后进行加工。

(4) 检验工件。

(5) 打扫现场卫生。

【任务评价】

一、评分原则

这里可参考项目五任务二中评分原则的内容。

二、评分标准

检验工件质量的结果填入表 6-1-5 中。

表 6-1-5　工件质量评分表

<table>
<tr><th>序号</th><th colspan="4">鉴定项目及标准</th><th>配分</th><th>自检</th><th>检验结果</th><th>得分</th><th>备注</th></tr>
<tr><td rowspan="5">1</td><td rowspan="5">工艺准备
(35 分)</td><td colspan="3">工艺编制</td><td>8</td><td></td><td></td><td></td><td></td></tr>
<tr><td colspan="3">程序编制及输入</td><td>15</td><td></td><td></td><td></td><td></td></tr>
<tr><td colspan="3">工件装夹</td><td>3</td><td></td><td></td><td></td><td></td></tr>
<tr><td colspan="3">刀具选择</td><td>4</td><td></td><td></td><td></td><td></td></tr>
<tr><td colspan="3">切削用量选择</td><td>5</td><td></td><td></td><td></td><td></td></tr>
<tr><td rowspan="15">2</td><td rowspan="15">工件加工
(60 分)</td><td colspan="3">用试切法对刀</td><td>10</td><td></td><td></td><td></td><td></td></tr>
<tr><td rowspan="14">工件
质量
(50 分)</td><td rowspan="2">ϕ90</td><td>+0.087</td><td rowspan="2">6</td><td rowspan="2"></td><td rowspan="2"></td><td rowspan="2"></td><td rowspan="2"></td></tr>
<tr><td></td></tr>
<tr><td colspan="2">75</td><td>8</td><td></td><td></td><td></td><td></td></tr>
<tr><td rowspan="2">16</td><td>+0.015</td><td rowspan="2">8</td><td rowspan="2"></td><td rowspan="2"></td><td rowspan="2"></td><td rowspan="2"></td></tr>
<tr><td>−0.015</td></tr>
<tr><td colspan="2">4-R5</td><td>4</td><td></td><td></td><td></td><td></td></tr>
<tr><td colspan="2">深 3</td><td>4</td><td></td><td></td><td></td><td></td></tr>
<tr><td colspan="2">50</td><td>4</td><td></td><td></td><td></td><td></td></tr>
<tr><td colspan="2">4-ϕ6</td><td>4</td><td></td><td></td><td></td><td></td></tr>
<tr><td rowspan="2">5</td><td>+0.02</td><td rowspan="2">3</td><td rowspan="2"></td><td rowspan="2"></td><td rowspan="2"></td><td rowspan="2"></td></tr>
<tr><td>−0.02</td></tr>
<tr><td rowspan="2">2</td><td>+0.02</td><td rowspan="2">4</td><td rowspan="2"></td><td rowspan="2"></td><td rowspan="2"></td><td rowspan="2"></td></tr>
<tr><td>−0.02</td></tr>
<tr><td colspan="2">粗糙度</td><td>5</td><td></td><td></td><td></td><td></td></tr>
</table>

续表

序号	鉴定项目及标准		配分	自检	检验结果	得分	备注
3	精度检验及误差分析(5 分)		5				
4	时间扣分	每超时 3 分钟	−1				
5	安全文明生产扣分	未严格执行铣工安全操作规程	−5				
6	现场操作规范扣分	未正确使用工具	−1				
		未正确使用量具	−1				
		未合理使用刀具	−1				
		未正确操作和维护保养设备	−2				
记录员			检验员		评分员		

【任务总结】

整理材料，撰写报告。报告内容包括工艺分析、实施过程、在实施过程中掌握了什么知识、学会了什么技能、发现了什么技巧、出现了什么问题、如何解决问题、遇到的问题怎样改进、尝试了什么创新、创新的结果等。

【任务拓展】

根据图 6-1-2 编写铣削零件加工程序。毛坯尺寸均为 100 mm × 100(厚度不定)mm，材料为硬铝，加工面表面粗糙度均为 *Ra*3.2，刀具直径为 10 mm。

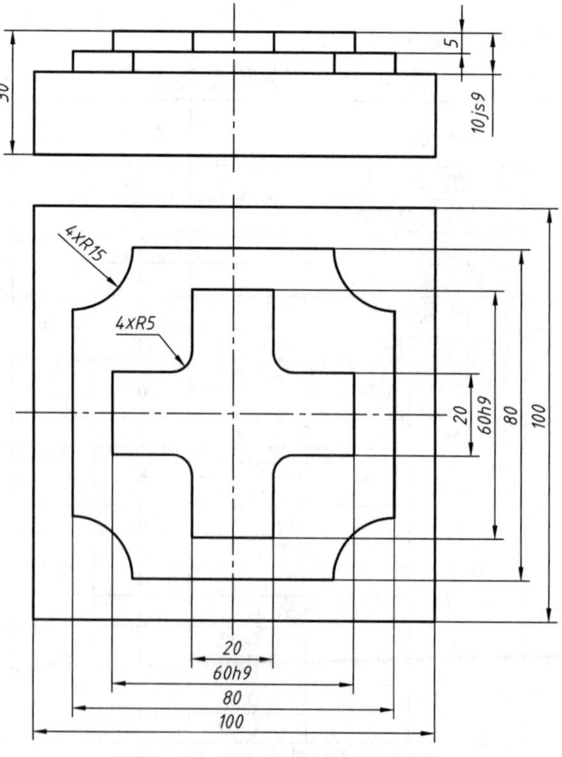

图 6-1-2 数控铣削拓展训练图

任务二　数控铣削操作技能训练二

【任务目标】

(1) 熟悉 SINUMERIK 802D 数控铣床的操作。
(2) 了解数控铣削加工工艺路线的制定方法。
(3) 掌握 SINUMERIK 802D 数控铣床铣削循环的使用方法。

【任务引入】

根据图 6-2-1 制定工艺路线分析，选择夹具、量具和刀具，选择合理的切削参数，编写铣削零件的加工程序。

毛坯尺寸均为 100 mm × 100(厚度不定)mm，材料为 2AL2T4，加工面表面粗糙度未标注的均为 *Ra*3.2。

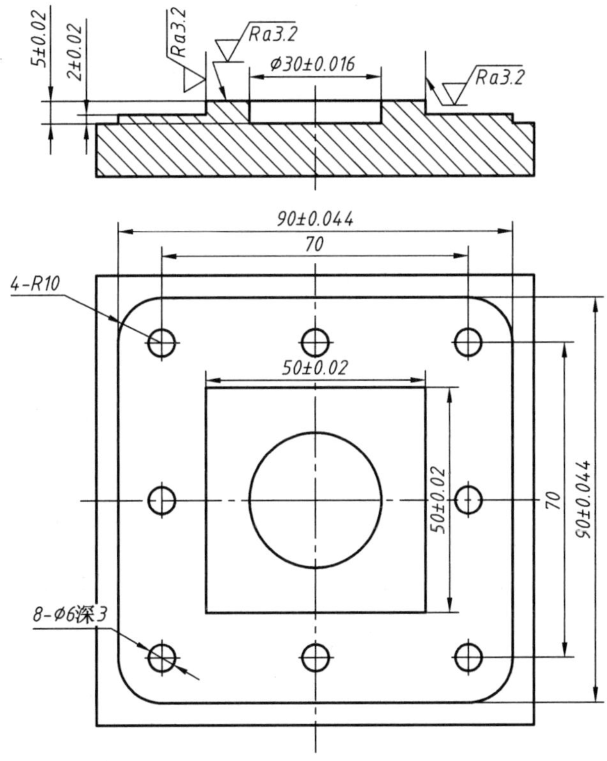

图 6-2-1　数控铣削综合训练 2

【任务实施】

(1) 加工工艺的确定。
① 工艺参数的选择见表 6-2-1。

表 6-2-1 工艺参数表

加工步骤		刀具与切削参数					
刀号	加工内容	刀具规格		主轴转速/(r/min)	进给速度/(mm/min)	刀具补偿	
		类型	材料			长度	半径
T1	上表面加工	ϕ80 面铣刀	硬质合金	600	200	H1	D1
T2	粗加工去除轮廓边角料	ϕ16 立铣刀	高速钢	600	100	H2	D2
T2	粗加工所有轮廓与槽			600	100		
T3	精加工所有轮廓与槽	ϕ10 立铣刀		1200	200	H3	D3
T4	中心孔加工	ϕ3 中心钻		1000	50	H4	D4
T5	8- ϕ6 孔加工	ϕ6 麻花钻		1200	50	H5	D5

② 夹具和量具的选择见表 6-2-2。

表 6-2-2 夹具和量具表

序号	名称	规格/mm	数量
1	游标卡尺	0.02/0～150	1 把
2	深度外径千分尺	0.01/0～25	1 把
3	百分表及表座	0.01/0～3	1 把
4	机用虎钳	125	1 台
5	常用工具	自定	自定

(2) 编制加工程序，见表 6-2-3。

表 6-2-3 主程序

程序内容		程序说明
%_N_321_MPF		程序名
；$PATH=/_N_MPF_DIR		
N1	T1	调用 1 号 ϕ80 面铣刀
N5	G54G90 G17G40	零点偏移，绝对编程，*XY* 平面编程
N8	S1200 M3	主轴正转，转速为 1200 r/min
N10	G00X65Y-65Z100	建立刀具半径补偿
N20	G00Z2	*Z* 向快速定位
N30	CYCLE71(10,0,2,-2,55,-55,110,110,0,2,7,,,300,12,)	平面加工
N40	G0Z100	*Z* 向快速定位
N50	T2	调用 2 号 ϕ16 立铣刀
N60	G00X55Y-55	*X*、*Y* 向快速定位
N70	CYCLE72("L3201",10,0,2,-6,3,8,0,500,50,11,41,1,5,300,1,5)	轮廓粗加工
N80	CYCLE72("L3201",10,0,2,-6,3,0.2,0,500,50,11,41,1,5,300,1,5)	轮廓粗加工
N90	CYCLE72("L3202",10,0,2,-6,3,8,0,500,50,11,41,1,5,300,1,5)	轮廓粗加工
N100	CYCLE72("L3202",10,0,2,-6,3,0.2,0,500,50,11,41,1,5,300,1,5)	轮廓粗加工

续表

程 序 内 容		程 序 说 明
N110	CYCLE72("L3203",10,0,2,-6,3,8,0,500,50,11,42,1,5,300,1,5)	轮廓粗加工
N120	CYCLE72("L3203",10,0,2,-6,3,0.2,0,500,50,11,42,1,5,300,1,5)	轮廓粗加工
N130	G0Z100	Z向快速定位
N140	T3	调用 ϕ10 立铣刀
N150	CYCLE72("L3201",10,0,2,-6,3,0,0,500,50,11,41,1,5,300,1,5)	轮廓精加工
N160	CYCLE72("L3202",10,0,2,-6,3,0,0,500,50,11,41,1,5,300,1,5)	轮廓精加工
N170	CYCLE72("L3203",10,0,2,-6,3,0,0,500,50,11,42,1,5,300,1,5)	轮廓精加工
N180	G0Z100	Z向快速定位
N190	T4	调用ϕ3 中心钻
N200	F50	进给速度为 50 mm/min
N210	MCALL CYCLE81(10, 0, 2, -6, 0)	中心孔加工
N220	X-35Y-35	孔位 1
N230	Y0	孔位 2
N240	Y35	孔位 3
N250	X0	孔位 4
N260	X35	孔位 5
N270	Y0	孔位 6
N280	Y-35	孔位 7
N290	X0	孔位 8
N300	MCALL	取消模态调用
N310	G00Z100	Z向快速定位
N320	T5	调用ϕ6 麻花钻
N330	M3S1200	主轴正转，转速为 1200 r/min
N340	G00Z10	Z向快速定位
N350	F50	进给速度为 50 mm/min
N360	MCALL CYCLE81(10., 0, 2, -9, 0)	孔加工
N370	X-35Y-35	孔位 1
N380	Y0	孔位 2
N390	Y35	孔位 3
N400	X0	孔位 4
N410	X35	孔位 5
N420	Y0	孔位 6
N430	Y-35	孔位 7
N440	X0	孔位 8
N450	MCALL	取消模态调用
N460	G00Z100	Z向快速定位
N470	M05	主轴停转
N480	M30	程序结束

表6-2-4　子程序1

程序内容		程序说明
%_N_L3201_SPF		子程序程序名
；$PATH=/_N_SPF_DIR		
N10	G1X35Y-45	X、Y向加工
N20	G1X-35	X向加工
N30	G02X-45Y-35CR=10	圆弧加工
N40	G1Y35	Y向加工
N50	G02X-35Y45CR=10	圆弧加工
N60	G1X35	X向加工
N70	G02X45Y35CR=10	圆弧加工
N80	G1Y-35	Y向加工
N90	G02X35Y-45CR=10	圆弧加工
N100	M17	子程序结束

表6-2-5　子程序2

程序内容		程序说明
%_N_L3202_SPF		子程序程序名
；$PATH=/_N_SPF_DIR		
N10	G1X25Y-25	X、Y向加工
N20	G1X-25	X向加工
N30	G1Y25	Y向加工
N40	G1X25	X向加工
N50	G1Y-25	Y向加工
N60	M17	子程序结束

表6-2-6　子程序3

程序内容		程序说明
%_N_L3203_SPF		子程序程序名
；$PATH=/_N_SPF_DIR		
N10	G1X-15Y0	X、Y向加工
N20	G02X-15Y0I15J0	圆弧加工
N30	M17	子程序结束

(3) 在数控铣床上模拟加工轨迹，模拟正确后进行加工。

(4) 检验工件。

(5) 打扫现场卫生。

【任务评价】

一、评分原则

这里可参考项目五任务二中评分原则的内容。

二、评分标准

检验工件质量的结果填入表6-2-7中。

表 6-2-7 工件质量评分表

序号	鉴定项目及标准				配分	自检	检验结果	得分	备注
1	工艺准备 (35 分)	工艺编制			8				
		程序编制及输入			15				
		工件装夹			3				
		刀具选择			4				
		切削用量选择			5				
2	工件加工 (60 分)	用试切法对刀			10				
		工件质量 (50 分)	90	+0.044 −0.044	6				
			4-*R*10		4				
			50	+0.02 −0.02	6				
			ϕ30	+0.016 −0.016	6				
			深 3		4				
			70		6				
			8-ϕ6		8				
			5	+0.02 −0.02	3				
			2	+0.02 −0.02	2				
			粗糙度		5				
3	精度检验及误差分析(5 分)				5				
4	时间扣分	每超时 3 分钟			−1				
5	安全文明生产扣分	未严格执行铣工安全操作规程			−5				
6	现场操作规范扣分	未正确使用工具			−1				
		未正确使用量具			−1				
		未合理使用刀具			−1				
		未正确操作和维护保养设备			−2				
记录员					检验员		评分员		

【任务总结】

整理材料，撰写报告。报告内容包括工艺分析、实施过程、在实施过程中掌握了什么知识、学会了什么技能、发现了什么技巧、出现了什么问题、如何解决问题、遇到的问题怎样改进、尝试了什么创新、创新的结果等。

【任务拓展】

根据图 6-2-2 编写铣削零件加工程序。毛坯尺寸均为 100 mm × 100(厚度不定)mm，材料为硬铝，加工面表面粗糙度均为 *Ra*3.2，刀具直径为 10 mm。

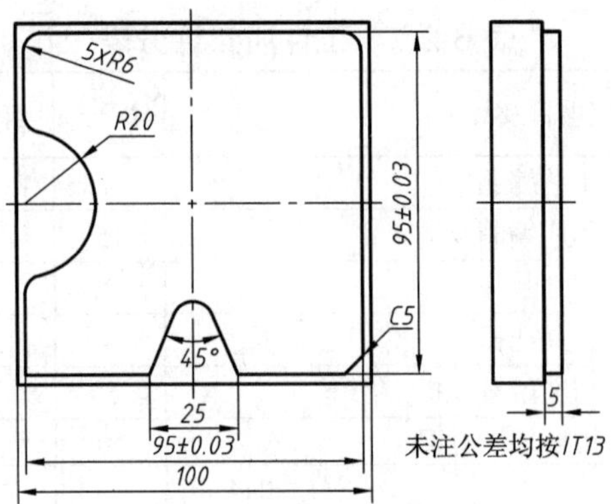

图 6-2-2　数控铣削拓展训练 2

任务三　数控铣削操作技能训练三

【任务目标】

(1) 熟悉 SINUMERIK 802D 数控铣床的操作。

(2) 了解数控铣削加工工艺路线的制定方法。

(3) 掌握 SINUMERIK 802D 数控铣床铣削循环的使用方法。

【任务引入】

根据图 6-3-1 制定工艺路线分析，选择夹具、量具和刀具，选择合理的切削参数，编写铣削零件的加工程序。

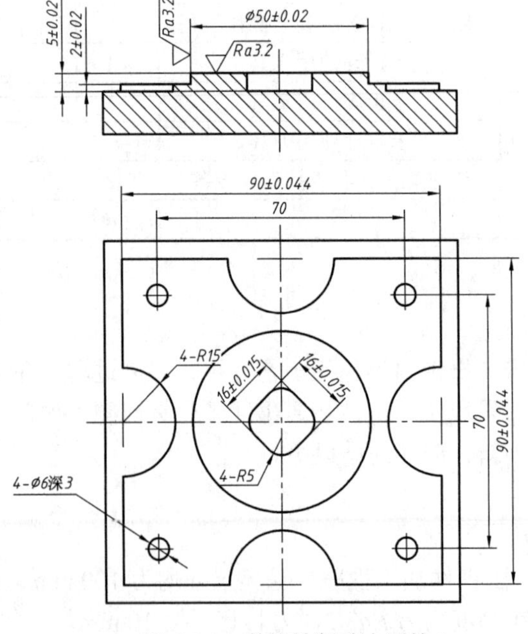

图 6-3-1　数控铣削综合训练 3

毛坯尺寸均为 100 mm × 100(厚度不定)mm，材料为 2AL2T4，加工面表面粗糙度未标注，均为 *Ra*3.2。

【任务实施】

(1) 加工工艺的确定。

① 工艺参数的选择见表 6-3-1。

表 6-3-1　工 艺 参 数 表

加 工 步 骤		刀具与切削参数					
刀号	加工内容	刀 具 规 格		主轴转速 /(r/min)	进给速度 /(mm/min)	刀具补偿	
		类　型	材料			长度	半径
T1	上表面加工	ϕ80 面铣刀	硬质合金	600	200	H1	D1
T2	粗加工去除轮廓边角料	ϕ16 立铣刀	高速钢	600	100	H2	D2
T2	粗加工所有轮廓与槽			600	100		
T3	精加工所有轮廓与槽	ϕ10 立铣刀		1200	200	H3	D3
T4	中心孔加工	ϕ3 中心钻		1000	50	H4	D4
T5	6-ϕ6 孔加工	ϕ6 麻花钻		1200	50	H5	D5

② 夹具和量具的选择见表 6-3-2。

表 6-3-2　夹具和量具表

序号	名　称	规　格/mm	数　量
1	游标卡尺	0.02/0～150	1 把
2	深度外径千分尺	0.01/0～25	1 把
3	百分表及表座	0.01/0～3	1 把
4	机用虎钳	125	1 台
5	常用工具	自定	自定

(2) 编制加工程序，见表 6-3-3～表 6-3-5。

表 6-3-3　主　程　序

程 序 内 容		程 序 说 明
%_N_331_MPF		程序名
；$PATH=/_N_MPF_DIR		
N1	T1	调用 1 号ϕ80 面铣刀
N5	G54G90 G17G40	零点偏移，绝对编程，*XY* 平面编程
N8	S1200 M3	主轴正转，转速为 1200 r/min
N10	G00X65Y-65Z100	建立刀具半径补偿
N20	G00Z2	*Z* 向快速定位
N30	CYCLE71(10,0,2,-2,55,-55,110,110,0,2,7,,,300,12,)	平面加工
N40	G0Z100	*Z* 向快速定位
N50	T2	调用 2 号ϕ16 立铣刀
N60	G00X55Y-55	*X*、*Y* 向快速定位
N70	CYCLE72("L3301",10,0,2,-6,3,8,0,500,50,11,41,1,5,300,1,5)	轮廓粗加工
N80	CYCLE72("L3301",10,0,2,-6,3,0.2,0,500,50,11,41,1,5,300,1,5)	轮廓粗加工
N90	CYCLE72("L3302",10,0,2,-6,3,8,0,500,50,11,41,1,5,300,1,5)	轮廓粗加工
N100	CYCLE72("L3302",10,0,2,-6,3,0.2,0,500,50,11,41,1,5,300,1,5)	轮廓粗加工

续表

程序内容		程序说明
N110	G0Z100	Z 向快速定位
N120	T3	调用ϕ10 立铣刀
N130	CYCLE72("L3301",10,0,2,-6,3,0,0,500,50,11,41,1,5,300,1,5)	轮廓精加工
N140	CYCLE72("L3302",10,0,2,-6,3,0,0,500,50,11,41,1,5,300,1,5)	轮廓精加工
N150	POCKET3(10,0,2,-5,16,16,5,0,0,45,3,0.2,0,300,50,2,12,7,0,0,0,5,1)	槽粗加工
N160	POCKET3(10,0,2,-5,16,16,5,0,0,45,3,0,0,300,50,2,12,7,0,0,0,5,1)	槽精加工
N170	G0Z100	Z 向快速定位
N180	T4	调用ϕ3 中心钻
N190	F50	进给速度为 50 mm/min
N200	X-35Y-35	X、Y 向快速定位
N210	MCALL CYCLE81(10, 0, 2, -6, 0)	中心孔加工
N220	X-35Y-35	孔位 1
N230	Y35	孔位 2
N240	X35	孔位 3
N250	Y-35	孔位 4
N260	MCALL	取消模态调用
N270	G00Z100	Z 向快速定位
N280	T5	调用ϕ6 麻花钻
N290	M3S1200	主轴正转，转速为 1200 r/min
N300	G00Z10	Z 向快速定位
N310	F50	进给速度为 50 mm/min
N320	MCALL CYCLE81(10, 0, 2, -9, 0)	孔加工
N330	X-35Y-35	孔位 1
N340	Y35	孔位 2
N350	X35	孔位 3
N360	Y-35	孔位 4
N370	MCALL	取消模态调用
N380	G00Z100	Z 向快速定位
N390	M05	主轴停转
N400	M30	程序结束

表 6-3-4　子程序 1

程序内容		程序说明
%_N_L3301_SPF		子程序程序名
; $PATH=/_N_SPF_DIR		
N10	G1X45Y-45	X、Y 向加工
N20	G1X30	X 向加工
N30	G02X-15Y-45CR=15	圆弧加工
N40	G1X-45Y-45	X、Y 向加工
N50	G1Y-30	Y 向加工
N60	G02X-45Y15CR=15	圆弧加工
N70	G1Y45	Y 向加工
N80	G1X-30	X 向加工
N90	G02X15Y45CR=15	圆弧加工
N100	G1X45	X 向加工
N110	M17	子程序结束

表 6-3-5 子 程 序 2

<table>
<tr><th colspan="2">程 序 内 容</th><th>程 序 说 明</th></tr>
<tr><td colspan="2">%_N_L3302_SPF</td><td>子程序程序名</td></tr>
<tr><td colspan="2">; $PATH=/_N_SPF_DIR</td><td></td></tr>
<tr><td>N10</td><td>G1X-25Y0</td><td>X、Y 向加工</td></tr>
<tr><td>N20</td><td>G02X-25Y0I15J0</td><td>圆弧加工</td></tr>
<tr><td>N30</td><td>M17</td><td>子程序结束</td></tr>
</table>

(3) 在数控铣床上模拟加工轨迹，模拟正确后进行加工。

(4) 检验工件。

(5) 打扫现场卫生。

【任务评价】

一、评分原则

这里可参考项目五任务二中评分原则的内容。

二、评分标准

检验工件质量的结果填入表 6-3-6 中。

表 6-3-6 工件质量评分表

<table>
<tr><th>序号</th><th colspan="5">鉴定项目及标准</th><th>配分</th><th>自检</th><th>检验结果</th><th>得分</th><th>备注</th></tr>
<tr><td rowspan="5">1</td><td rowspan="5">工艺准备
(35 分)</td><td colspan="4">工艺编制</td><td>8</td><td></td><td></td><td></td><td></td></tr>
<tr><td colspan="4">程序编制及输入</td><td>15</td><td></td><td></td><td></td><td></td></tr>
<tr><td colspan="4">工件装夹</td><td>3</td><td></td><td></td><td></td><td></td></tr>
<tr><td colspan="4">刀具选择</td><td>4</td><td></td><td></td><td></td><td></td></tr>
<tr><td colspan="4">切削用量选择</td><td>5</td><td></td><td></td><td></td><td></td></tr>
<tr><td rowspan="18">2</td><td rowspan="18">工件加工
(60 分)</td><td colspan="4">用试切法对刀</td><td>10</td><td></td><td></td><td></td><td></td></tr>
<tr><td rowspan="17">工件
质量
(50 分)</td><td rowspan="2">90</td><td colspan="2">+0.044</td><td rowspan="2">8</td><td rowspan="2"></td><td rowspan="2"></td><td rowspan="2"></td><td rowspan="2"></td></tr>
<tr><td colspan="2">−0.044</td></tr>
<tr><td colspan="3">4-R15</td><td>4</td><td></td><td></td><td></td><td></td></tr>
<tr><td rowspan="2">16</td><td colspan="2">+0.015</td><td rowspan="2">8</td><td rowspan="2"></td><td rowspan="2"></td><td rowspan="2"></td><td rowspan="2"></td></tr>
<tr><td colspan="2">−0.015</td></tr>
<tr><td colspan="3">4-R5</td><td>4</td><td></td><td></td><td></td><td></td></tr>
<tr><td colspan="3">深 3</td><td>2</td><td></td><td></td><td></td><td></td></tr>
<tr><td colspan="3">50</td><td>3</td><td></td><td></td><td></td><td></td></tr>
<tr><td colspan="3">70</td><td>3</td><td></td><td></td><td></td><td></td></tr>
<tr><td rowspan="2">φ50</td><td colspan="2">+0.020</td><td rowspan="2">6</td><td rowspan="2"></td><td rowspan="2"></td><td rowspan="2"></td><td rowspan="2"></td></tr>
<tr><td colspan="2">−0.020</td></tr>
<tr><td colspan="3">4-φ6</td><td>2</td><td></td><td></td><td></td><td></td></tr>
<tr><td rowspan="2">5</td><td colspan="2">+0.02</td><td rowspan="2">3</td><td rowspan="2"></td><td rowspan="2"></td><td rowspan="2"></td><td rowspan="2"></td></tr>
<tr><td colspan="2">−0.02</td></tr>
<tr><td rowspan="2">2</td><td colspan="2">+0.02</td><td rowspan="2">2</td><td rowspan="2"></td><td rowspan="2"></td><td rowspan="2"></td><td rowspan="2"></td></tr>
<tr><td colspan="2">−0.02</td></tr>
<tr><td colspan="3">粗糙度</td><td>5</td><td></td><td></td><td></td><td></td></tr>
</table>

续表

序号	鉴定项目及标准	配分	自检	检验结果	得分	备注	序号
3	精度检验及误差分析(5 分)		5				
4	时间扣分	每超时 3 分钟	−1				
5	安全文明生产扣分	未严格执行铣工安全操作规程	−5				
6	现场操作规范扣分	未正确使用工具	−1				
		未正确使用量具	−1				
		未合理使用刀具	−1				
		未正确操作和维护保养设备	−2				
记录员			检验员		评分员		

【任务总结】

整理材料，撰写报告。报告内容包括工艺分析、实施过程、在实施过程中掌握了什么知识、学会了什么技能、发现了什么技巧、出现了什么问题、如何解决问题、遇到的问题怎样改进、尝试了什么创新、创新的结果等。

【任务拓展】

根据图 6-3-2 编写铣削零件加工程序。毛坯尺寸均为 100 mm × 100(厚度不定)mm，材料为硬铝，加工面表面粗糙度均为 *Ra*3.2，刀具直径为 10 mm。

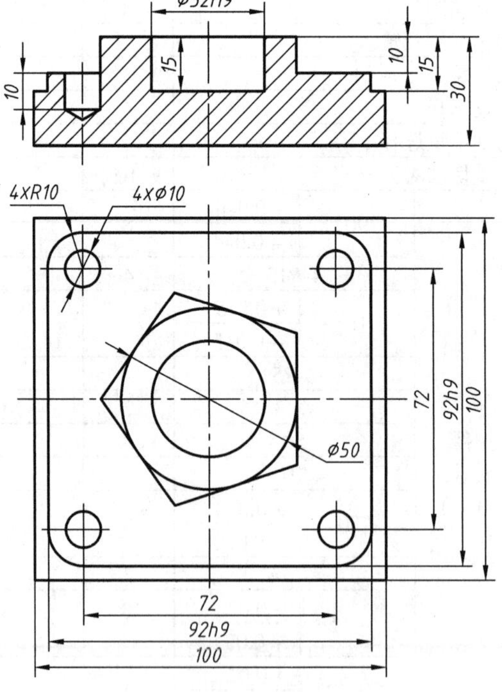

图 6-3-2 数控铣削拓展训练三图

项目七 MasterCAM 自动编程

任务一 数控铣床中级工操作技能训练

【任务目标】

(1) 了解 MasterCAM 数控加工的基本原理和思路。

(2) 熟悉 MasterCAM X 数控加工的一般流程。

(3) 掌握工件、材料和刀具参数的设置方法。

【任务引入】

按工件图样(见图 7-1-1)完成加工操作。工件材料为 45 钢，毛坯尺寸为 150 mm × 100 mm × 40 mm。训练时间为 120 分钟。

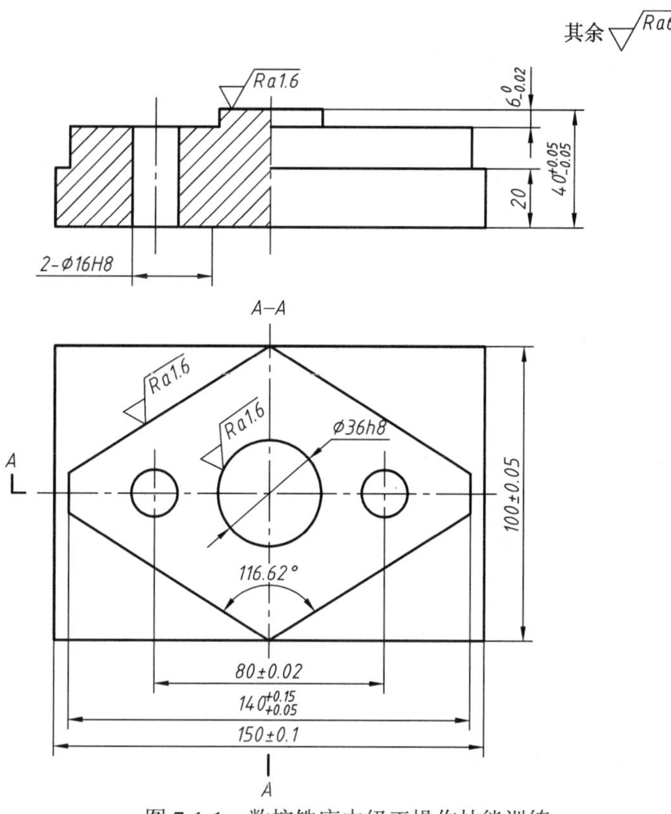

图 7-1-1 数控铣床中级工操作技能训练

【相关知识】

一、MasterCAM X 数控加工的一般流程

MasterCAM X 数控加工的一般流程为：用 CAD 模块设计产品的 2D/3D 模型；用 CAM 模块产生 NCI 文件；通过 POST 后处理生成数控加工设备的可执行代码，即 NC 文件。基本流程及内容如图 7-1-2 所示。

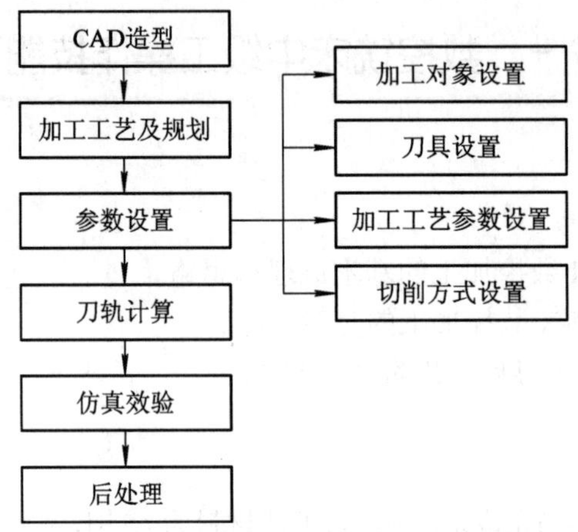

图 7-1-2 Mastercam X 数控加工自动编程流程图

二、选择加工设备及设定安全区域

1. 选择加工设备

MasterCAM X 包括铣床、车床、线切割、雕刻、设计等五类机床设备，其中铣床系统和车床系统的应用最广泛。铣床系统可以实现外形铣削、型腔加工、钻孔加工、平面加工、曲面加工和多轴加工等加工方式；车床系统可实现粗车、精车、切槽和车螺纹等加工方式。

1) 选择机床类型

选择【机床类型】下的子菜单，即可进入对应的加工系统。下面介绍铣床和车床两类常用的加工设备。

(1) 铣床。

铣削系统是 MasterCAM X 数控加工的主要组成部分。选择【机床类型】|【铣床】，其子菜单如图 7-1-3 所示。

铣床可以分为两大类：卧式铣床(主轴平行于机床台面)和立式铣床(主轴垂直于机床台面)。常用的铣床有以下类型：

MILL 3-AXIS HMC：3 轴卧式铣床。

MILL 3-AXIS VMC：3 轴立式铣床。

MILL 4-AXIS HMC：4 轴卧式铣床。

MILL 4-AXIS VMC：4 轴立式铣床。

MILL 5-AXIS TABLE-HEAD VERTICAL：5 轴立式铣床。

MILL 5-AXIS TABLE-HEAD HORIZONTAL：5 轴卧式铣床。

MILL DEFAULT：系统默认铣床。

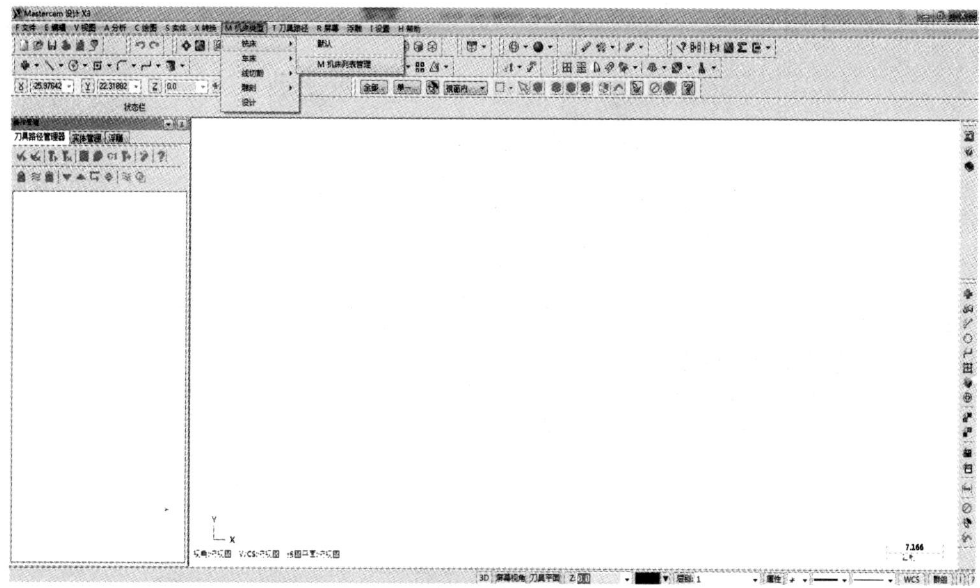

图 7-1-3 机床类型菜单

若需要选择其他类型铣床，则可以通过【自定义机床菜单管理】来完成。如图 7-1-4 所示，选择机床类型，将其增加到【自定义机床菜单列表】中。

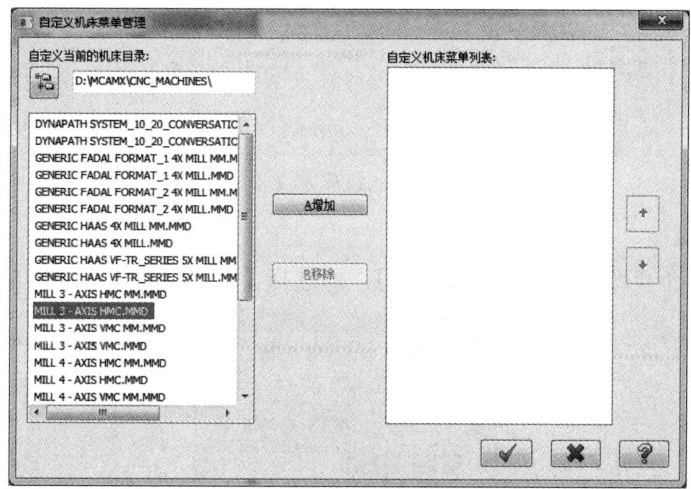

图 7-1-4 自定义机床菜单管理

(2) 车床。

选择【机床类型】|【车床】，系统弹出级联子菜单。车床主要有以下类型：

LATHE 2-AXIS:两轴车床。

LATHE C-AXIS MILL-TURN BASIC：带旋转台的 C 轴车床。

LATHE MULTI-AXIS MILL-TURN ADVANCED 2-2：带 2-2 旋转台的多轴车床。

LATHE MULTI-AXIS MILL-TURN ADVANCED 2-4-B：带 2-4-B 旋转台的多轴车床。

LATHE MULTI-AXIS MILL-TURN ADVANCED 2-4：带 2-4 旋转台的多轴车床。

2) 机床定义管理

选择【设置】|【机床定义管理器】，系统弹出如图 7-1-5 所示的【CNC 机床类型】对话框。

图 7-1-5 CNC 机床类型

选择一种机床类型后，系统弹出如图 7-1-6 所示的【机床定义管理】对话框。用户可以根据需要为机床增加某种配置或功能，单击 按钮完成配置。

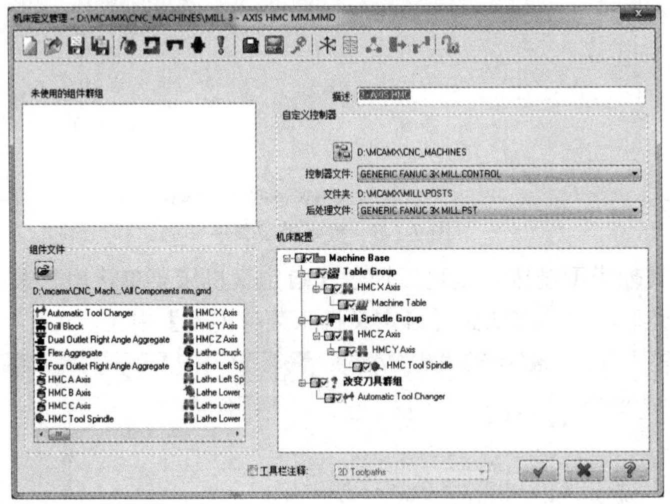

图 7-1-6 机床定义管理

2. 安全区域

在【刀具路径管理器】中选择【属性】，再选择【安全区域】，如图 7-1-7 所示。

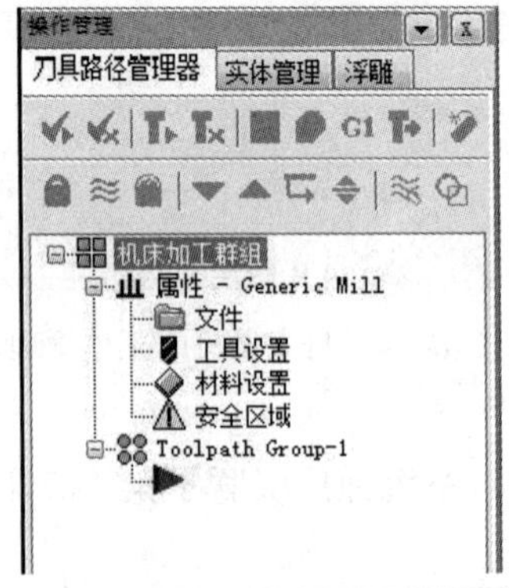

图 7-1-7 刀具路径管理器

打开【加工群组属性】对话框中的【安全区域】选项卡，可以根据需要设置安全区域的形状为立方体、球体或者圆柱体，并且进行相关参数设置，如图 7-1-8 所示。图中选项说明如下：

无：不设置安全区域。

显示安全区域：系统将在工件周围显示出安全区域。

安全区域视角：将安全区域以适合整个屏幕的方式显示。

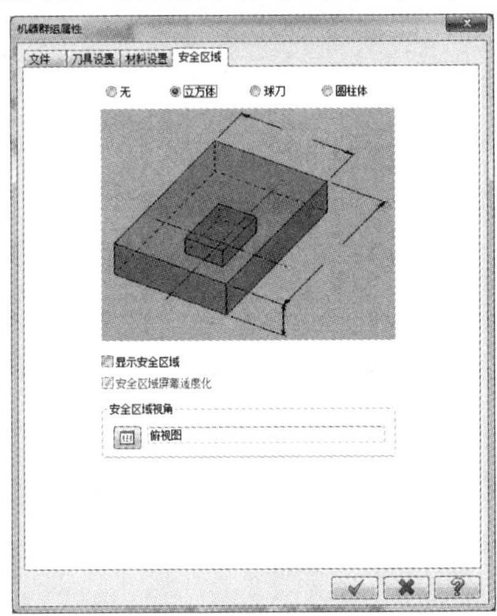

图 7-1-8　机器群组属性

【任务实施】

1. 工作任务分析

从任务图样分析看，加工难点主要是菱形凸台和圆柱凸台的加工以及凸台高度及孔的加工，需采用数控铣床加工；外形轮廓主要由直线、圆构成，图形构建简单；刀具材料宜选择硬质合金类的刀具；加工工艺可采用普通机床进行产品的毛坯加工，再用数控机床进行加工。本任务主要由以下步骤构成：

(1) 数控加工工艺方案的确定。

(2) 零件的 CAD 建模。

(3) 零件的 CAM 编程。

(4) 零件的加工模拟、优化，NC 程序、加工报表的生成。

2. 数控加工工艺方案的确定

零件造型简单，可采用机用平口虎钳进行夹紧。在具体加工过程中，考虑加工效率，一般先将所有工件的第一道数控工序加工完，再换工装，进行第二道工序的加工。每次加工完毕要去除毛刺，再进行检验。

具体数控加工工步主要分为：面铣上表面、铣菱形凸台及圆柱凸台平面、铣凸台轮廓、钻 $2\phi\times 16$ 孔、铰 $\phi 10$ 孔、铣外轮廓等。

3. 零件的 CAD 建模

(1) 绘制二维图形，先绘制矩形 150 × 100，再绘制 $\phi 36$ 圆与 $2\times\phi 10$ 圆。

(2) 计算直线与 X 轴夹角，绘制直线，将直线镜像，再绘制相距 140 的两条直线。

(3) 进行图形修剪。

零件的 CAD 建模如图 7-1-9 所示。

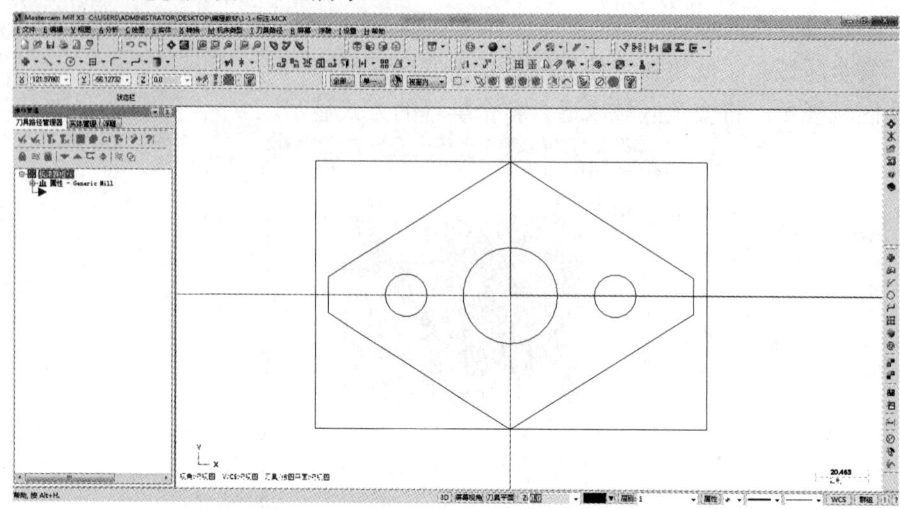

图 7-1-9　零件的 CAD 建模

4．零件的 CAM 编程

1) 选择机床

通过【机床类型】|【铣床】|【默认】选择数控铣床。

2) 材料设置

在刀具路径管理器中选择【机床群组】|【属性】|【材料设置】，进行工件参数设定。形状：立方体；显示：线架加工；素材原点：X = 0.0，Y = 0.0；Z = 1.0；毛坯尺寸：155 × 105 × 45。设置内容及显示结果如图 7-1-10 所示。

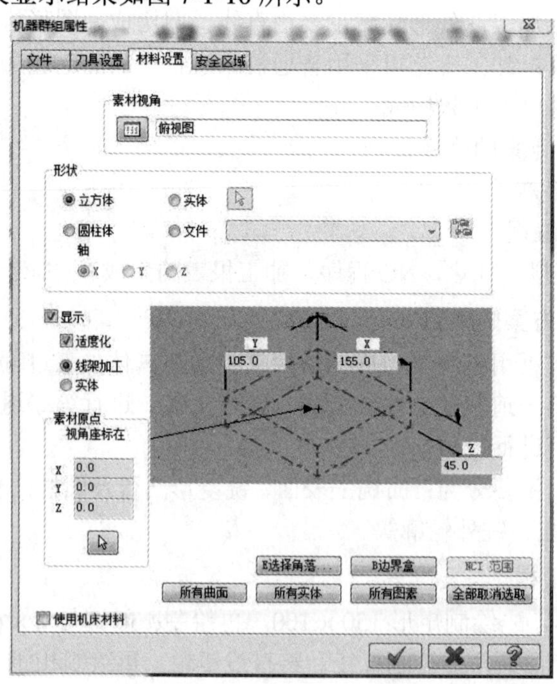

图 7-1-10　材料设置及显示结果

3) 刀具路径选择

(1) 面铣。选择【刀具路径】|【面铣】；在串联选项中选择【串联】方式；选择矩形作为轮廓线。

进入【平面加工】设置，刀具路径参数、平面铣削加工参数设置分别如图 7-1-11、图 7-1-12 所示。

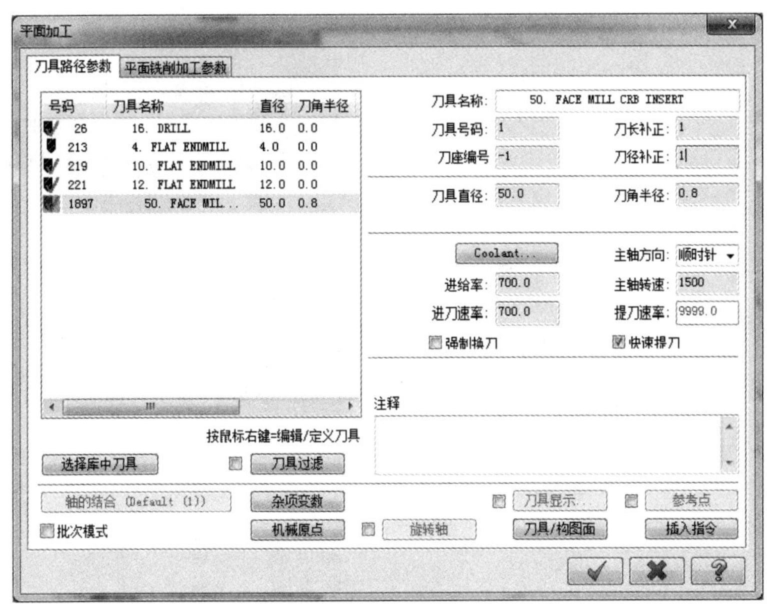

图 7-1-11　刀具路径参数设置

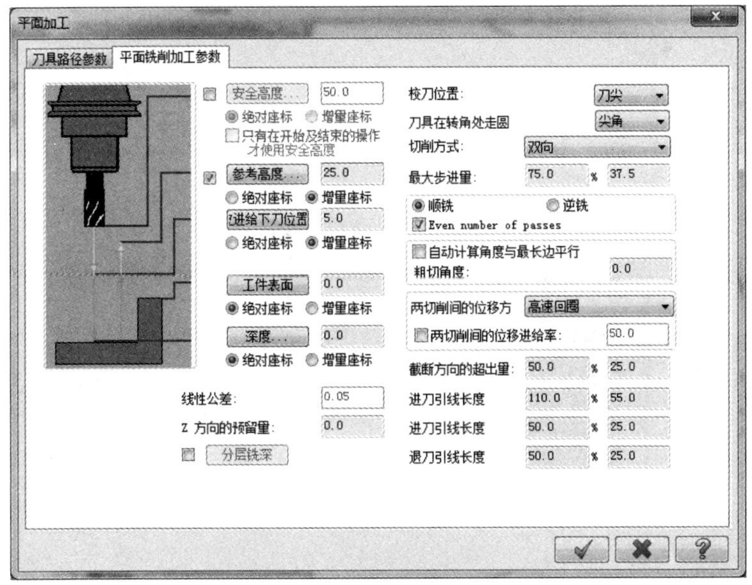

图 7-1-12　平面铣削加工参数设置

注意　深度：0；切削方式：双向。

生成的刀具路径及模拟加工结果如图 7-1-13 所示。

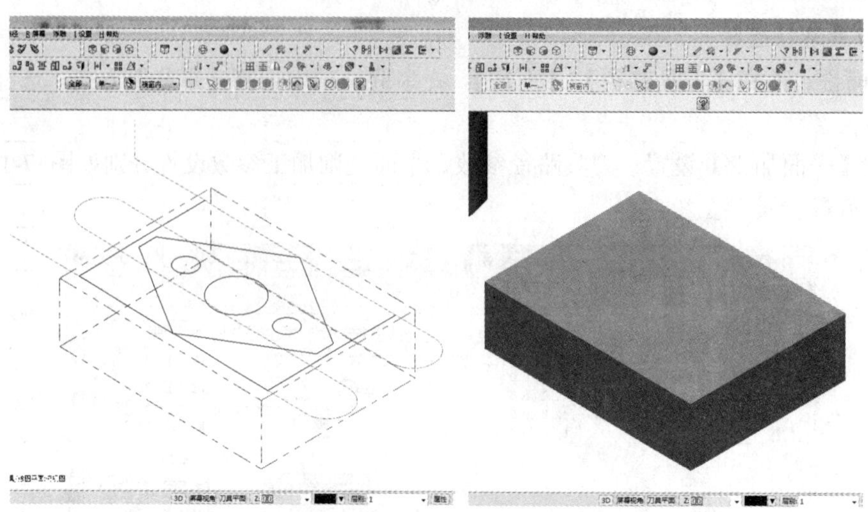

图 7-1-13　平面铣削刀具路径及模拟加工结果

(2) 钻孔。选择【刀具路径】|【钻孔】；选择两个ϕ10 圆的圆心点。

进入【钻孔加工】设置，刀具路径参数、深孔钻加工参数设置分别如图 7-1-14、图 7-1-15 所示。

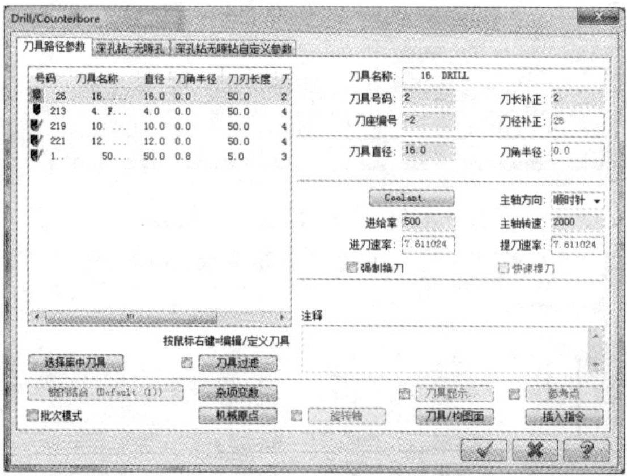

图 7-1-14　刀具路径参数设置

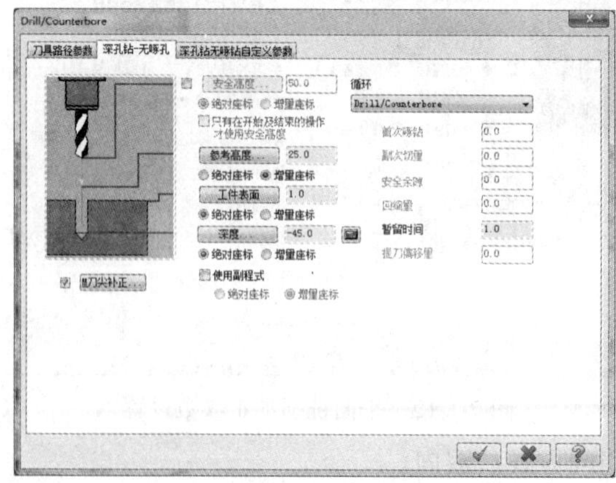

图 7-1-15　深孔钻加工参数设置

注意 选择刀尖补正；深度：−45.0；暂留时间：1。

生成的刀具路径及模拟加工结果如图 7-1-16 所示。

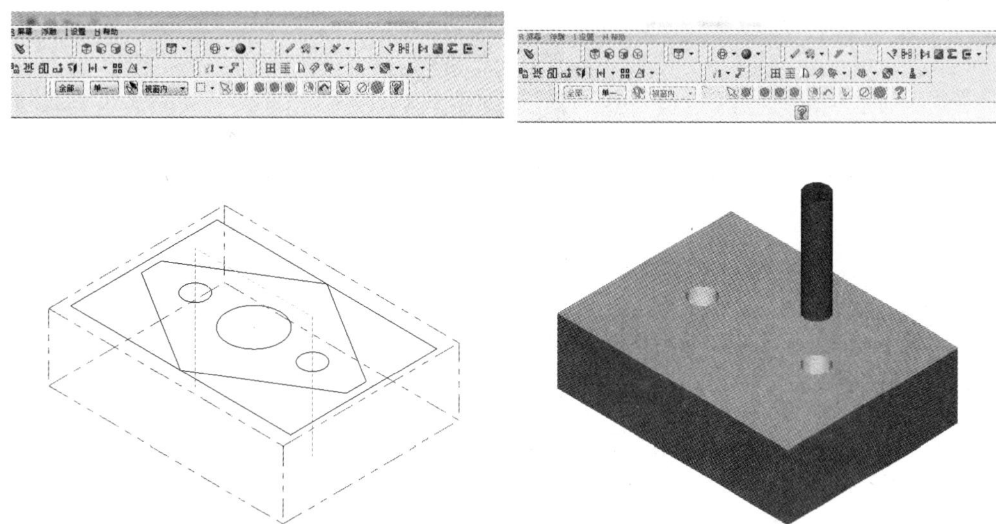

图 7-1-16 钻孔刀具路径及模拟加工结果

(3) 铣凸台。新建图层 2 并命名为【辅助轮廓】，如图 7-1-17 所示。

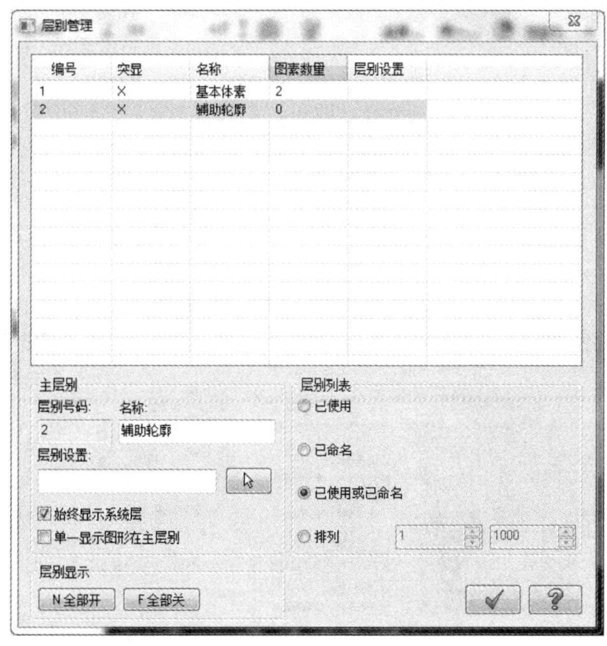

图 7-1-17 层别管理对话框

绘制 170 × 120 矩形。

选择【刀具路径】|【标准挖槽】，弹出【串联选择】对话框，如图 7-1-18 所示。点击【串联选择方式】，选择 170 × 120 矩形、ϕ16 圆。

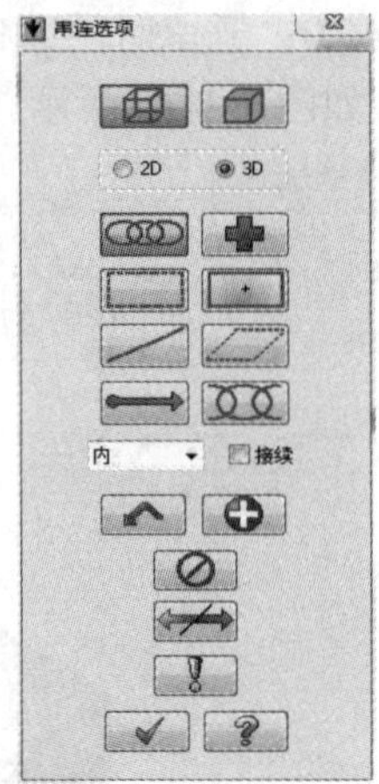

图 7-1-18　串联选择对话框

进入【挖槽】对话框，刀具路径参数、2D 挖槽参数设置分别如图 7-1-19、图 7-1-20 所示。

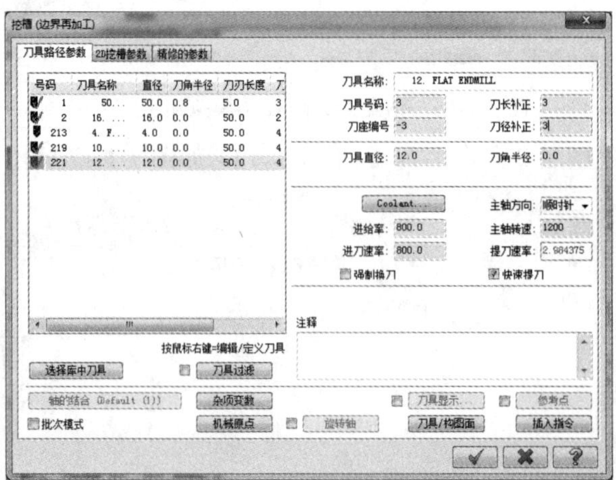

图 7-1-19　刀具路径参数设置

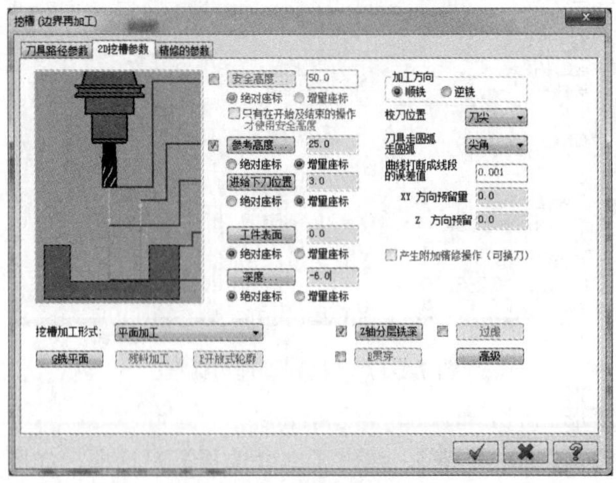

图 7-1-20　2D 挖槽参数设置

勾选并点击【Z 轴分层铣深】，弹出【深度切削】对话框，参数设置如图 7-1-21 所示。

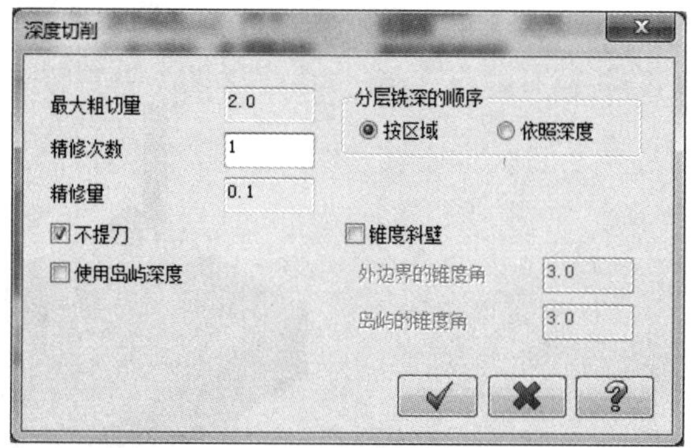

图 7-1-21 深度切削参数设置

在【精修的参数】选项卡中，切削方式选择【等距环切】；勾选【精加工】，次数：1 次，间距：0.1；勾选【不提刀】，如图 7-1-22 所示。

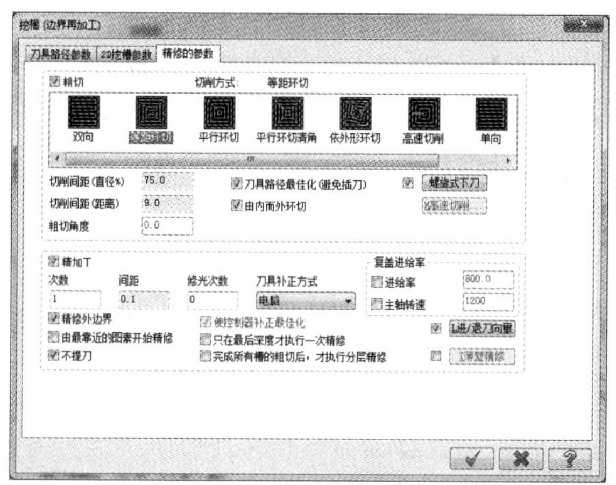

图 7-1-22 精修的参数设置

勾选并点击【螺旋式下刀】后，在弹出的【螺旋/斜插式下刀参数】对话框中，设置参数，如图 7-1-23 所示。

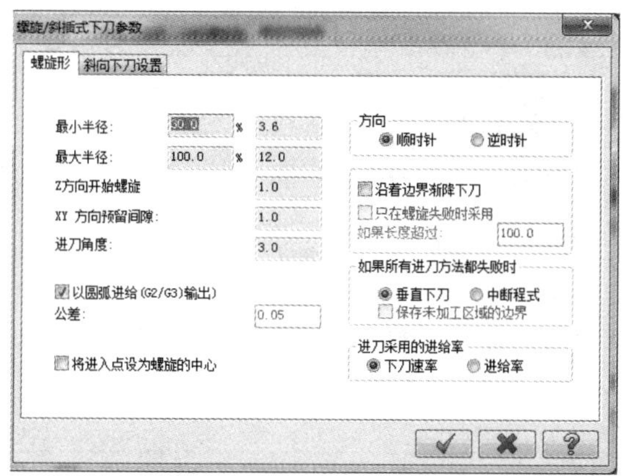

图 7-1-23 螺旋式下刀的参数设置

关闭图层 2。生成的刀具路径及模拟加工结果如图 7-1-24 所示。

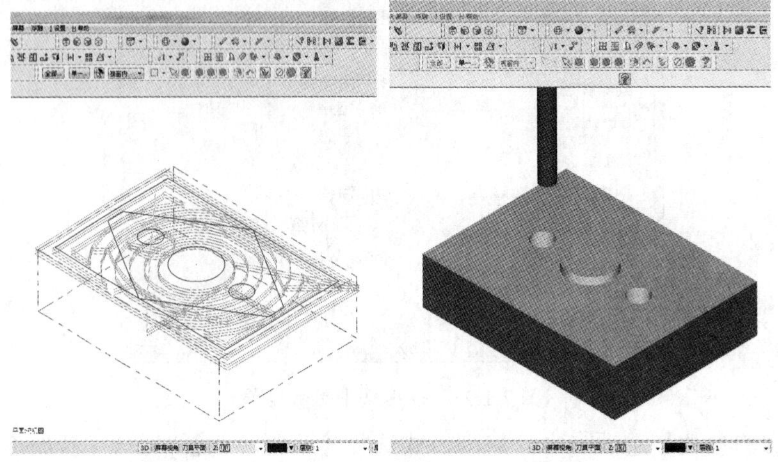

图 7-1-24　挖槽刀具路径及模拟加工结果

(4) 铣菱形凸台。打开图层 2。选择【刀具路径】|【标准挖槽】，在弹出的【串联选择】对话框中点击【串联选择方式】，再选择 170 × 120 矩形、菱形。

进入【挖槽】设置，刀具路径参数、2D 挖槽参数设置分别如图 7-1-25、图 7-1-26 所示。

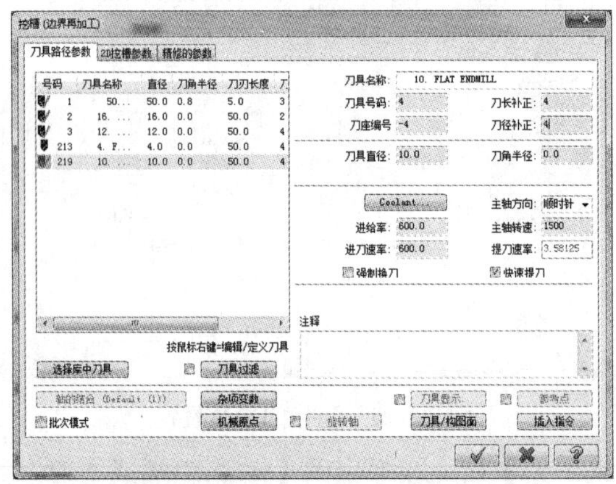

图 7-1-25　刀具路径参数设置

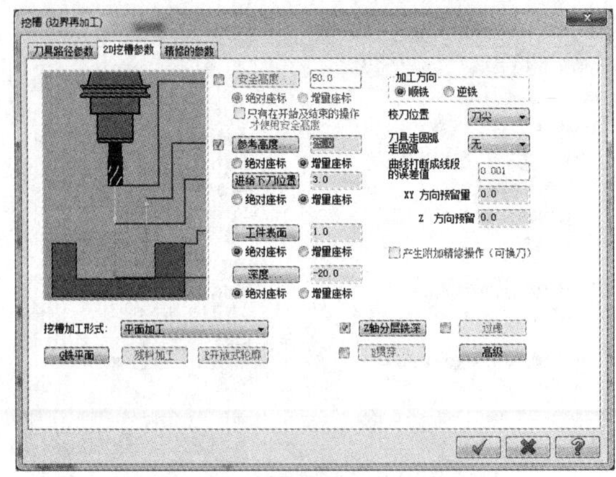

图 7-1-26　2D 挖槽参数设置

勾选并单击【Z 轴分层铣深】，弹出【深度切削】对话框，参数设置如图 7-1-27 所示。

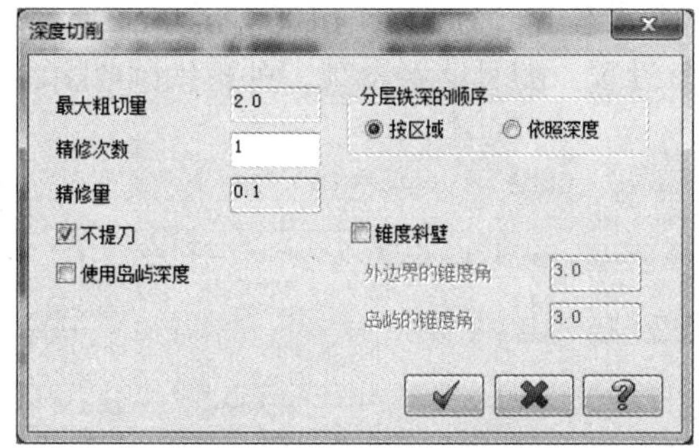

图 7-1-27 【深度切削】参数设置

【精修的参数】中，切削方式选择【等距环切】；勾选【精加工】，次数：1 次，间距：0.1；勾选【不提刀】，如图 7-1-28 所示。

图 7-1-28 精修的参数设置

勾选并点击【螺旋式下刀】，进行参数设置。生成的刀具路径及模拟加工结果如图 7-1-29 所示。

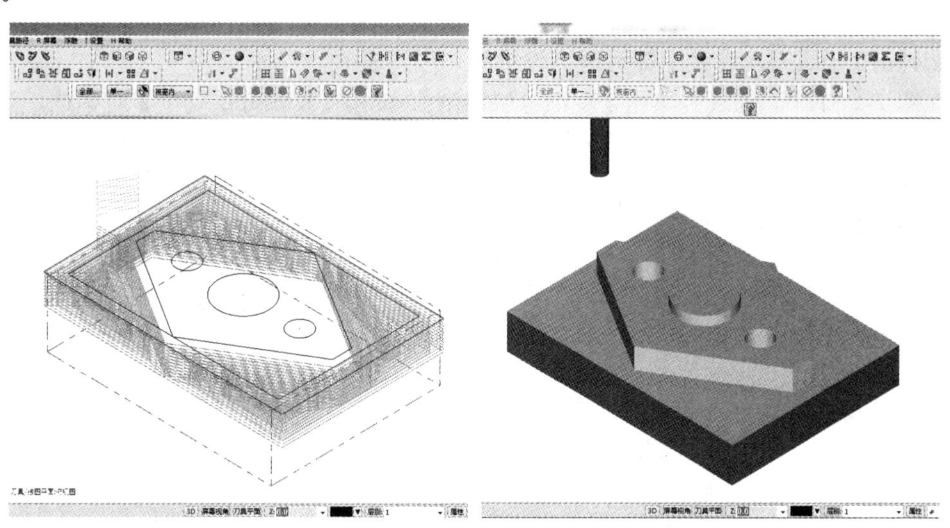

图 7-1-29 挖槽刀具路径及模拟加工结果

(5) 外形铣削。关闭图层 2。选择【刀具路径】|【外形铣削】，在弹出的【串联选择】对话框中点击【串联这样方式】，再选择 150 × 100 矩形。

进入【外形铣削 2D】设置，刀具路径参数、外形铣削(2D)参数设置分别如图 7-1-30、图 7-1-31 所示。

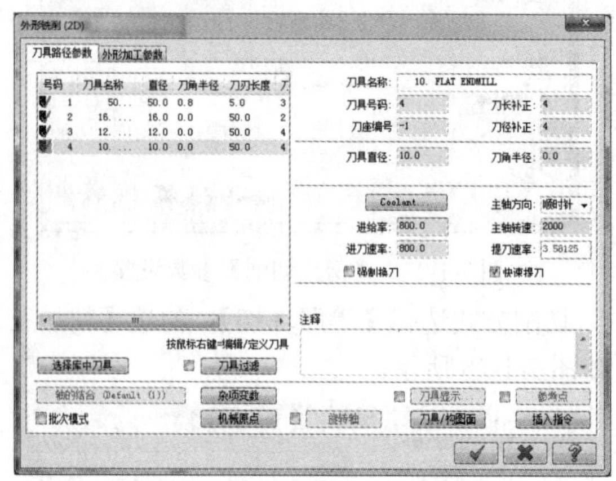

图 7-1-30　刀具路径参数设置

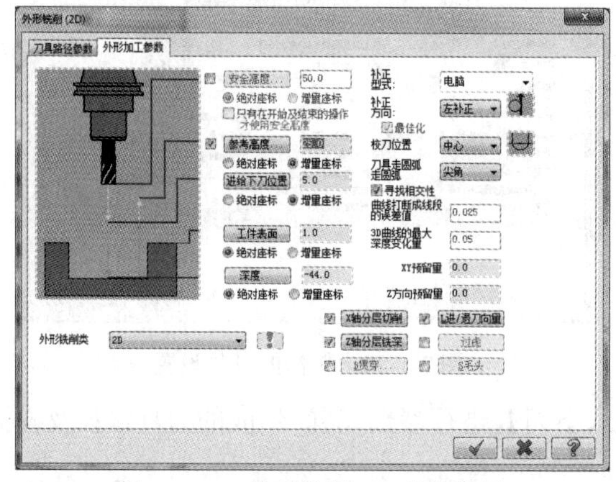

图 7-1-31　外形铣削(2D)参数设置

选择ϕ10 平底刀，设置主轴转速、进给率、进刀速率。

在图 7-1-31 中，勾选并单击【X 轴分层切削】，弹出【X 轴分层切削】对话框，参数设置如图 7-1-32 所示；勾选并单击【Z 轴分层铣深】，弹出【深度切削】对话框，参数设置如图 7-1-33 所示。

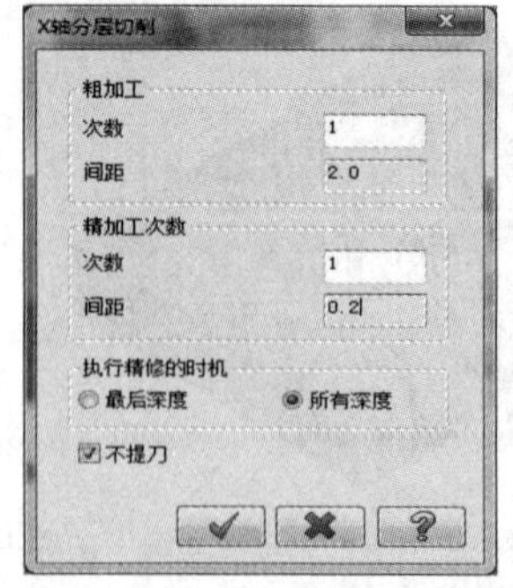

图 7-1-32　X 轴分层切削参数设置

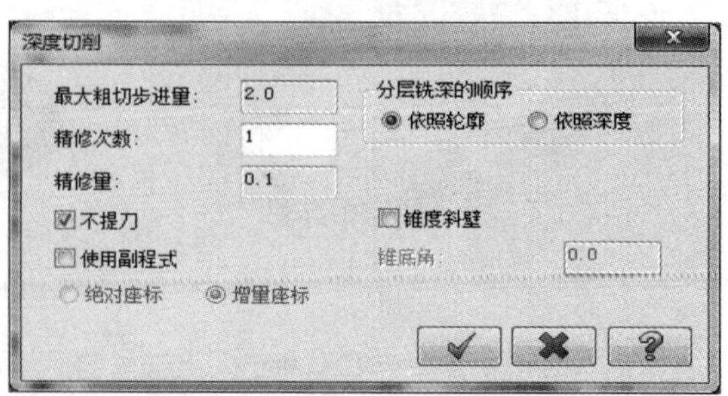

图 7-1-33　深度切削参数设置

生成刀具路径如图 7-1-34 所示。

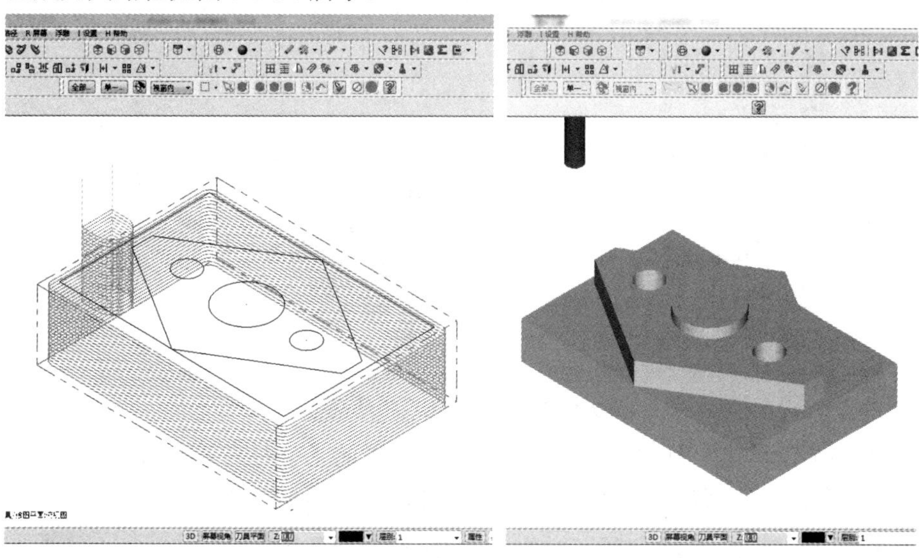

图 7-1-34　外形铣削刀具路径及模拟加工结果

4) 零件的加工模拟与优化、NC程序的生成

(1) 零件的加工模拟。在【刀具路径管理器】中，选择所有刀具的路径，如图 7-1-35 所示。

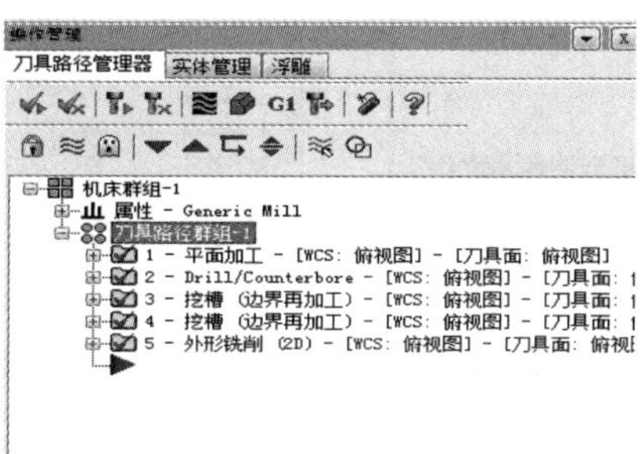

图 7-1-35　刀具路径管理器

单击【刀具路径管理器】中的【验证已选择的操作】按钮，如图 7-1-36 所示，进行实体仿真加工，零件加工模拟结果如图 7-1-37 所示。

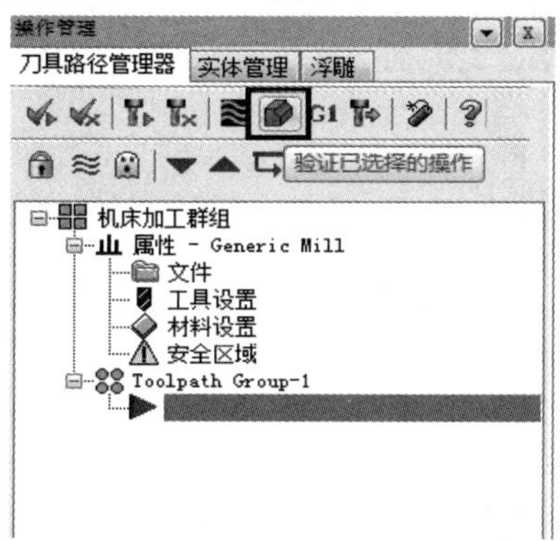

图 7-1-36　刀具路径管理器

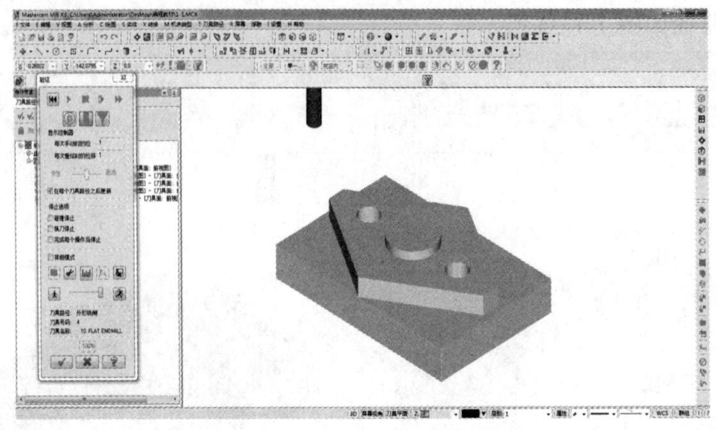

图 7-1-37　零件加工模拟结果

(2) 零件的加工优化。单击【刀具路径管理器】中的【省时高效率加工】按钮，如图 7-1-38 所示，可以对刀具路径、切削参数进行优化，如图 7-1-39 所示。

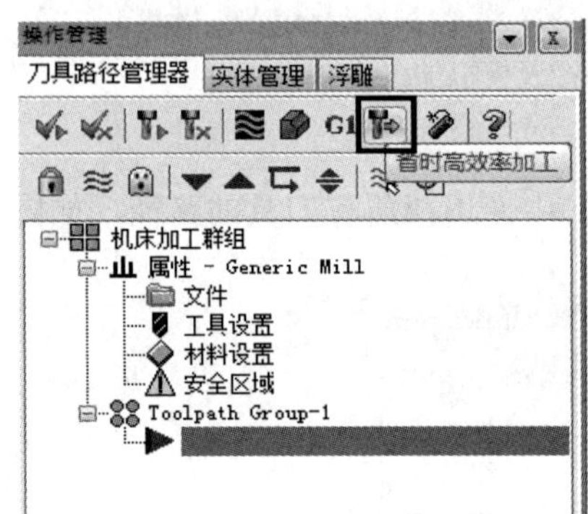

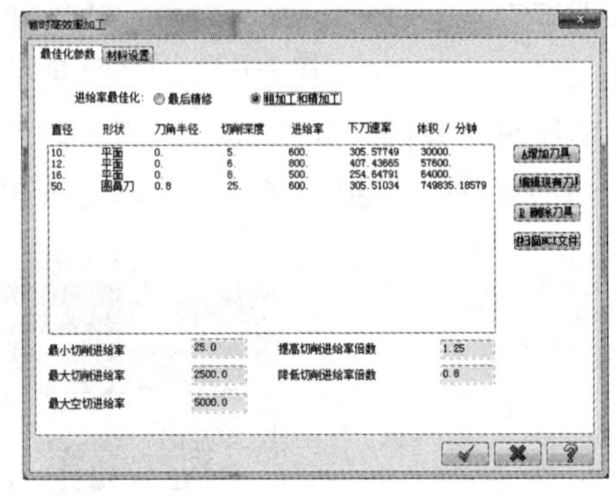

图 7-1-38　刀具路径管理器　　　　图 7-1-39　零件加工优化设置

(3) NC 程序的生成。刀路经检查无误后，根据数控机床的数控系统类型执行对应的后处理，生成机床能识别的 NC 程序。生成的 NC 程序可以是一次生成，也可以部分生成，需根据具体情况来确定。

单击【后处理已选择的操作】，弹出【后处理程式】对话框，如图 7-1-40 所示。设置完成后可出现图 7-1-41 所示的界面。

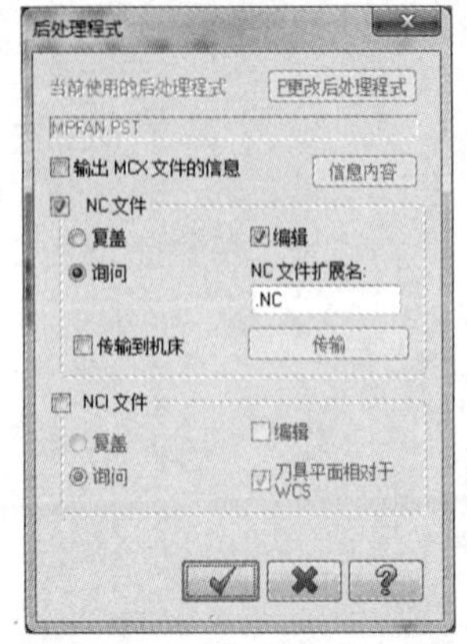

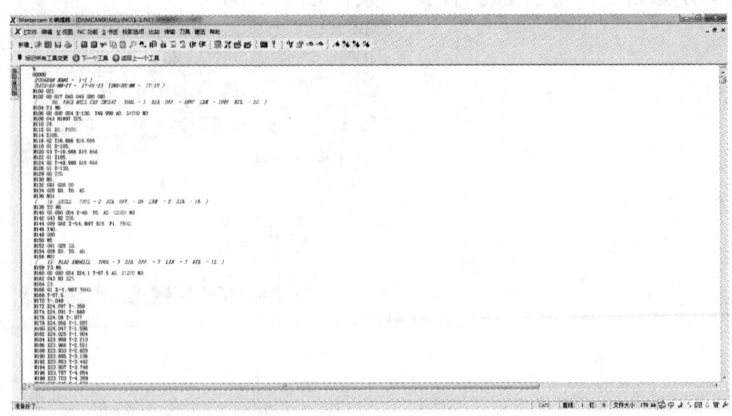

图 7-1-40　后处理程式设置　　　　图 7-1-41　后处理程式界面

【任务评价】

(1) 独立完成示例任务的 CAM 造型、刀具路径选择、NC 程序的生成。(20 分)

(2) 独立完成 5 个相同难度零件的 CAM 造型、刀具路径选择、NC 程序的生成。(60 分)

(3) 独立完成零件数控加工工艺分析。(10 分)

(4) 独立完成 NC 程序修改。(10 分)

【任务总结】

整理 MasterCAM 源文件，撰写报告。报告内容包括工艺分析、实施过程、在实施过程中掌握了什么知识、学会了什么技能、发现了什么技巧、出现了什么问题、如何解决问题、遇到的问题怎样改进、尝试了什么创新、创新的结果等。

【任务拓展】

按图 7-1-42 所示的工件图样完成加工操作。工件教材为 45 钢，毛坯尺寸为ϕ120 × 45 mm。

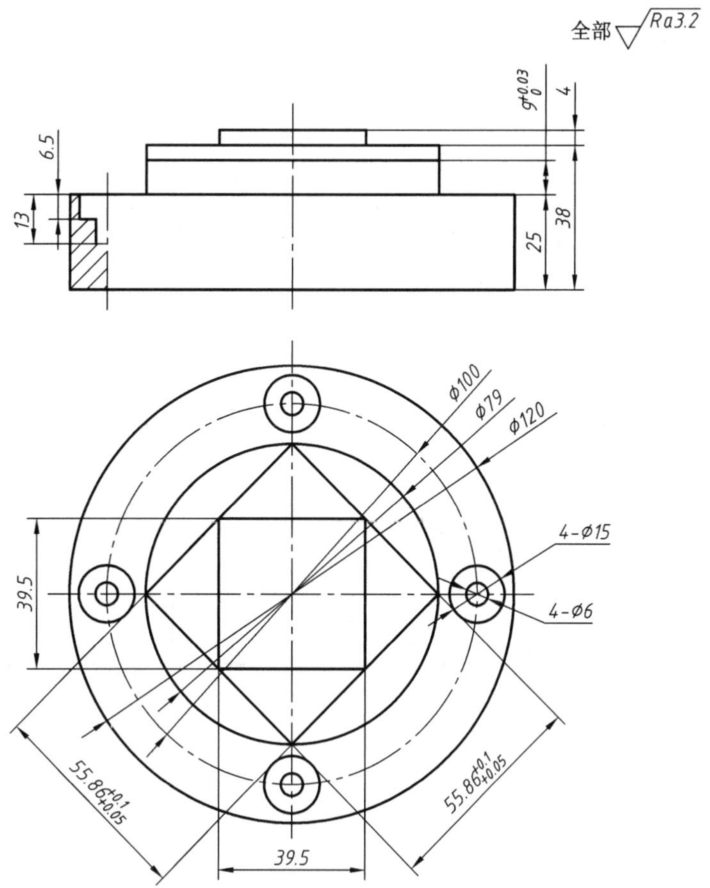

图 7-1-42 数控铣床中级工操作技能拓展训练图

任务二　数控铣床高级工操作技能训练

【任务目标】

(1) 了解 MasterCAM 数控加工的基本原理和思路。

(2) 熟悉 MasterCAM X 数控加工的一般流程。

(3) 掌握工件、材料和刀具参数的设置方法。

【任务引入】

按工件图样(见图 7-2-1)完成加工操作，工件材料为 45 钢，毛坯尺寸为ϕ80 × 30 mm。

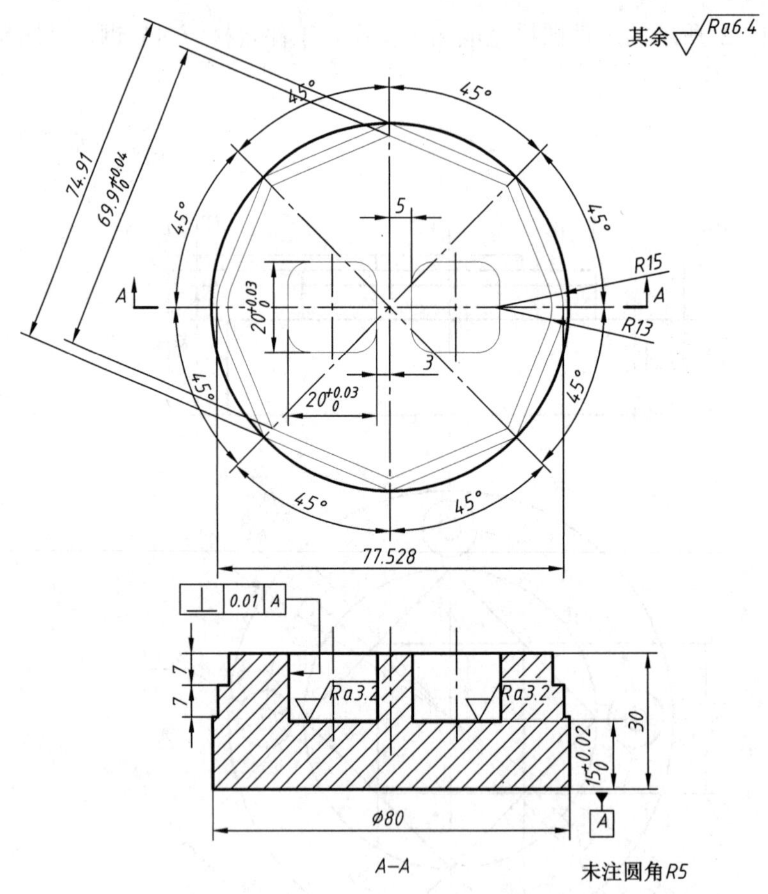

图 7-2-1　数控铣床高级工操作技能训练

【相关知识】

同任务一的内容。

【任务实施】

1. 工作任务分析

从任务图样分析看，加工难点主要是两个八边形凸台、型腔的加工，需采用数控铣床加工；外形轮廓主要由直线、圆构成，图形构建简单；刀具材料宜选择硬质合金类的刀具；加工工艺可采用普通机床进行产品的毛坯加工，再用数控机床进行加工。本任务主要由以下步骤构成：

(1) 数控加工工艺方案的确定。

(2) 零件的 CAD 建模。

(3) 零件的 CAM 编程。

(4) 零件的加工模拟、优化，NC 程序、加工报表的生成。

2. 数控加工工艺方案的确定

零件造型简单，可采用三爪卡盘进行夹紧。在具体加工过程中，考虑加工效率，一般先将所有工件的第一道数控工序加工完，再换工装，进行第二道工序的加工。每次加工完毕要去除毛刺，再进行检验。

具体数控加工工步主要分为：面铣上表面、铣两个八边形凸台及圆柱凸台平面、铣型腔、精加工等。

3. 零件的 CAD 建模

(1) 绘制二维图形，先绘制 ϕ80 圆，再绘制内接八边形；绘制内接圆，半径为 40；对八边形倒 R15 圆角。

(2) 对八边形进行串联补正，补正距离为 2.5，得到第二个八边形。

(3) 通过矩形形状设置，定义中心点坐标的方式，绘制两个矩形。

零件的 CAD 建模图形如图 7-2-2 所示。

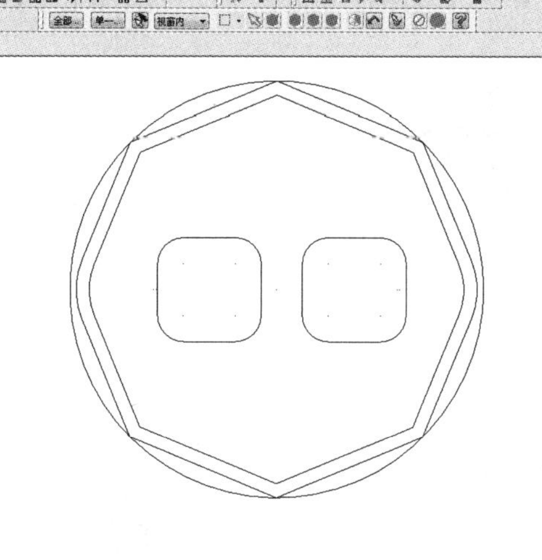

图 7-2-2　零件的 CAD 建模图形

4. 零件的 CAM 编程

1) 选择机床

通过【机床类型】|【铣床】|【默认】选择数控铣床。

2) 材料设置

在刀具路径管理器中选择【机床群组】|【属性】|【材料设置】，进行工件参数设定。形状：圆柱体；轴方向：Z；显示：线架加工；素材原点：X=0.0，Y=0.0；Z=−34.0；毛坯尺寸：$\phi 90\times 35$。设置内容及显示结果如图 7-2-3 所示。

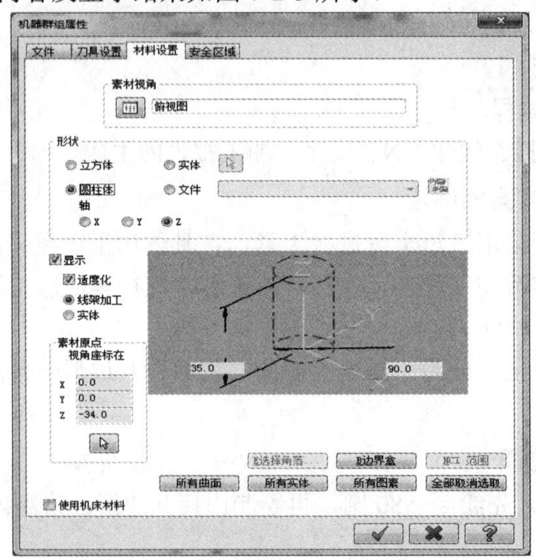

图 7-2-3　材料设置及显示结果

3) 刀具路径选择

(1) 面铣。选择【刀具路径】|【面铣】；在串联选项中选择【串联】方式；选择$\phi 90$作为轮廓线。

进入【平面加工】设置，刀具路径参数、平面铣削加工参数设置分别如图 7-2-4、图 7-2-5 所示。

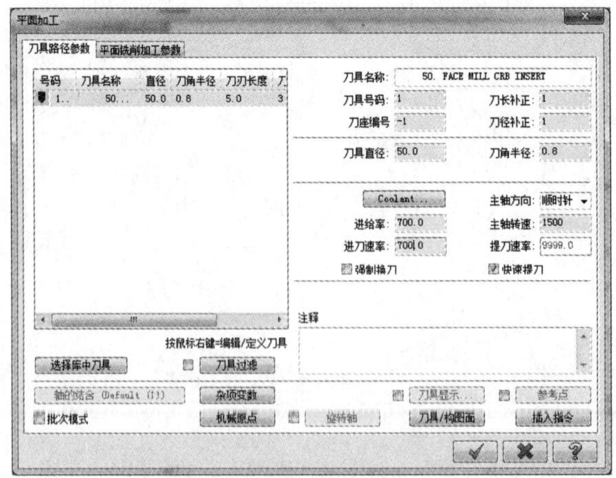

图 7-2-4　刀具路径参数设置

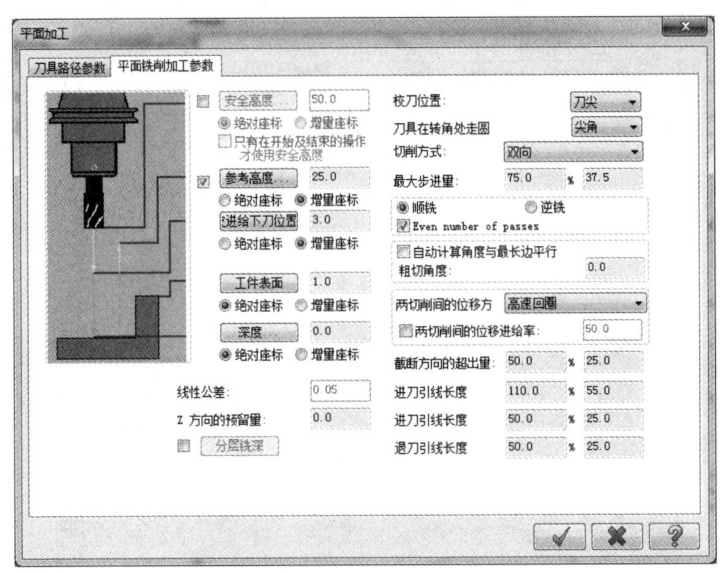

图 7-2-5　平面铣削加工参数设置

注意　深度：0；切削方式：双向。

生成的刀具路径及模拟加工结果如图 7-2-6 所示。

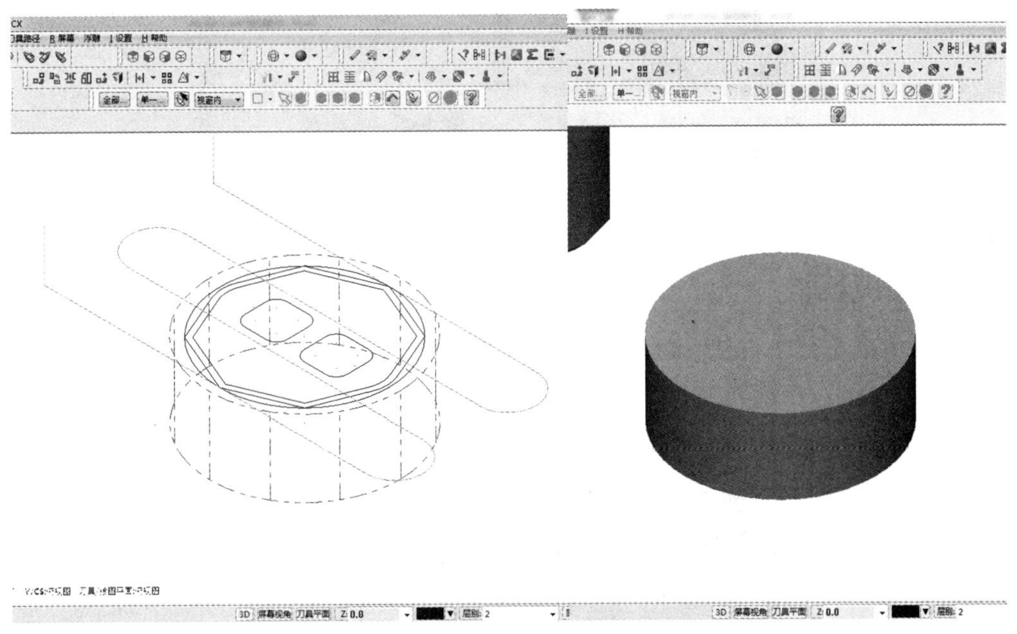

图 7-2-6　平面铣削刀具路径及模拟加工结果

(2) 铣小八边形凸台。新建图层 4 并命名为【辅助轮廓】；绘制ϕ95 圆。

选择【刀具路径】|【标准挖槽】，在弹出的【串联选择】对话框中点击【串联选择方式】，再选择ϕ95 圆、小八边形。

进入【挖槽】对话框，刀具路径参数、2D 挖槽参数设置分别如图 7-2-7、图 7-2-8 所示。

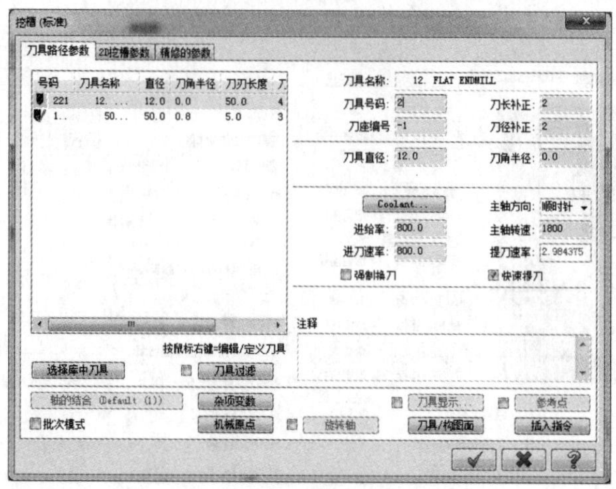

图 7-2-7　刀具路径参数设置

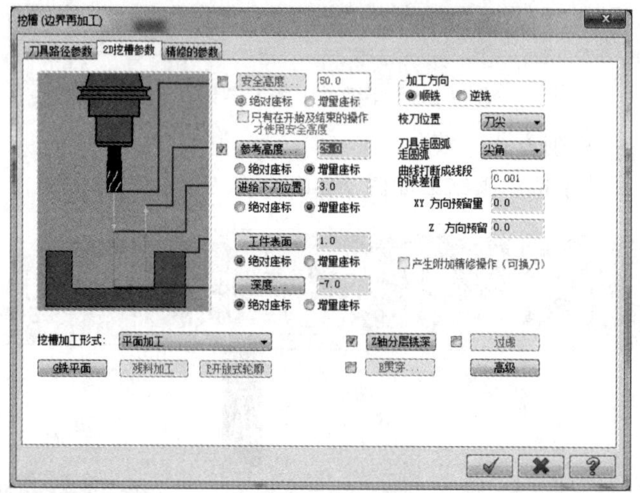

图 7-2-8　2D 挖槽参数设置

勾选并单击【Z 轴分层铣深】，弹出【深度切削】对话框，参数设置如图 7-2-9 所示。

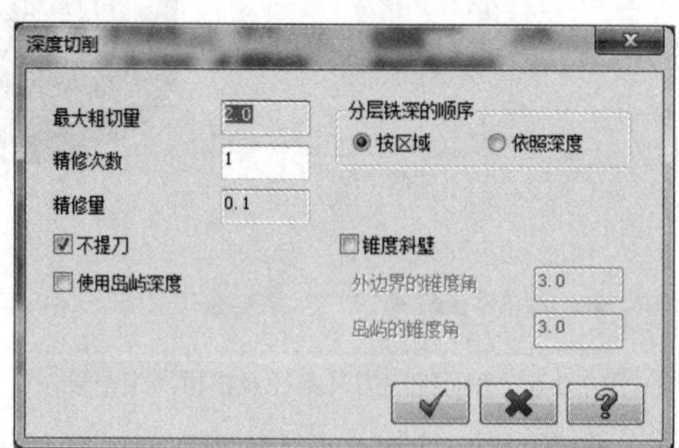

图 7-2-9　Z 轴分层铣深最大粗切量参数设置

在【精修的参数】选项卡中，切削方式选择【等距环切】；勾选【精加工】，次数：1 次，间距：0.1；勾选【不提刀】，如图 7-2-10 所示。

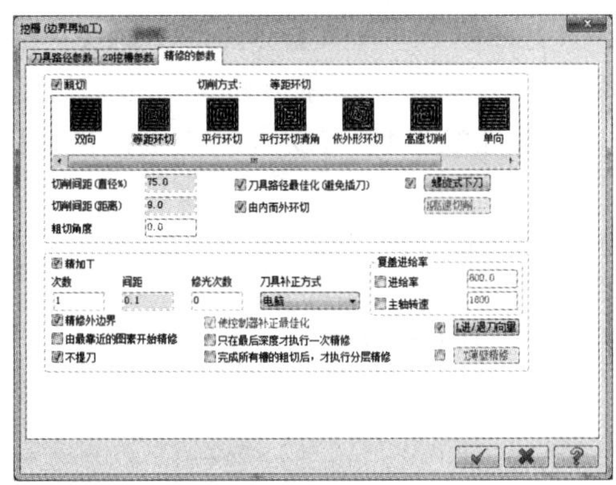

图 7-2-10 精修的参数设置

勾选并点击【螺旋式下刀】，弹出【螺旋/斜插式下刀参数】对话框，参数设置如图 7-2-11 所示。

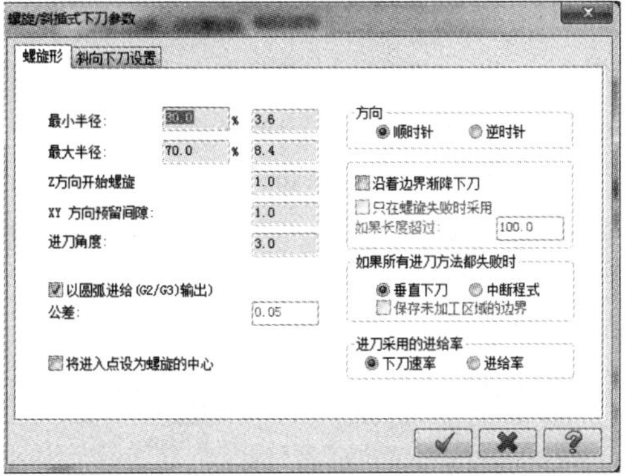

图 7-2-11 螺旋式下刀的参数设置

关闭图层 4。生成的刀具路径及模拟加工结果如图 7-2-12 所示。

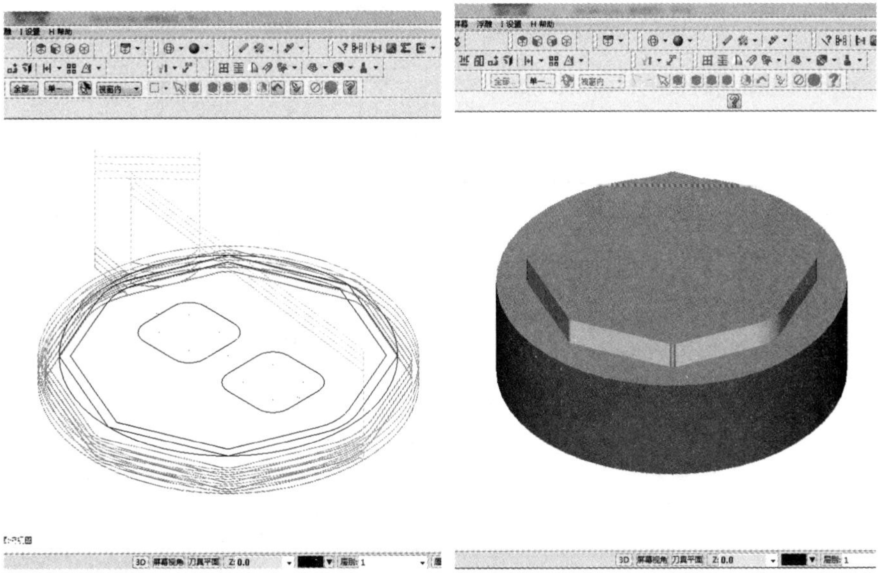

图 7-2-12 挖槽刀具路径及模拟加工结果

(3) 铣大八边形凸台。打开图层 2。选择【刀具路径】|【标准挖槽】，在弹出的【串联选择】对话框中点击【串联选择方式】，再选择ϕ95 圆、大八边形。

进入【挖槽】对话框，刀具路径参数、2D 挖槽参数设置分别如图 7-2-13、图 7-2-14 所示。

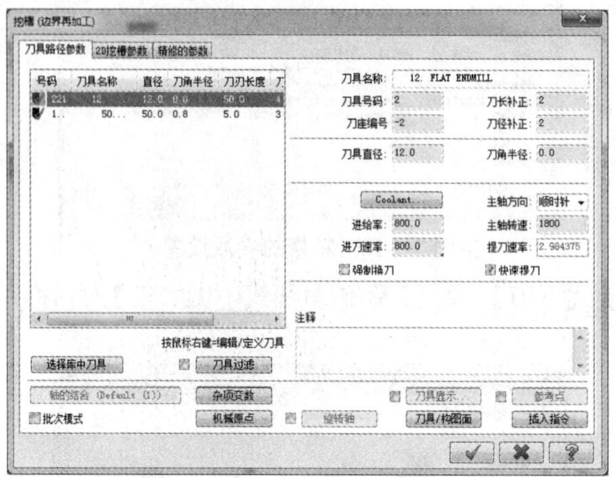

图 7-2-13　刀具路径参数设置

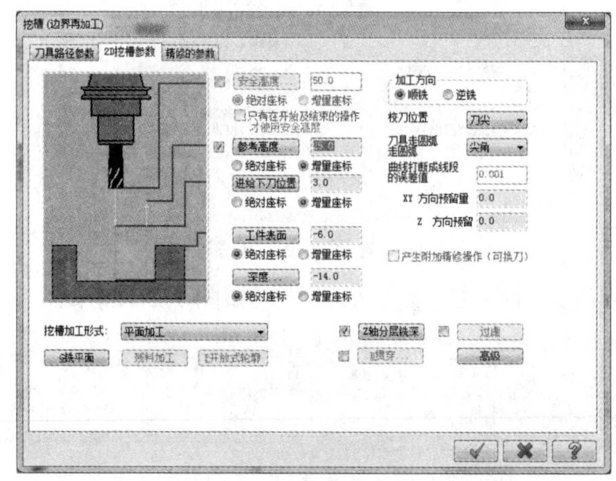

图 7-2-14　2D 挖槽参数设置

勾选并单击【Z 轴分层铣深】，弹出【深度切削】对话框，参数设置如图 7-2-15 所示。

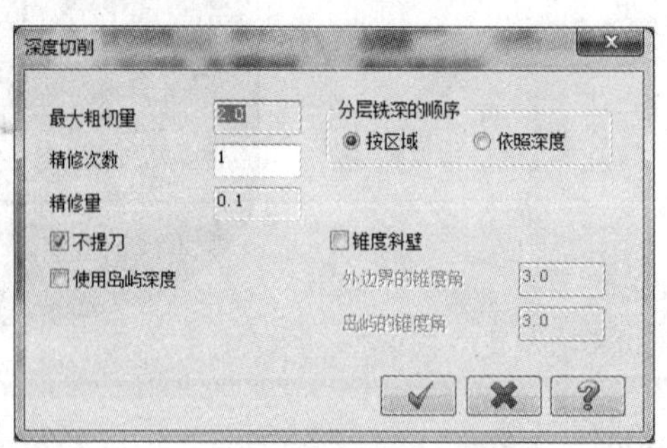

图 7-2-15　【深度切削】参数设置

精修的参数中设置同上一步，在此省略。

生成的刀具路径及模拟加工结果如图 7-2-16 所示。

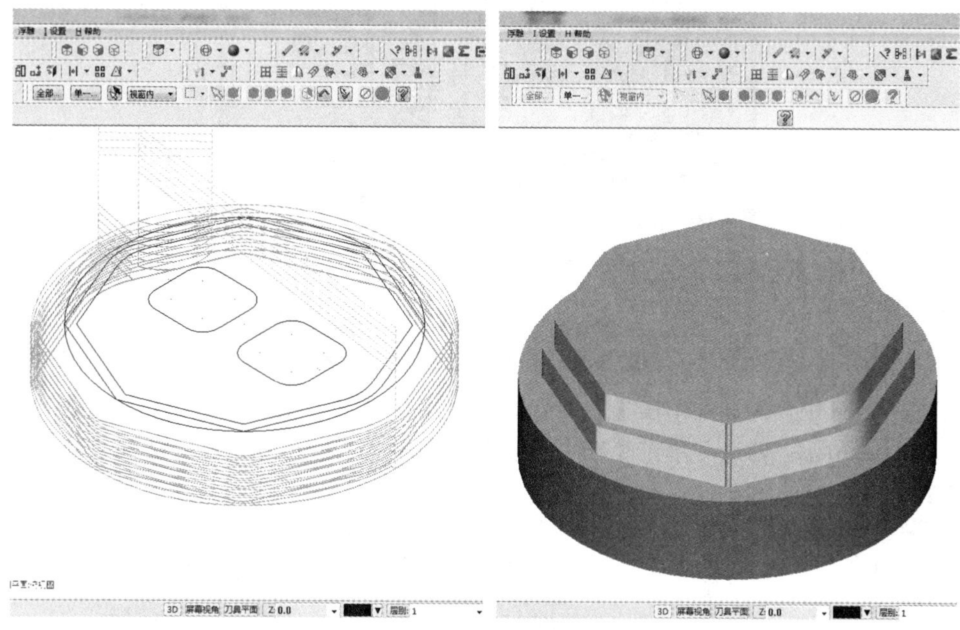

图 7-2-16　挖槽刀具路径及模拟加工结果

(4) 外形铣削。关闭图层 4。将 ϕ80 圆在中点处打断。

选择【刀具路径】|【外形铣削】，在弹出的【串联选择】对话框中点击【串联选择方式】，再选择 ϕ80 圆。

进入【外形铣削(2D)】对话框，刀具路径参数、外形加工参数设置分别如图 7-2-17、图 7-2-18 所示。

选择ϕ12 平底刀，设置主轴转速、进给率、进刀速率。

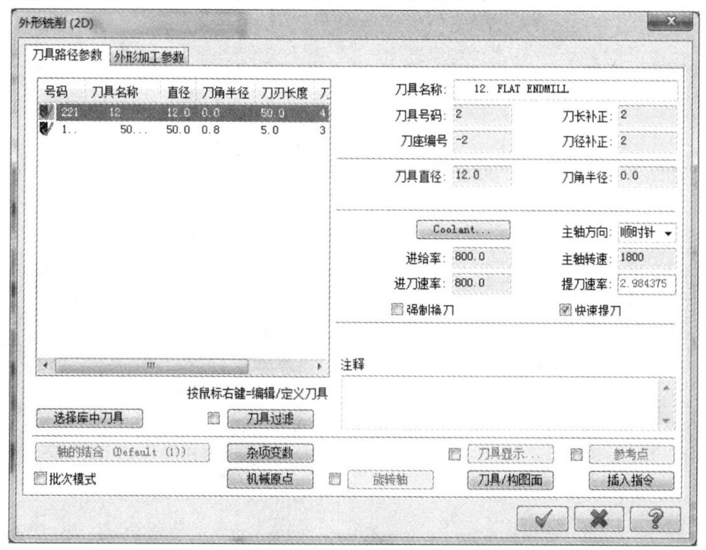

图 7-2-17　刀具路径参数设置

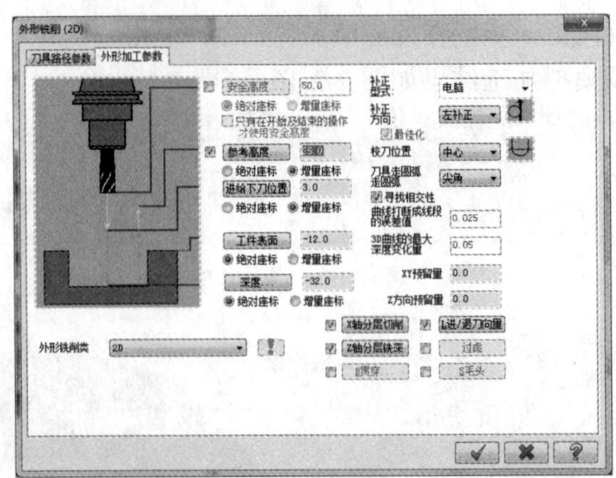

图 7-2-18　外形铣削 2D 参数设置

在图 7-2-18 中，勾选并单击【X 轴分层切削】，弹出【X 轴分层切削】对话框，参数设置如图 7-2-19 所示；勾选并单击【Z 轴分层铣深】，弹出【深度切削】对话框，参数设置如图 7-2-20 所示。

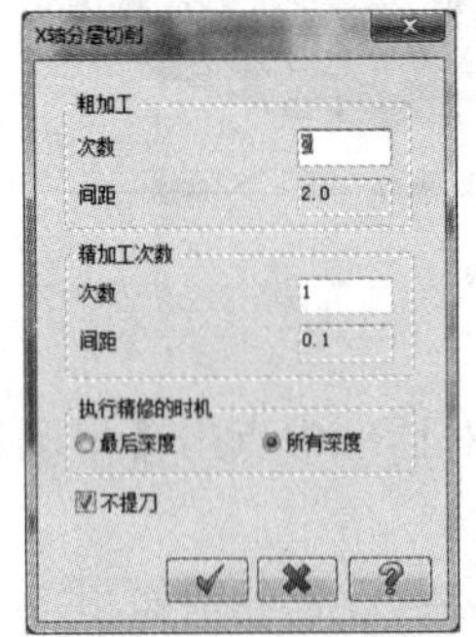

图 7-2-19　X 轴分层切削参数设置

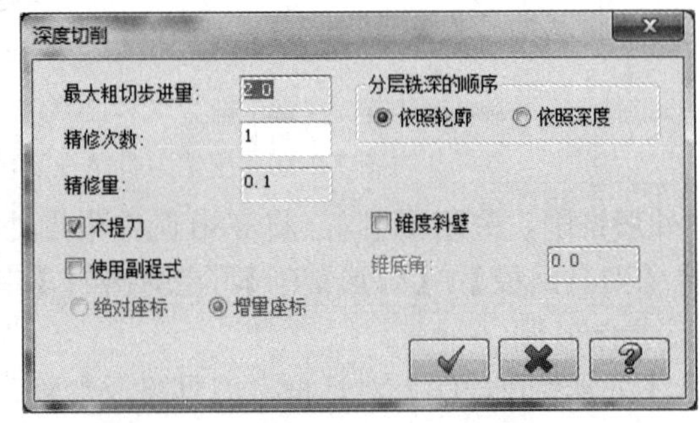

图 7-2-20　Z 轴分层铣深参数设置

生成的刀具路径及模拟加工结果如图 7-2-21 所示。

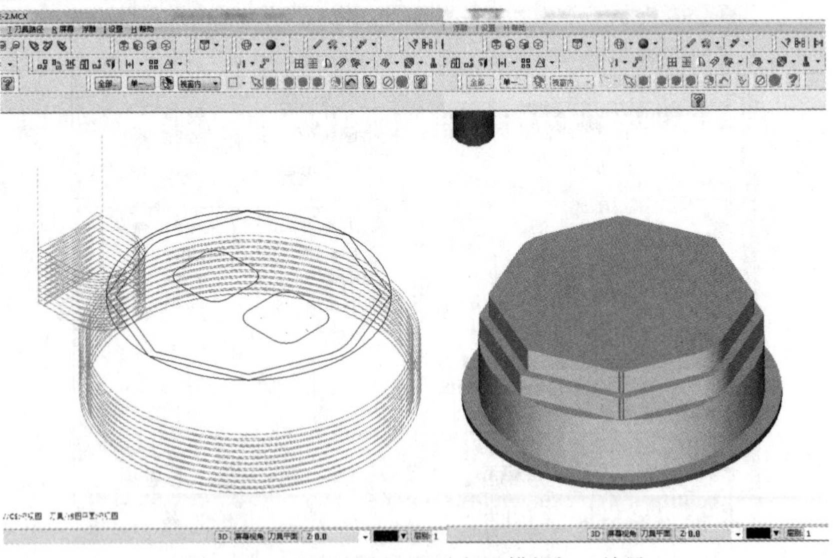

图 7-2-21　外形铣削刀具路径及模拟加工结果

(5) 铣型腔。选择【刀具路径】|【标准挖槽】，在弹出的【串联选择】对话框中点击【串联选择方式】，再选择两个矩形。

进入【挖槽】对话框，刀具路径参数、2D 挖槽参数设置分别如图 7-2-22、图 7-2-23 所示。

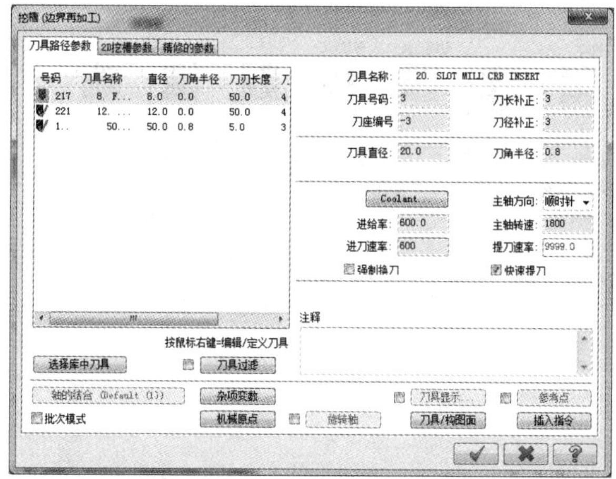

图 7-2-22　刀具路径参数设置

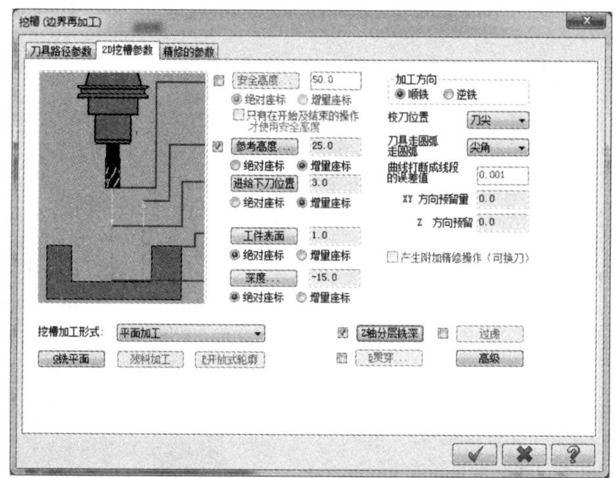

图 7-2-23　2D 挖槽参数设置

勾选并单击【Z 轴分层铣深】，弹出【深度切削】对话框，参数设置如图 7-2-24 所示。

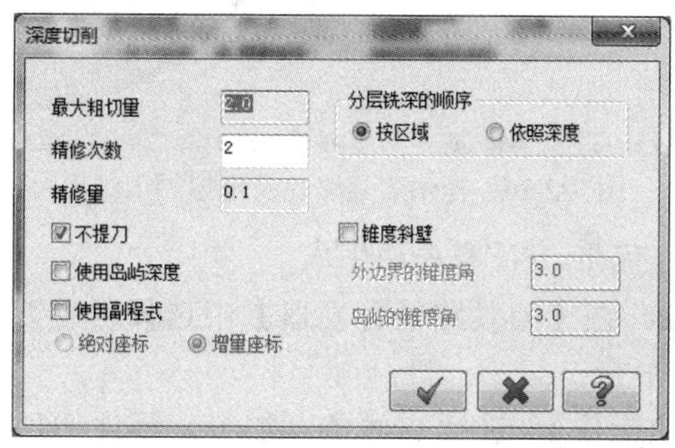

图 7-2-24　【深度切削】参数设置

在【精修的参数】选项卡中，切削方式：等距环切；精加工次数：2，间距：0.1；勾选【刀具路径最佳化(避免插刀)】、【螺旋式下刀】，其他参数设置与之前的相同，如图 7-2-25 所示。

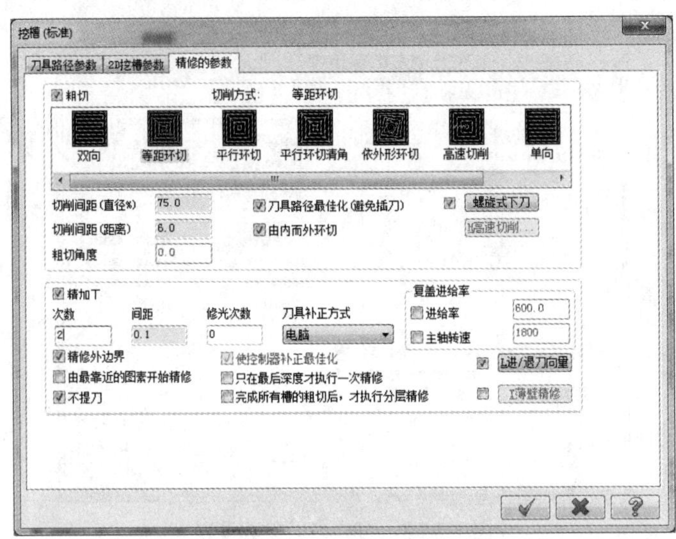

图 7-2-25　精修的参数设置

生成的刀具路径及模拟加工结果如图 7-2-26 所示。

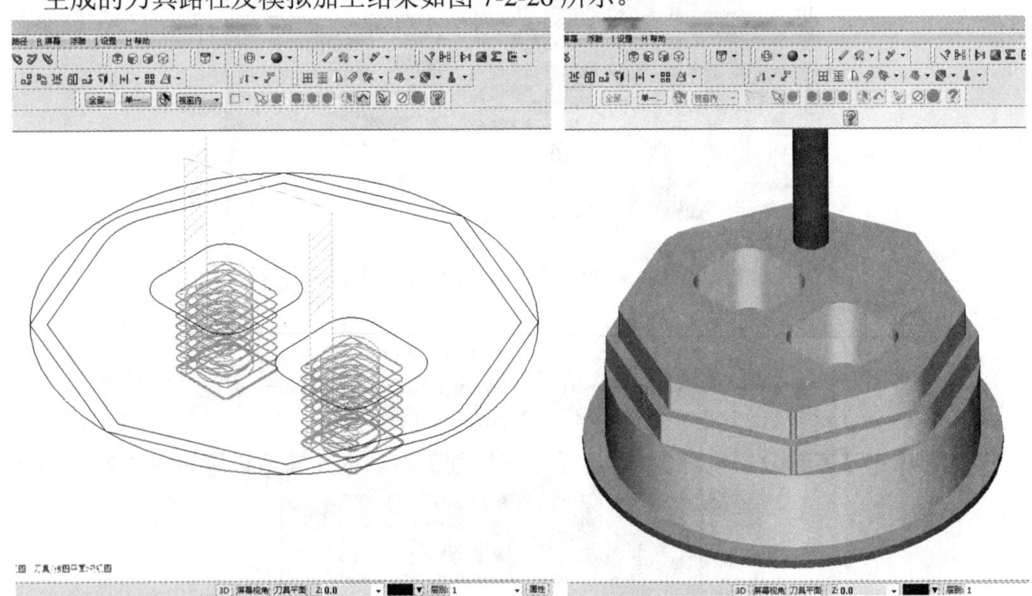

图 7-2-26　挖槽刀具路径及模拟加工结果

4) 零件的加工模拟、优化，NC程序的生成

(1) 零件的加工模拟。在【刀具路径管理器】中选择所有刀具的路径，如图 7-2-27 所示。

单击【验证已选择的操作】，进行实体仿真加工，零件的加工模拟结果如图 7-2-28 所示。

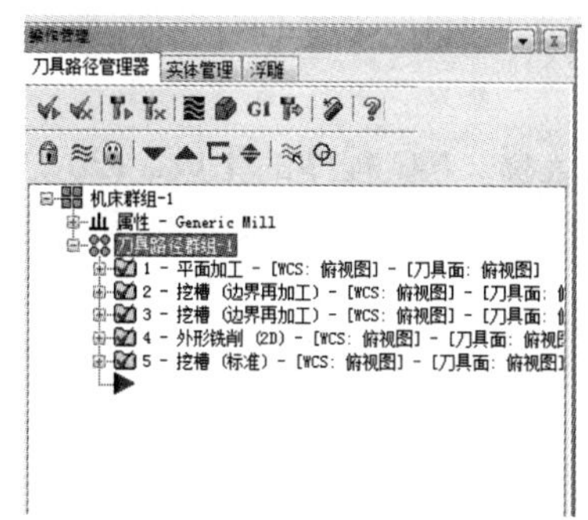

图 7-2-27 刀具路径管理器

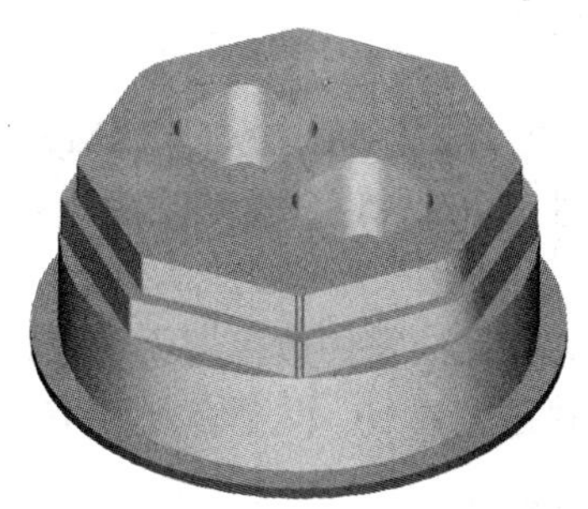
图 7-2-28 零件加工模拟结果

(2) 零件的加工优化。单击【省时高效率加工】，在【最佳化参数】中对刀具路径、切削参数进行优化，如图 7-2-29 所示。

(3) NC 程序的生成。刀路经检查无误后，根据数控机床的数控系统类型，执行对应的后处理，生成机床能识别的 NC 程序。在生成 NC 程序可以一次生成，也可以部分生成，需根据具体情况来确定。

单击【刀具管理器】中的【后处理已选择的操作】按钮，弹出如图 7-2-30 所示的对话框。

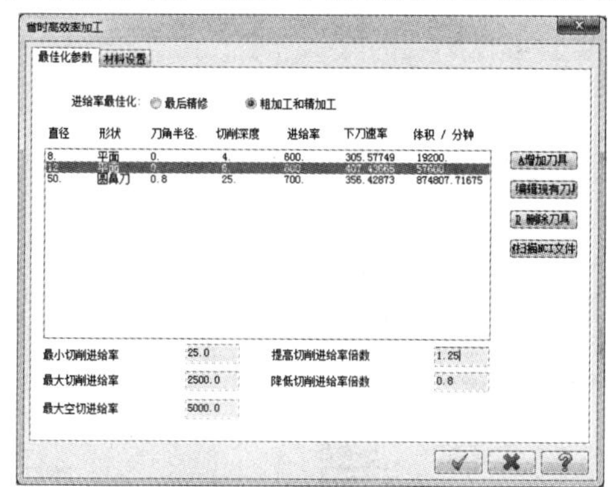

图 7-2-29 零件加工优化设置

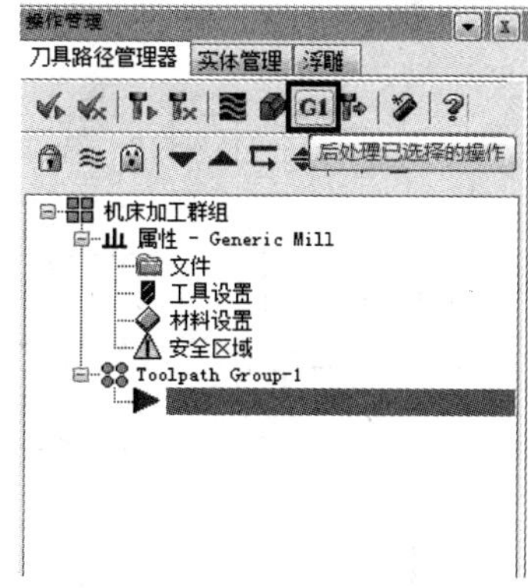

图 7-2-30 刀具路径管理器

根据所使用的机床数控系统，修改部分程序，如图 7-2-31 所示。

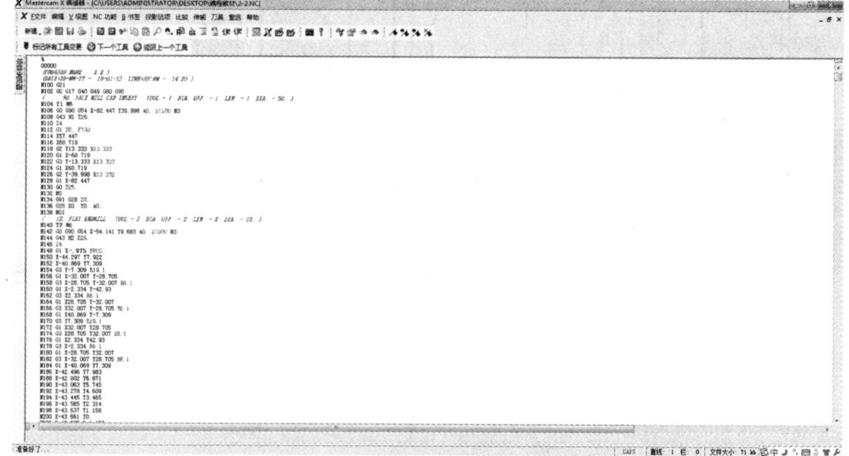
图 7-2-31 后处理程式界面

【任务评价】

(1) 独立完成示例任务的CAM造型、刀具路径选择、NC程序的生成。(20分)

(2) 独立完成5个相同难度零件的CAM造型、刀具路径选择、NC程序的生成。(60分)

(3) 独立完成零件数控加工工艺分析。(10分)

(4) 独立完成NC程序修改。(10分)

【任务总结】

整理MasterCAM源文件，撰写报告。报告内容包括工艺分析、实施过程、在实施过程中掌握了什么知识、学会了什么技能、发现了什么技巧、出现了什么问题、如何解决问题、遇到的问题怎样改进、尝试了什么创新、创新的结果等。

【任务拓展】

按图7-2-32所示的工件图样完成加工操作。工件材料为45钢，毛坯尺寸为120 mm × 80 mm × 35 mm。

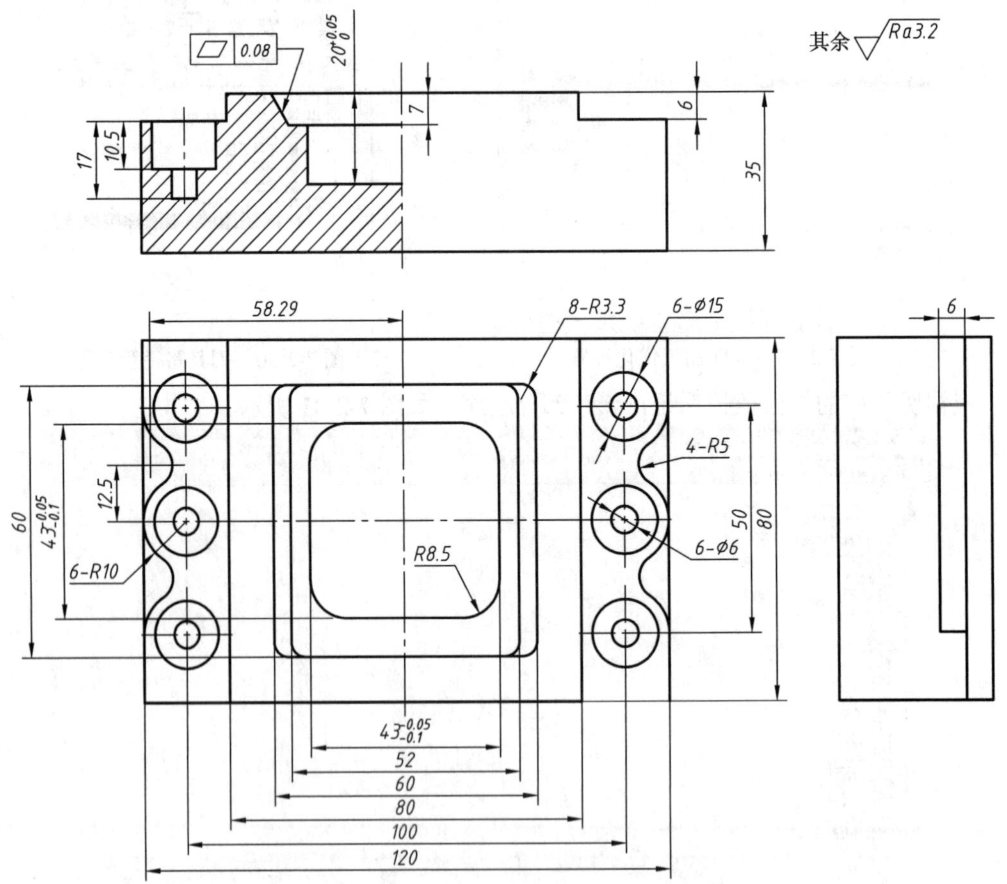

图7-2-32　数控铣床高级工操作技能拓展训练图

第三部分

数控仿真篇

项目八　SINUMERIK 802D 数控车床仿真操作

任务一　数控车床的对刀

【任务目标】

(1) 熟悉 SINUMERIK 802D 数控车床的面板操作。

(2) 掌握 SINUMERIK 802D 数控车床的对刀操作。

【任务引入】

通过面板操作建立如图 8-1-1 所示的工件坐标系。

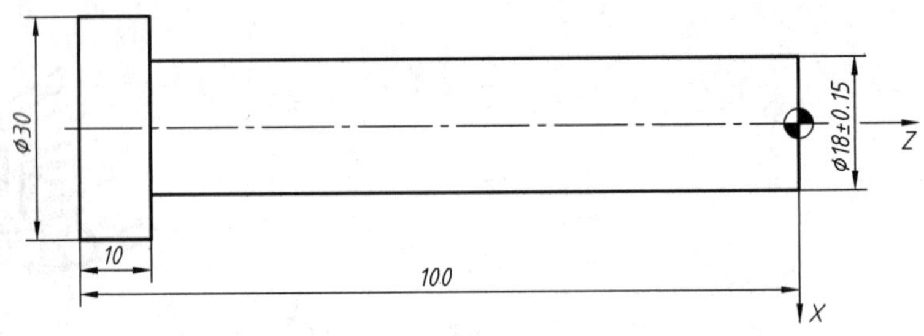

图 8-1-1　数控车床对刀

【相关知识】

SINUMERIK 802D 提供了两种对刀方法：用测量工件方式对刀和使用长度偏移法对刀。

注：机床坐标系的选定影响着对刀时的计算方法。SINUMERIK 802D 系统提供了两种不同的机床坐标系设定办法，一种是以卡盘底面中心为机床坐标系原点，一种是以刀具参考点为机床坐标系原点。用户可根据自己的需要选择适当的机床坐标系。下面介绍对刀方式时均采用的卡盘底面中心为机床坐标系原点。

创建刀具、设置当前刀具的具体过程如下：

在操作面板上点击 Off Para 按钮进入参数设置界面，点击软键 刀具表 打开刀具列表，检查当前是否有需要的刀具参数。如果没有，则需要创建新刀具，具体操作过程可参考刀具参数管理。

点击 M 按钮进入手动操作界面，如图 8-1-2 所示。

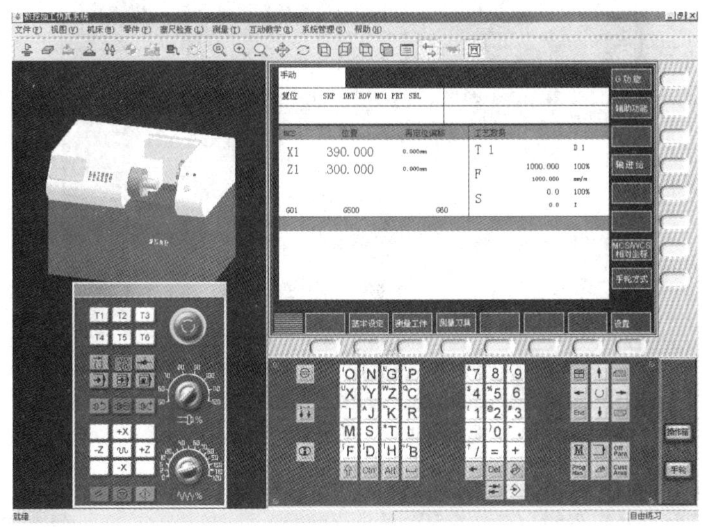

图 8-1-2　手动操作界面

此时通过点击按钮进入 MDA 方式，在图 8-1-3 所示的界面中输入换刀指令"T01D01"，然后依次点击和按钮来运行 MDA 程序。

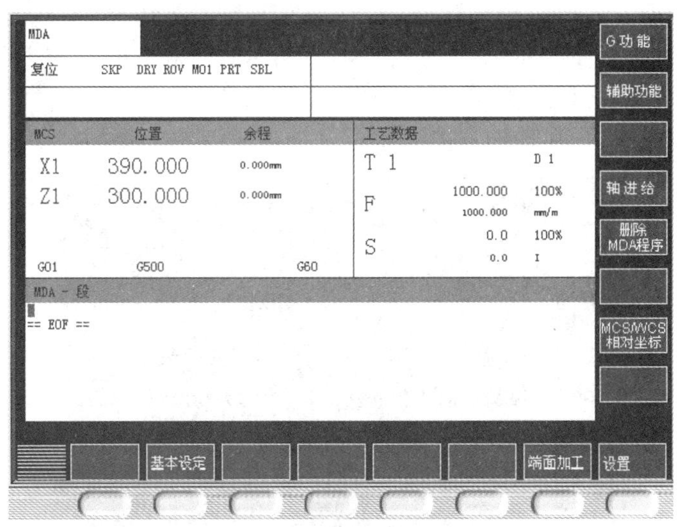

图 8-1-3　输入指令界面

一、用测量工件方式对刀

此方式对刀是用所选的刀具试切零件的外圆和端面，经过测量和计算得到零件端面中心点的坐标值。具体操作过程如下：

(1) 点击操作面板上的手动方式按钮，切换到手动状态，适当点击方向移动按钮 -X +X +Z -Z，使刀具移动到可切削零件的大致位置。

(2) 点击操作面板上的主轴正转按钮或主轴反转按钮，控制主轴的转动。

(3) 点击软键 测量工件，进入"工件测量"对话框，如图 8-1-4 所示。

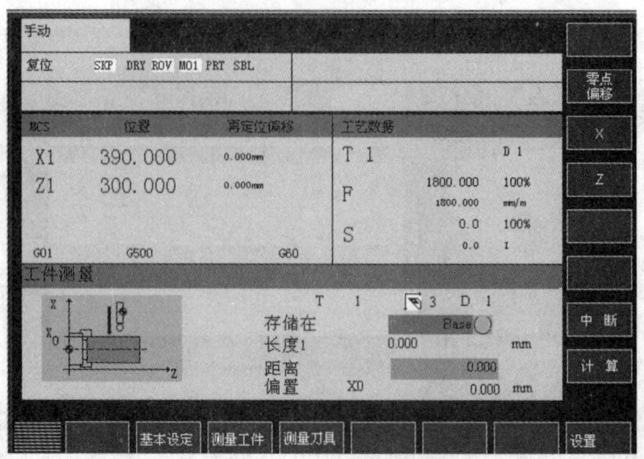

图 8-1-4　工作测量对话框

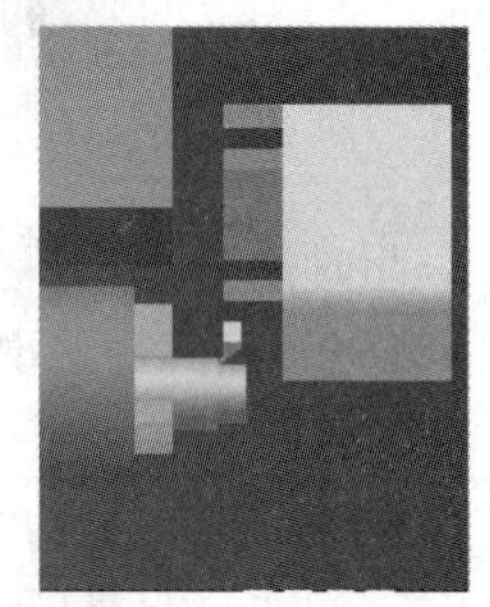

图 8-1-5　试切工件外圆

(4) 点击选择转换按钮，选择存储工件坐标原点的位置(可选：Base, G54, G55, G56, G57, G58, G59)。

(5) 点击方向移动按钮 -Z ，用所选刀具试切工件外圆如图 8-1-5 所示，点击方向移动按钮 +Z ，将刀具退至工件外部，点击操作面板上的主轴停止按钮，使主轴停止转动。

(6) 点击菜单【工艺分析/测量】，点击刀具试切外圆时所切的线段(选中的线段由红色变为黄色)。记录图 8-1-6 所示对话框中对应的 X 的值，记为 X2；如图 8-1-7 所示，将 X2 填入到“距离”对应的文本框中，并按下回车/输入按钮。

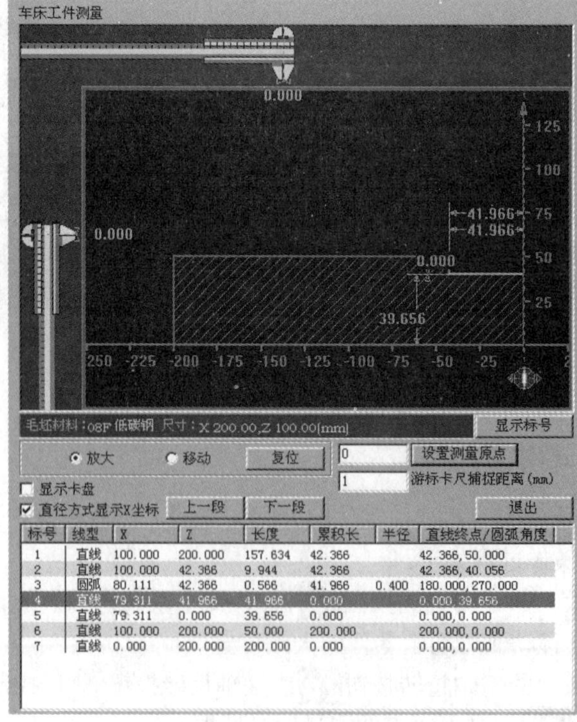

标号	线型	X	Z	长度	累积长	半径	直线终点/圆弧角度
1	直线	100.000	200.000	157.634	42.366		42.366, 50.000
2	直线	100.000	42.366	9.944	42.366		42.366, 40.056
3	圆弧	80.111	42.366	0.566	41.966	0.400	180.000, 270.000
4	直线	79.311	41.966	41.966	0.000		0.000, 39.656
5	直线	79.311	0.000	39.656	0.000		0.000, 0.000
6	直线	100.000	200.000	50.000	200.000		200.000, 0.000
7	直线	0.000	200.000	200.000	0.000		0.000, 0.000

图 8-1-6　工艺分析/测量界面

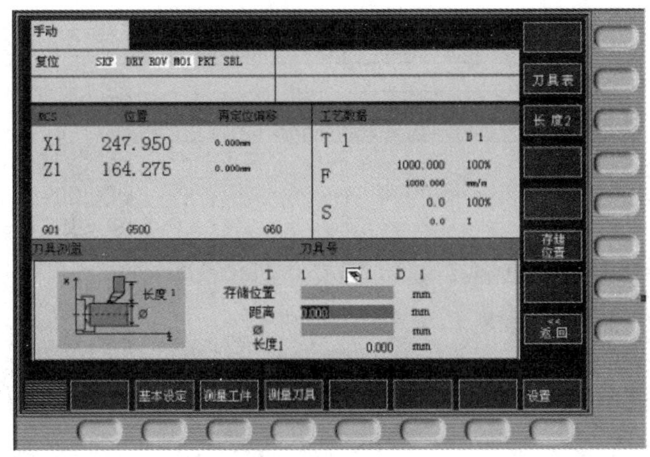

图 8-1-7 输入距离界面

(7) 点击软键 计 算 ，即可得到工件坐标原点的 X 分量在机床坐标系中的坐标。

(8) 点击软键 Z ，继续测量工件坐标原点的 Z 分量。

(9) 点击方向移动按钮 +Z ，将刀具移动到图 8-1-8 所示的位置，点击操作面板上的主轴正转按钮或主轴反转按钮，控制主轴的转动。

(10) 点击方向移动按钮 -X ，试切工件端面，如图 8-1-9 所示，然后点击方向移动按钮 +X ，将刀具退出到工件外部；点击操作面板上的主轴停止按钮，使主轴停止转动。

(11) 在“距离”文本框中填入“0”，并按下回车/输入按钮。

(12) 点击软键 计 算 ，即可得到工件坐标原点的 Z 分量在机床坐标系中的坐标。

至此，使用测量工件方式对刀的操作已经完成。

图 8-1-8 试切工件端面(1)

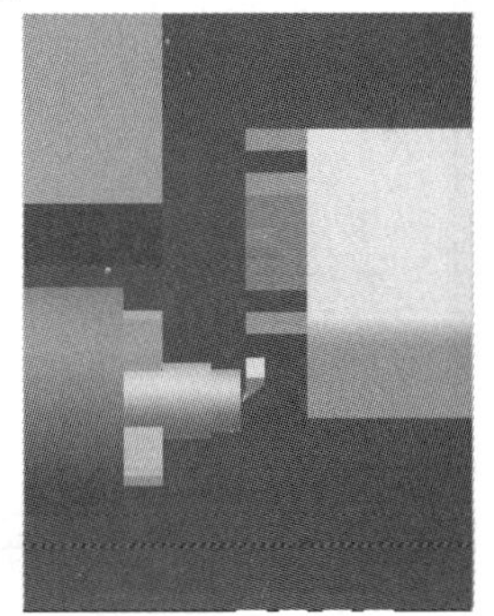

图 8-1-9 试切工件端面(2)

二、长度偏移法

(1) 单击软键 测量刀具 ，切换到【测量刀具】界面，然后点击软键 手动测量 ，进入图 8-1-9 所示的界面。

(2) 点击操作面板上的手动方式按钮，进入手动状态。

(3) 试切零件外圆，并测量被切外圆的直径。

(4) 将所测得的直径值写入 Ø 后的输入框内，按下回车/输入按钮，依次单击软键 存储位置 、 设置长度1 ，此时的界面如图 8-1-10 所示，系统自动将刀具长度 1 记入【刀具表】。

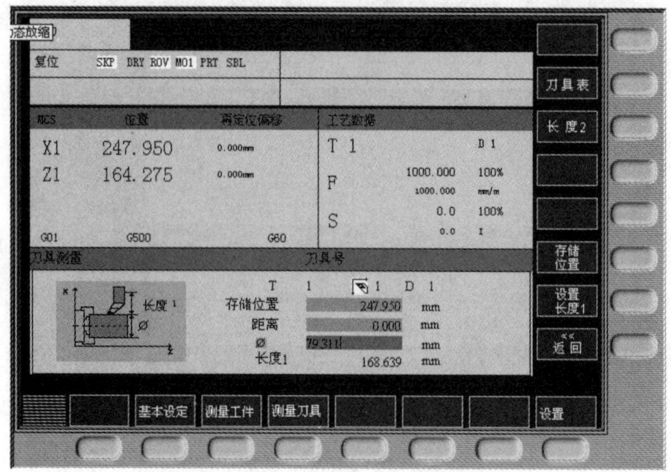

图 8-1-10　刀具对刀信息输入界面

(5) 以类似于图 8-1-9 所示的方法试切端面。

(6) 点击软键 长度2，切换到测量 Z 的界面，在【Z0】后的输入框中填写“0”，按下回车/输入按钮，单击软键 设置长度2。

至此，完成了 Z 方向上的刀具参数设置，刀具表中的信息如图 8-1-11 所示。

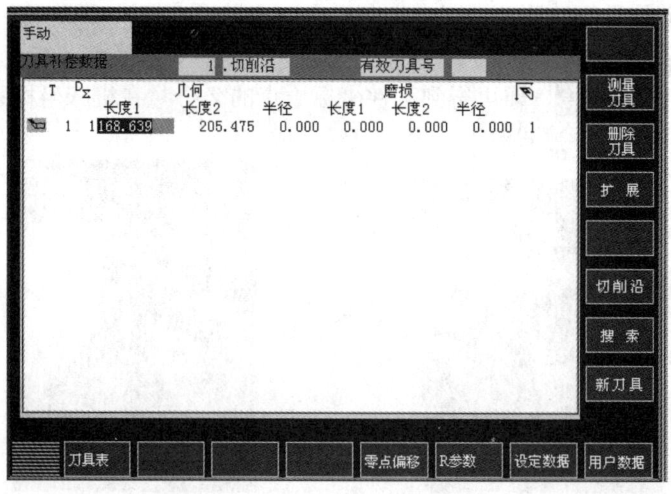

图 8-1-11　刀具补偿数值输入界面

此时即用长度偏移法完成了对一把刀具的对刀。

【任务实施】

利用仿真软件完成图 8-1-1 外圆车刀、切槽刀、外螺纹刀的对刀操作，并做相应记录。以下介绍任务实施步骤。

1．外圆车刀对刀

(1) 起动车床主轴。

(2) 刀具快速接近工件，注意刀具不要碰到工件。

(3) X 向对刀：在手动或手轮进给方式下，切削工件外圆，刀具沿着 Z 向退出(注意此时不要移动 X 轴)。经过测量和计算得到零件端面中心点的 X 坐标值。

(4) Z 向对刀：在手动或手轮进给方式下，切削工件端面，直至端面平整为止(注意此时不要移动 Z 轴)，得到零件端面中心点的 Z 坐标值。

2．切槽刀对刀

方法同外圆车刀一样，利用刀具接近工件进行 Z 向和 X 向对刀。

3．螺纹车刀对刀

方法同外圆刀一样，其中 Z 向对刀时，使刀尖中心线对准右端面(用眼睛看就可以)，输入 Z0 测量即可。

【任务评价】

(1) 完成外圆车刀、切槽刀、外螺纹刀的对刀操作。(60 分)

(2) 分析报告。(40 分)

【任务总线】

整理材料，撰写报告。报告内容包括工艺分析、实施过程、在实施过程中掌握了什么知识、学会了什么技能、发现了什么技巧、出现了什么问题、如何解决问题、遇到的问题怎样改进、尝试了什么创新、创新的结果等。

【任务拓展】

完成图 8-1-12 所示零件中外圆车刀、切槽刀、外螺纹刀的对刀操作。

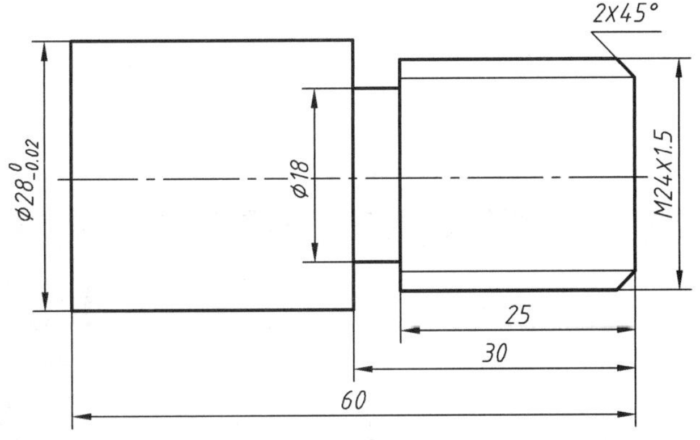

图 8-1-12　数控车削对刀任务拓展

任务二　数控车床的程序处理

【任务目标】

(1) 熟悉 SINUMERIK 802D 数控车床的面板操作。

(2) 掌握 SINUMERIK 802D 数控车床的程序的处理。

【任务引入】

完成图 8-2-1 所示零件程序的编写和输入。

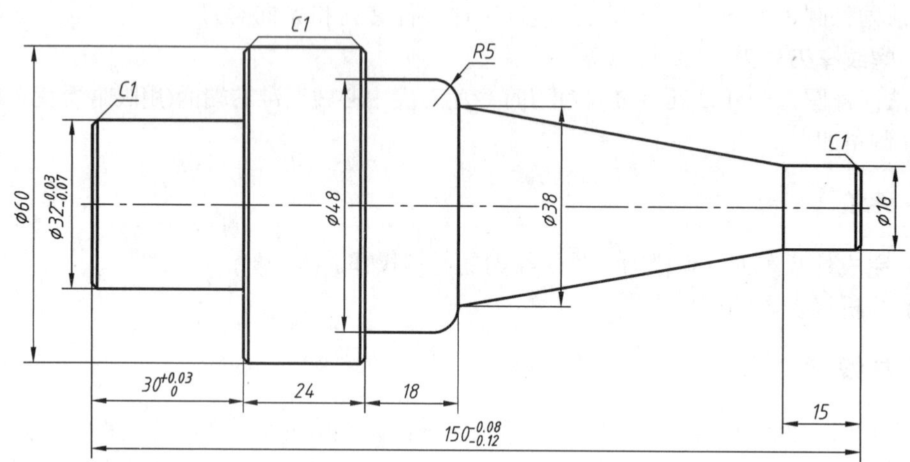

图 8-2-1　数控车床编程

【相关知识】

一、新建一个数控程序

(1) 在系统面板上按下程序管理操作区域按钮，进入图 8-2-2 所示的程序管理界面。按下软键【新程序】，则弹出图 8-2-3 所示的对话框。

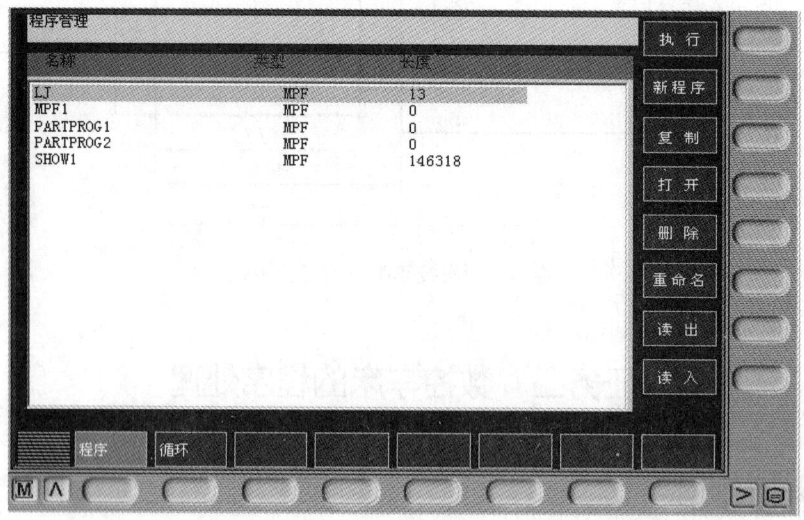

图 8-2-2　【程序管理】界面

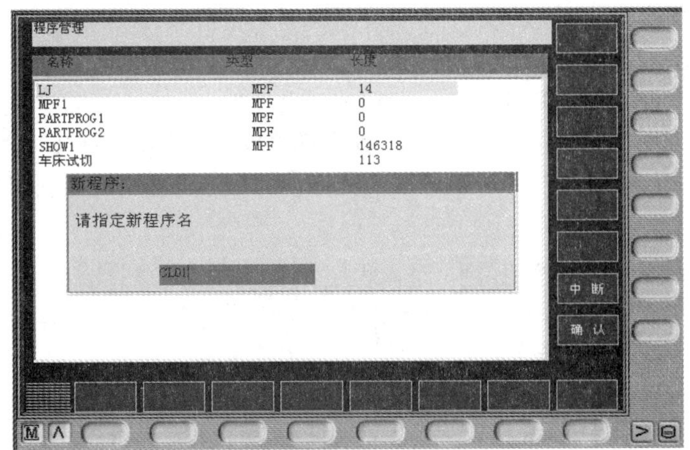

图 8-2-3 新程序界面

(2) 输入程序名，若没有扩展名，自动添加“.MPF”为扩展名，而子程序扩展名“.SPF”需随文件名一起输入。

(3) 按软键【确认】，生成新程序文件，并进入到编辑界面，如图 8-2-4 所示。

(4) 按软键【中断】，将关闭此界面并返回到程序管理主界面。

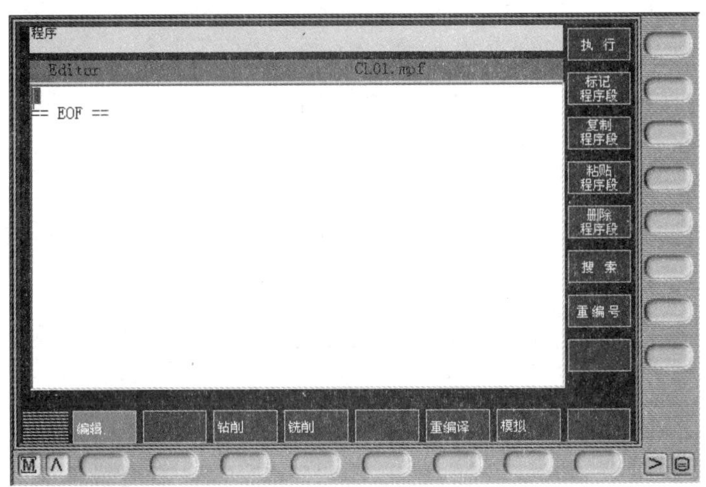

图 8-2-4 程序编辑界面

注意 输入新程序名必须遵循以下原则：

(1) 开始的两个符号必须是字母。

(2) 其后的符号可以是字母、数字或下划线。

(3) 最多为 16 个字符。

(4) 不得使用分隔符。

二、数控程序传送

1. 读入程序

先利用记事本或写字板方式编辑好加工程序并保存为文本格式文件，文本文件的开头两行必须是如下内容：

%_N_复制进数控系统之后的文件名_MPF

;$PATH=/_N_MPF_DIR

按下程序管理操作区域按钮，进入程序管理界面，点击软键【读入】；在菜单栏中选择【机床/DNC 传送】，选择事先编辑好的程序，此程序将被自动复制到数控系统中。

2．读出程序

按下程序管理操作区域按钮，进入程序管理界面；用或选择要读出的程序；按软键【读出】，弹出图 8-2-5 所示的对话框，选择好需要保存的路径，输入文件名，按【保存】按钮进行保存。

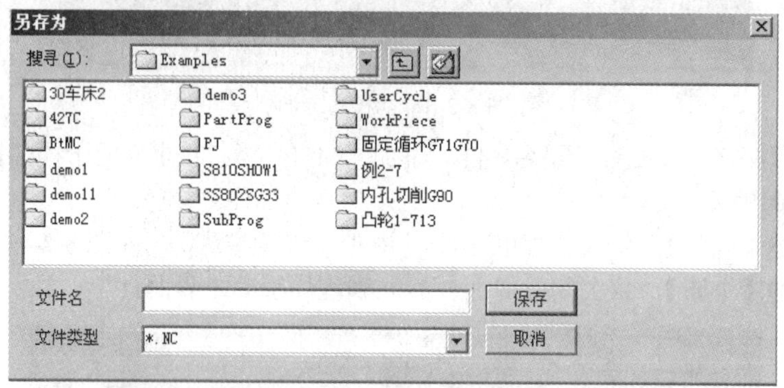

图 8-2-5　读出并保存程序

三、选择待执行的程序

(1) 在操作面板上按程序管理操作区域按钮，系统将进入图 8-2-6 所示的界面，显示已有程序的列表。

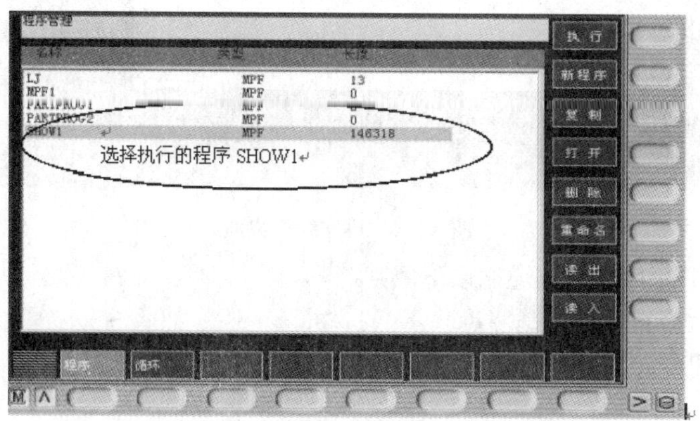

图 8-2-6　程序列表

(2) 用光标按钮移动选择条，在目录中选择要执行的程序，按软键【执行】，选择的程序将被作为运行程序，在 POSITION 域中右上角将显示此程序的名称，如图 8-2-7 所示。

(3) 按其他按钮(如或等)，切换到其他界面。

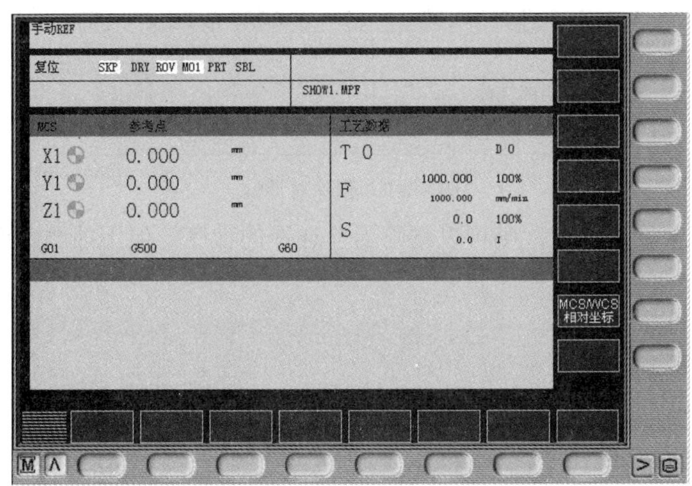

图 8-2-7　选择执行程序

四、程序复制

(1) 进入到程序管理主界面的【程序】界面。

(2) 使用光标选择一个要复制的程序。

(3) 按软键【复制】，系统出现如图 8-2-8 所示的复制对话框，标题上显示要复制的程序。

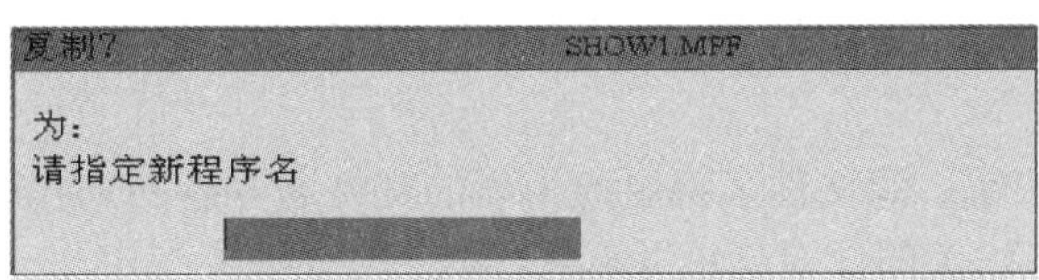

图 8-2-8　复制对话框

输入程序名，若没有扩展名，则自动添加“.MPF”为扩展名，而子程序扩展名“.SPF”需随文件名一起输入。文件名必须以两个字母开头。

(4) 按【确认】按钮，复制原程序到指定的新程序中，关闭新程序对话框并返回到程序管理界面。

按软键【中断】，将关闭当前对话框并转到程序管理主界面。

注意　若输入的程序与源程序名相同，或输入的程序名与已存在的程序名相同，则不能创建程序。可以复制正在执行或已选择的程序。

五、删除程序

(1) 进入到程序管理主界面的【程序】界面中。

(2) 按光标 ↑ ↓ 按钮选择要删除的程序。

(3) 按软键【删除】，系统出现图 8-2-9 所示的删除对话框。【MPF】为刚才选择的程序名，表示删除这一个文件；【删除全部文件？】表示要删除程序列表中所有文件。

(4) 按【确认】按钮，将根据选择删除类型删除文件并返回程序管理界面。

若按软键【中断】，则关闭此对话框并回到程序管理主界由。

图 8-2-9　删除对话框

注意　若机床没有运行，则可以删除当前选择的程序，但不能删除当前正在运行的程序。

六、重命名程序

(1) 进入到程序管理主界面的【程序】界面。

(2) 选择要重命名的程序。

(3) 按软键【重命名】，系统出现图 8-2-10 所示的重命名对话框。

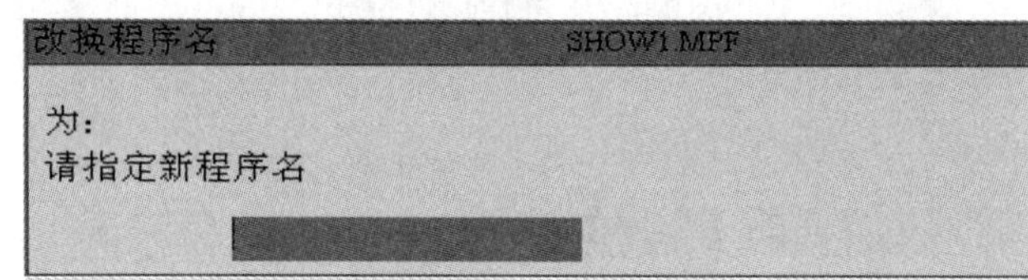

图 8-2-10　重命名对话框

输入新的程序名，若没有扩展名，自动添加“.MPF”为扩展名，而子程序扩展名“.SPF”需随文件名起输入。

(4) 按【确认】按钮，源文件名将更改为新的文件名并返回到程序管理界面。

按软键【中断】，将关闭此对话框并到程序管理主界面。

注意　若文件名不合法(应以两个字母开头)、新名与旧名相同或与已存在的文件相同，则系统弹出警告对话框。

若在机床停止时重命名当前选择的程序，则当前程序变为空程序，并且显示与删除当前选择程序相同的警告。

可以重命名当前运行的程序，改名后，当前显示的运行程序名也随之改变。

【任务实施】

完成图 8-2-1 所示零件程序的编写和输入。

任务实施步骤如下：

(1) 分析零件图样，确定加工路线。

(2) 选定编程原点。

(3) 计算基点的坐标值。

(4) 合理布置刀具，确定起刀点。

(5) 选用合理的切削用量，正确运用编程指令编程。

(6) 输入程序信息。

(7) 程序检验。

【任务评价】

(1) 完成图 8-2-1 所示的零件程序的编写和输入。(60 分)

(2) 分析报告。(40 分)

【任务总结】

整理材料，撰写报告。报告内容包括工艺分析、实施过程、在实施过程中掌握了什么知识、学会了什么技能、发现了什么技巧、出现了什么问题、如何解决问题、遇到的问题怎样改进、尝试了什么创新、创新的结果等。

【任务拓展】

完成图 8-2-11 所示零件程序的编写和输入。

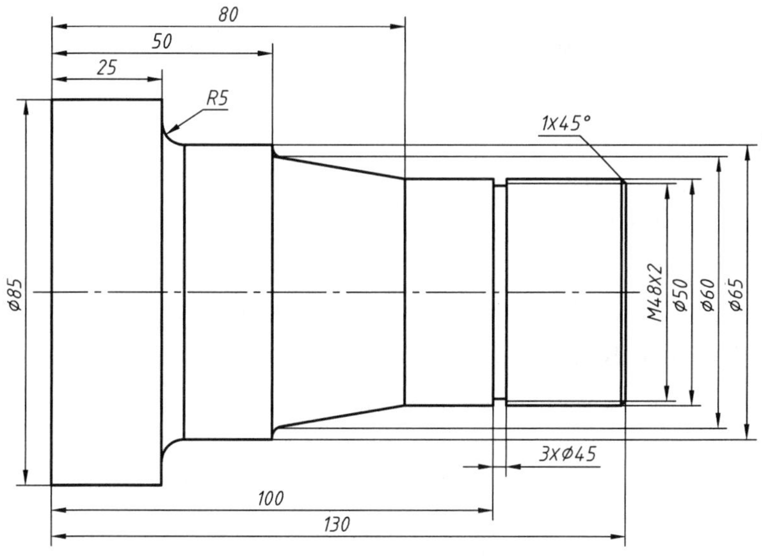

图 8-2-11　数控车削编程拓展训练

任务三　数控车床的自动加工

【任务目标】

(1) 熟悉 SINUMERIK 802D 数控车床的面板操作。

(2) 掌握 SINUMERIK 802D 数控车床的自动加工。

【任务引入】

按照图 8-3-1 完成零件的数控仿真加工。

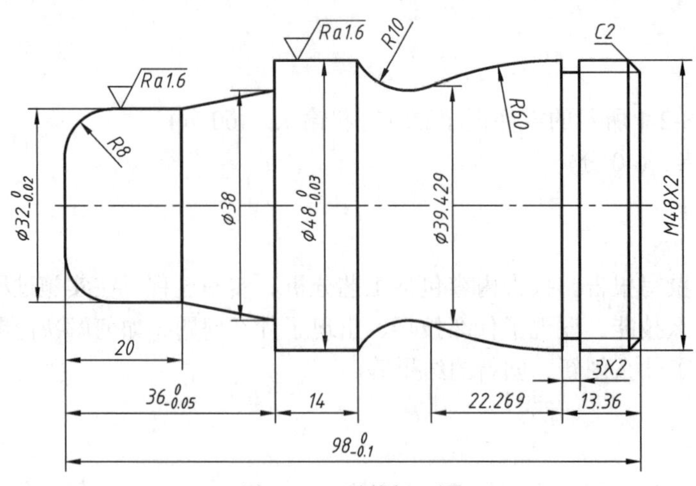

图 8-3-1 零件加工图

【相关知识】

一、自动加工流程

(1) 检查机床是否机床回零，若未回零，则先将机床回零。

(2) 使用程序控制机床运行，选择待执行的程序。

(3) 按下操作面板上的自动方式按钮，若 CRT 当前界面为加工操作区，则系统显示程序界面，否则仅在左上角显示当前操作模式(【自动】)而界面不变。

(4) 按运行开始按钮，开始执行程序。

(5) 程序执行完毕；或按复位按钮中断加工程序，再按运行开始按钮，重新开始。

数控程序在运行过程中可根据需要暂停、停止、急停和重新运行。

数控程序在运行过程中，点击循环保持按钮，程序暂停运行，机床保持暂停运行时的状态。再次点击运行开始按钮，程序从暂停行开始继续运行。

数控程序在运行过程中，点击复位按钮，程序停止运行，机床停止，再次点击运行开始按钮，程序从暂停行开始继续运行。

数控程序在运行过程中，按急停按钮，数控程序中断运行；继续运行时，先将急停按钮松开，再点击运行开始按钮，余下的数控程序从中断行开始作为一个独立的程序执行。

二、自动/单段方式

(1) 检查机床是否机床回零，若未回零，则先将机床回零。

(2) 选择一个供自动加工的数控程序(主程序和子程序需分别选择)。

(3) 点击操作面板上的按钮，使其指示灯变亮，机床进入自动加工模式。

(4) 点击操作面板上的按钮，使其指示灯变亮。

(5) 每点击一次运行开始按钮，数控程序执行一行，可以通过主轴倍率修调旋钮和进给倍率修调旋钮来调节主轴旋转的速度和移动的速度。

注意　数控程序执行后，若想返回到程序开头，点击操作面板上的复位按钮即可。

【任务实施】

完成图 8-3-1 所示的零件的数控仿真加工。

任务实施步骤如下：

(1) 机床回零。

(2) 选择待加工程序。

(3) 执行程序。

【任务评价】

(1) 完成图 8-3-1 零件的数控仿真加工。(60 分)

(2) 分析报告。(40 分)

【任务总结】

整理材料，撰写报告。报告内容包括工艺分析、实施过程、在实施过程中掌握了什么知识、学会了什么技能、发现了什么技巧、出现了什么问题、如何解决问题、遇到的问题怎样改进、尝试了什么创新、创新的结果等。

【任务拓展】

完成图 8-3-2 零件的数控仿真加工。

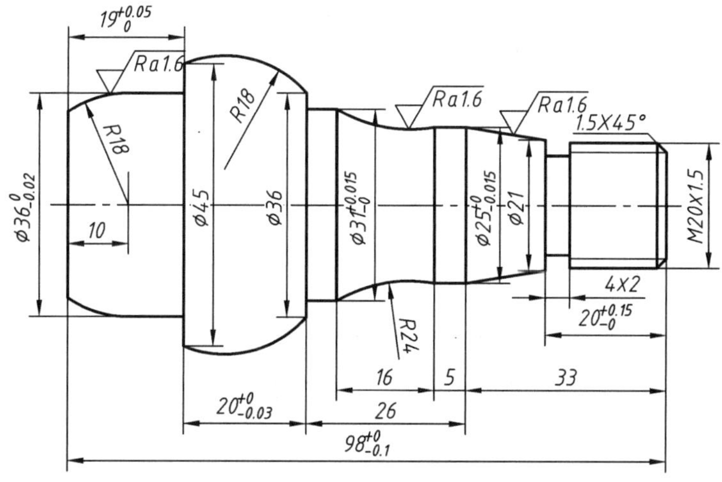

图 8-3-2　数控车削仿真加工拓展训练

项目九 SINUMERIK 802D 数控铣床仿真操作

任务一 数控铣床的对刀

【任务目标】

(1) 熟悉 SINUMERIK 802D 数控铣床的面板操作。
(2) 掌握 SINUMERIK 802D 数控铣床的对刀操作。

【任务引入】

采用合理的对刀方式在图 9-1-1 所示的毛坯上表面中心处建立工件坐标系。

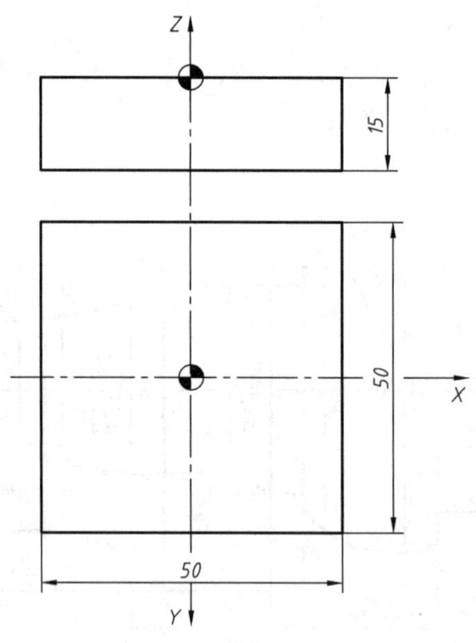

图 9-1-1 数控铣床对刀

【相关知识】

一、X 轴方向对刀

点击操作面板中的手动方式按钮，进入手动状态。

借助【视图】菜单中的动态旋转、动态放缩、动态平移等工具，适当点击操作面板上的方向移动按钮+X -X +Y -Y +Z -Z，将机床移动到图 9-1-2 所示的位置。在手动状态下，点击操作面板上的主轴正转按钮或主轴反转按钮，使主轴转动。寻边器未与工件接触时，寻边器上下两部分处于偏心状态。

在主轴移动到图 9-1-1 所示的位置后，可采用手轮方式移动机床，在软件界面点击手轮按钮将显示手轮，将手轮移动星旋钮置于 *X* 档，调节手轮移动量旋钮，再将鼠标置于手轮上，通过点击鼠标左键或右键来移动机床(点击左键，机床向负方向运动；点击右键，机床向正方向运动)。寻边器偏心幅度逐渐减小，直至上下两部分几乎处于同一条轴心线上，如图 9-1-3 所示，即认为此时寻边器与工件恰好吻合。若此时再进行增量或手动方式的小幅度进给，则寻边器下半部突然大幅度偏移，如图 9-1-4 所示。

图 9-1-2　移动主轴

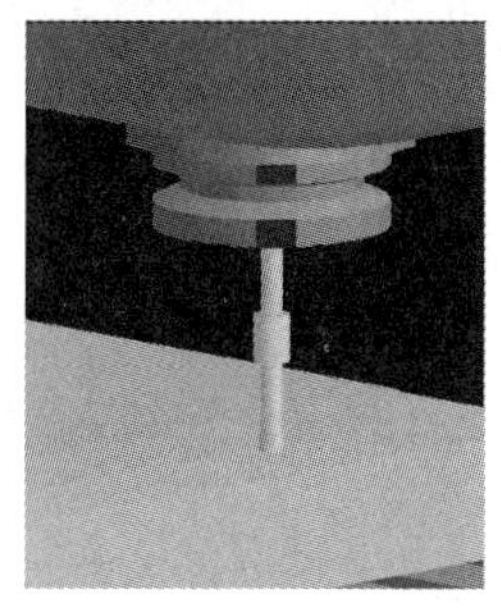
图 9-1-3　寻边器与工件吻合

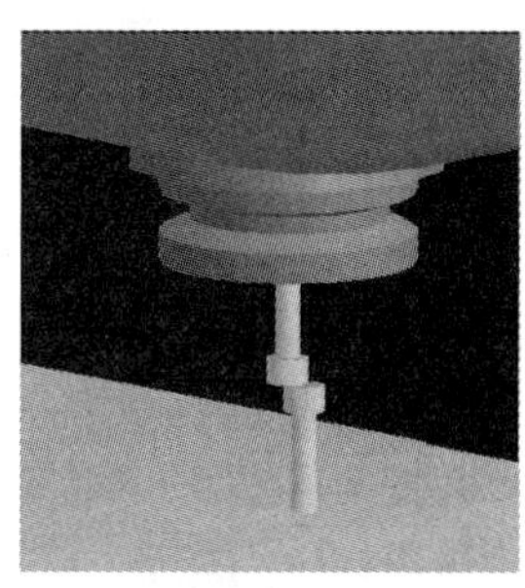
图 9-1-4　寻边器与工件偏离

注意　本系统中，基准工具的精度可以达到 1 μm，如需精确对刀，则应将进给量调到 1 μm。

将工件坐标系原点到 *X* 方向基准边的距离记为 *X*2；将基准工具直径记为 *X*4(可在选择基准工具时读出，刚性基准工具的直径为 10 mm)，将 *X*2 + *X*4/2 记为 DX，点击软键测量工件，进入图 9-1-5 所示的界面。

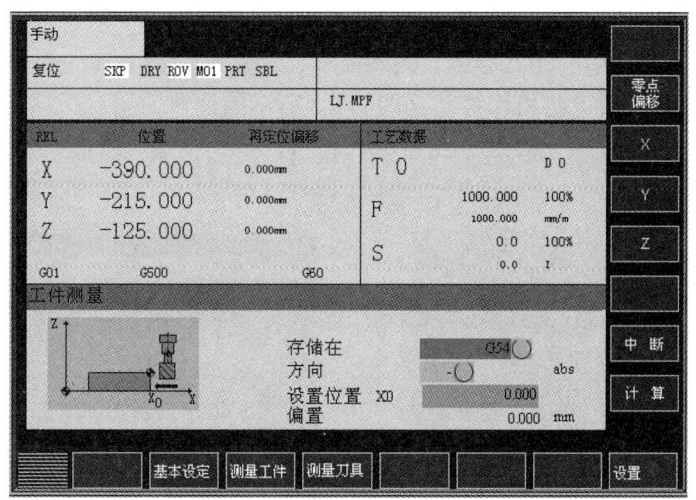

图 9-1-5　测量工件界面

点击光标按钮↑或↓，使光标停留在【存储在】栏中，如图 9-1-6 所示。

图 9-1-6　存储位置选择界面

在操作面板上点击选择转换按钮，选择用来保存工件坐标系原点的位置(此处选择了 G54)，如图 9-1-7 所示。

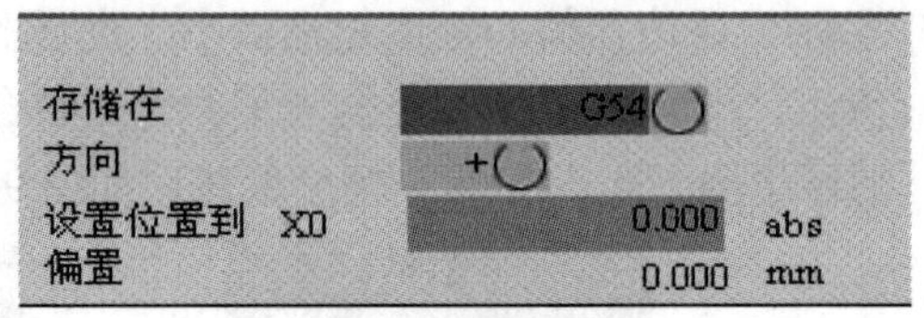

图 9-1-7　保存工件坐标系原点界面

点击光标按钮，将光标移动到【方向】栏中，并通过点击选择转换按钮选择方向(此处应该选择“–”)。

点击光标按钮，将光标移至【设置位置到 X0】栏中，并在其文本框中输入 DX 的值，并按下回车/输入按钮。

点击软键计 算，系统将会计算出工件坐标系原点的 *X* 分量在机床坐标系中的坐标值，并将此数据保存到参数表中。

Y 轴方向对刀可采用同样的方法来实现。

二、*Z* 轴方向对刀

铣、加工中心对 *Z* 轴对刀采用的是实际加工时所要使用的刀具。首先假设需要的刀具已经安装在主轴上。

点击操作面板上的手动方式按钮，进入手动状态。

借助【视图】菜单中的动态旋转、动态放缩、动态平移等工具，适当点击方向移动按钮 -X +X -Y +Y -Z +Z，将机床移动到图 9-1-8 所示的位置。

以类似于 *X*、*Y* 方向对刀的方法进行塞尺检查，得到“塞尺检查：合适”时 *Z* 的坐标值，如图 9-1-9 所示。

图 9-1-8　Z 轴方向对刀界面

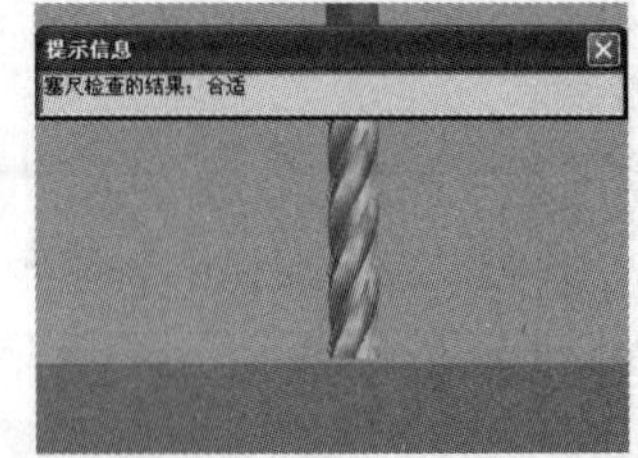

图 9-1-9　塞尺检查界面

点击软键测量工件，进入测量工件界面，点击软键 Z，在系统面板上点击选择转换按钮，选择用来保存工件坐标原点的位置(此处选择了 G54)。使用光标按钮来移动光标，并在【设置位置到 Z0】文本框中输入塞尺厚度，并按下回车/输入按钮。点击软

键 计算 ，就能得到工件坐标系原点的 Z 分量在机床坐标系中的坐标，此数据将被自动记录到参数表中。

【任务实施】

利用仿真软件完成数控铣削零件的对刀操作，并做相应记录。

任务实施步骤如下：

(1) 主轴正传，铣刀靠工件的左面，记住 X 值，提刀，移到工件的右面，靠右面，记住 X 值，把这两个 X 值，取平均值，记录到机床工件坐标系存储地址中。

(2) 同理可测得工件坐标系原点 在机床坐标系中的 Y 坐标值。

(3) 主轴正转，用铣刀慢慢靠工件的上表面，记住 Z 值，把它写入机床工件坐标系存储地址中。

【任务评价】

(1) 完成数控铣床的对刀操作。(60 分)

(2) 分析报告。(40 分)

【任务总结】

整理材料，撰写报告。报告内容包括工艺分析、实施过程、在实施过程中掌握了什么知识、学会了什么技能、发现了什么技巧、出现了什么问题、如何解决问题、遇到的问题怎样改进、尝试了什么创新、创新的结果等。

【任务拓展】

按照图 9-1-10 所示完成零件的对刀操作。

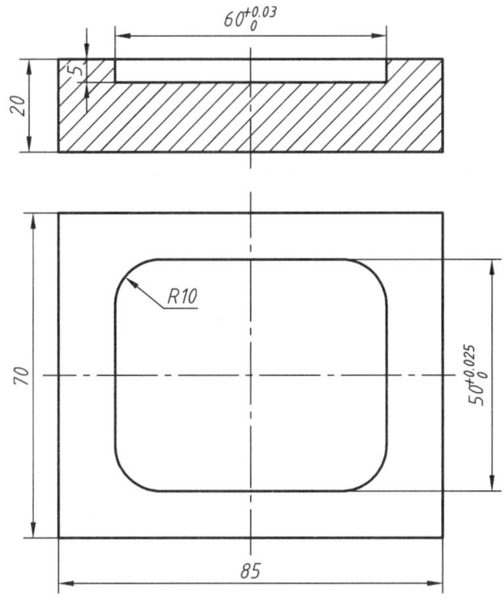

图 9-1-10　数控铣床对刀任务拓展

任务二　数控铣床的程序处理

【任务目标】

(1) 熟悉 SINUMERIK 802D 数控铣床的面板操作。

(2) 掌握 SINUMERIK 802D 数控铣床的程序处理。

【任务引入】

利用仿真软件完成图 9-2-1 程序的编写和输入。

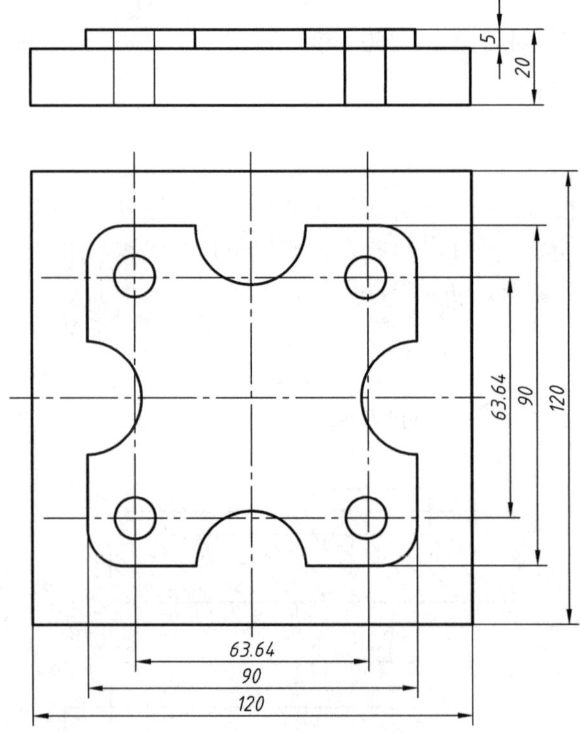

图 9-2-1　数控铣床编程

【相关知识】

一、新建一个数控程序

(1) 在操作面板上按下程序管理操作区域按钮 Prog Man，进入程序管理界面，如图 9-2-2 所示。按下软键【新程序】，弹出图 9-2-3 所示的对话框。

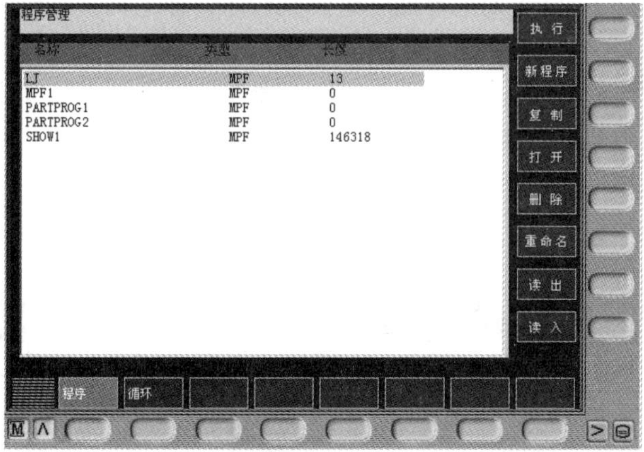

图 9-2-2 程序管理界面

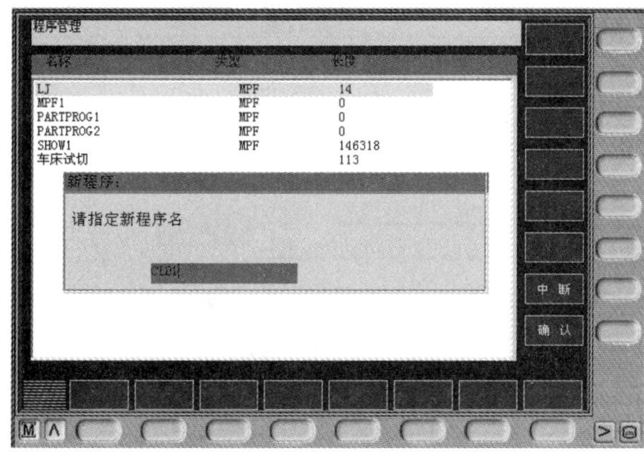

图 9-2-3 新程序对话框

(2) 输入程序名，若没有扩展名，则自动添加“.MPF”为扩展名，而子程序扩展名“.SPF”需随文件名一起输入。

(3) 按软键【确认】，生成新程序文件，并进入到编辑界面，如图 9-2-4 所示。

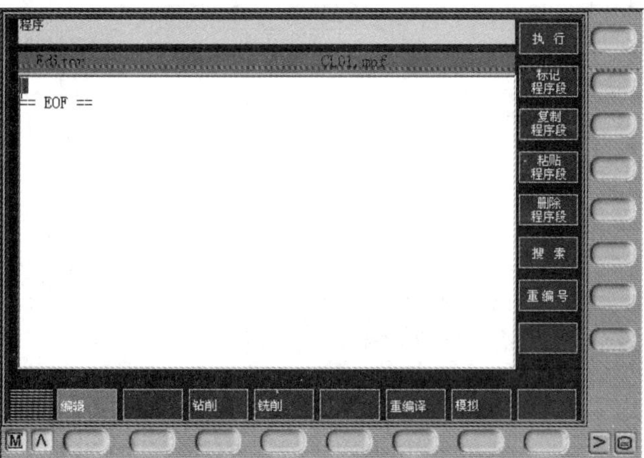

图 9-2-4 程序编辑界面

(4) 按软键【中断】，将关闭此界面并返回到程序管理主界面。

二、数控程序传送

(1) 读入程序。先利用记事本或写字板方式编辑加工程序并保存为文本格式文件，文本文件的前两行必须是如下的内容：

%_N_复制进数控系统之后的文件名_MPF

;$PATH=/_N_MPF_DIR

按下程序管理操作区域按钮Prog Man，进入程序管理界面；点击软键读入；在菜单栏中选择【机床/DNC 传送】，选择事先编辑好的程序，此程序将被自动复制到数控系统中。

(2) 读出程序。按下程序管理操作区域按钮Prog Man，进入程序管理界面；用光标按钮↑ ↓或按钮选择要读出的的程序；按软键读出，出现图 9-2-5 所示的对话框。

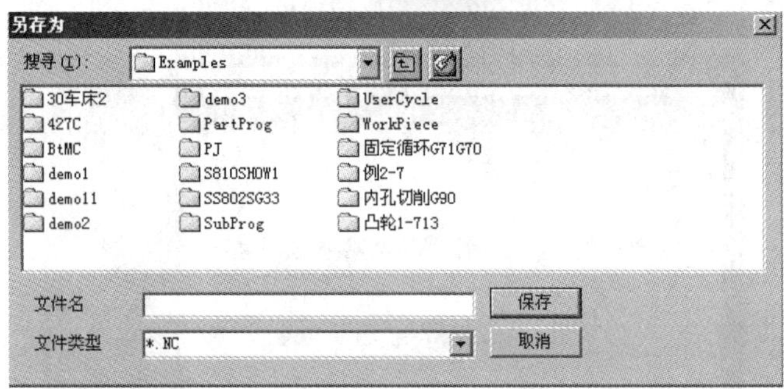

图 9-2-5　读出程序

选择好需要保存的路径，输入文件名后保存。

三、选择待执行的程序

(1) 在操作面板上按程序管理操作区域按钮Prog Man，系统将进入图 9-2-6 所示的界面，并显示已有程序的列表。

图 9-2-6　程序管理界面

(2) 使用光标按钮↑ ↓移动选择条，在目录中选择要执行的程序，按软键执行即可运行程序，此时在 POSITION 域中右上角将显示此程序的名称，如图 9-2-7 所示。

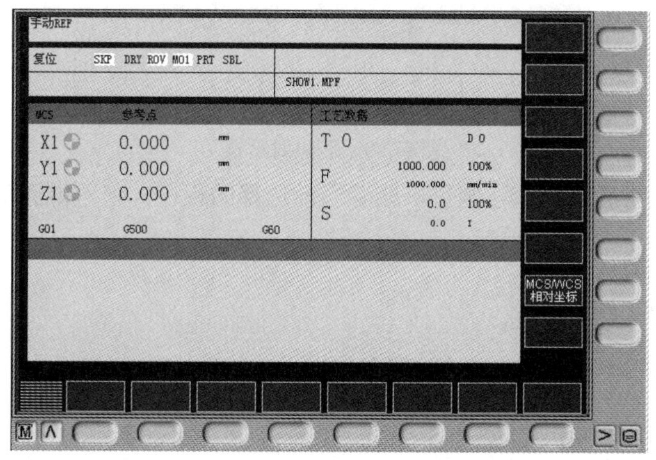

图 9-2-7　运行程序界面

(3) 按其他按钮(如 M 或 Off Para 等)，切换到其他界面。

四、程序复制

(1) 进入程序管理主界面的【程序】界面中。

(2) 使用光标选择一个要复制的程序。

(3) 按软键 复制 ，系统出现图 9-2-8 所示的复制对话框，标题上显示要复制的程序。

输入程序名，若没有扩展名，自动添加“.MPF”为扩展名，而子程序扩展名“.SPF”需随文件名起输入。文件名必须以两个字母开头。

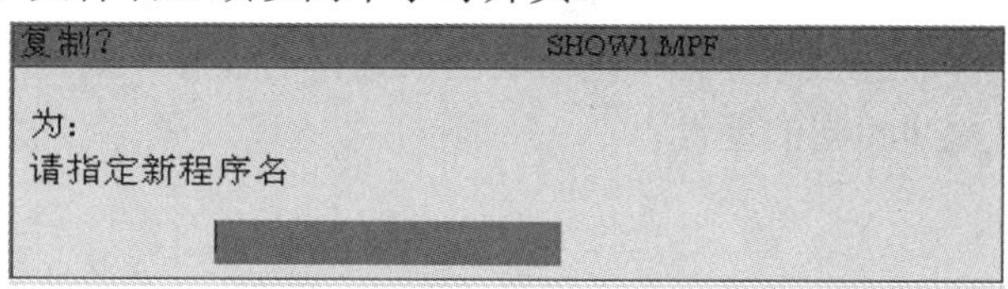

图 9-2-8　复制对话框

(4) 按软键【确认】，复制原程序到指定的新程序名，关闭对话框并返回到程序管理界面。

(5) 按软键【中断】，将关闭此对话框并到程序管理主界面中。

注　若输入的程序与源程序名相同，或输入的程序名与已存在的程序名相同，则不能创建程序。可以复制正在执行或已选择的程序。

五、删除程序

(1) 进入到程序管理主界面的“程序”界面中。

(2) 使用光标选择要删除的程序。

(3) 按软键【删除】，系统出现图 9-2-9 所示的删除对话框。【MPF】为刚才选择的程序名，表示删除这一个文件；【删除全部文件?】表示要删除程序列表中的所有文件。

按“确认”键，将根据所选择的删除类型删除文件并返回程序管理界面。

按软键【中断】，将关闭此对话框并到程序管理主界面。

图 9-2-9　删除对话框

注　若此时没有运行机床，则可以删除当前选择的程序，但不能删除当前正在运行的程序。

六、重命名程序

(1) 进入到程序管理主界面的【程序】界面。

(2) 光标键选择要重命名的程序。

(3) 按软键【重命名】，系统出现如图 9-2-10 所示的重命名对话框。

输入新的程序名，若没有扩展名，自动添加“.MPF”为扩展名，而子程序扩展名“.SPF”需随文件名起输入。

图 9-2-10　重命名对话框

(4) 按【确认】键，源文件名更改为新的文件名并返回到程序管理界面。

(5) 按软键【中断】，将关闭此对话框并到程序管理主界面。

注意　若文件名不合法(应以两个字母开头)、新名与旧名相同、或与已存在的文件相同，弹出警告对话框。若在机床停止时重命名当前选择的程序，则当前程序变为空程序，显示同删除当前选择程序相同的警告。

七、程序编辑

(1) 在程序管理主界面中选择一个程序，按软键【打开】或按 按钮，进入图 9-2-11 所示的程序编辑界面，编辑所选中的程序。如果在其他界面下，则按操作面板上的 按钮，也可进入到程序编辑界面，其中的程序为以前载入的程序。

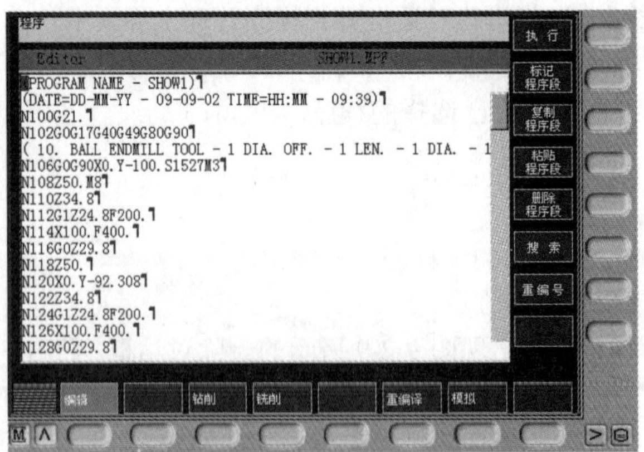

图 9-2-11　程序编辑界面

(2) 输入程序，程序立即被存储。

(3) 按软键【执行】来选择当前编辑程序为运行程序。

(4) 按软键【标记程序段】，开始标记程序段，在复制、删除或输入新的字符时将取消标记。

(5) 按软键【复制程序段】，将当前选中的一段程序拷贝到剪切板中。

(6) 按软键【粘贴程序段】，将当前剪切板上的文本粘贴到当前的光标位置。

(7) 按软键【删除程序段】，可以删除当前选择的程序段。

(8) 按软键【重编号】，将重新编排行号。

八、插入固定循环

点击程序管理操作区域按钮Prog Man进入程序管理界面，如图 9-2-12 所示。

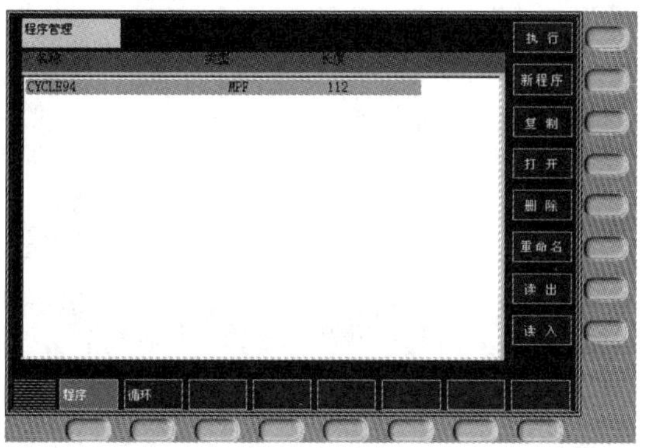

图 9-2-12 程序管理界面

点击软键打 开，进入图 9-2-13 所示的界面。

图 9-2-13 程序界面

在程序界面中可看到钻削与铣削软键，点击钻削进入图 9-2-14 所示的钻削程序界面，在此界面中我们可以看到不同程序类型对应的铰 孔、镗 孔、钻 削 带停顿等软键，若想调用某类型的程序则点击相应的软键，即可进入相应的固定循环程序参数设置界面，输入参数后，点击软键确 认进行确认，即可调用该程序。例如，若调用钻中心孔程序，则点击软键铰 孔进入图 9-2-15 所示的界面，在此界面的左上角，可看到系统为实现钻中心孔操作而自动调用的程序名称：CYCLE85。

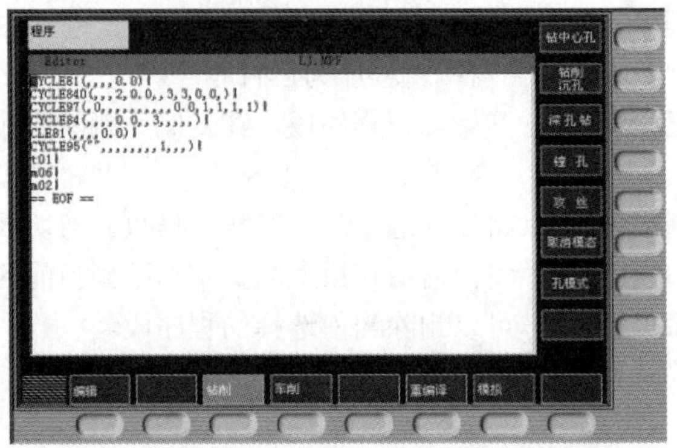

图 9-2-14　钻削程序界面

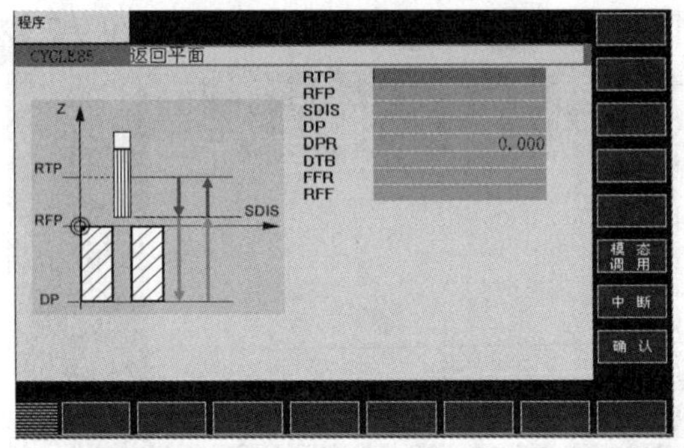

图 9-2-15　铰孔程序界面

界面右侧为可设定的参数栏，点击键盘上的光标按钮↑和↓，使光标在各参数栏中移动，输入参数后，点击软键"确认"进行确认，即可调用该程序。

九、检查运行轨迹

如果在自动运行方式下，并且已经选择了待加工的程序，则可以通过线框图模拟出刀具的运行轨迹。下面介绍检查刀具运行轨迹的方法。

(1) 按下自动方式按钮→，在自动模式界面下，按软键【模拟】或在程序编辑界面下按软键【模拟】，进入图 9-2-16 所示的界面。

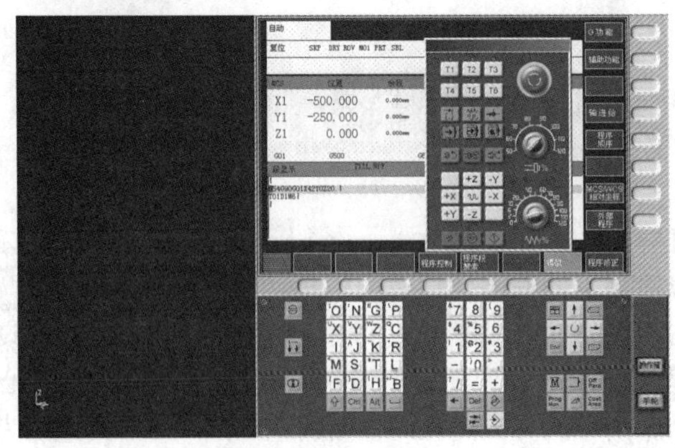

图 9-2-16　模拟界面

(2) 按下运行开始按钮，开始模拟执行程序，此时可以看到加工的轨迹并可以通过工具栏上来调整观看的角度及画面的大小。

【任务实施】

利用仿真软件完成图 9-2-1 程序的编写和输入。

任务实施步骤如下：

(1) 分析零件图样，确定加工路线。

(2) 选定编程原点。

(3) 计算基点的坐标值。

(4) 合理布置刀具，确定起刀点。

(5) 选用合理的切削用量，正确运用编程指令编程。

(6) 输入程序信息。

(7) 程序检验。

【任务评价】

(1) 完成图 9-2-1 数控铣削零件程序的编写和输入。(60 分)

(2) 分析报告。(40 分)

【任务总结】

整理材料，撰写报告。报告内容包括工艺分析、实施过程、在实施过程中掌握了什么知识、学会了什么技能、发现了什么技巧、出现了什么问题、如何解决问题、遇到的问题怎样改进、尝试了什么创新、创新的结果等。

【任务拓展】

利用仿真软件完成图 9-2-17 程序的编写和输入。

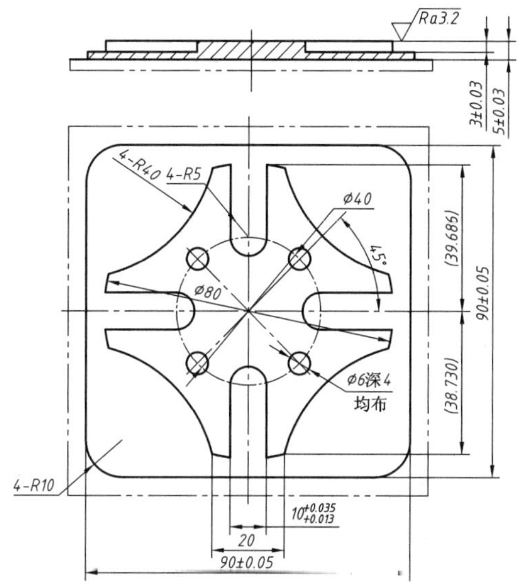

图 9-2-17　数控铣床编程任务拓展

任务三 数控铣床的自动加工

【任务目标】

(1) 熟悉 SINUMERIK 802D 数控铣床的面板操作。

(2) 掌握 SINUMERIK 802D 数控铣床的自动加工。

【任务引入】

按照图 9-3-1 完成零件的数控仿真加工。

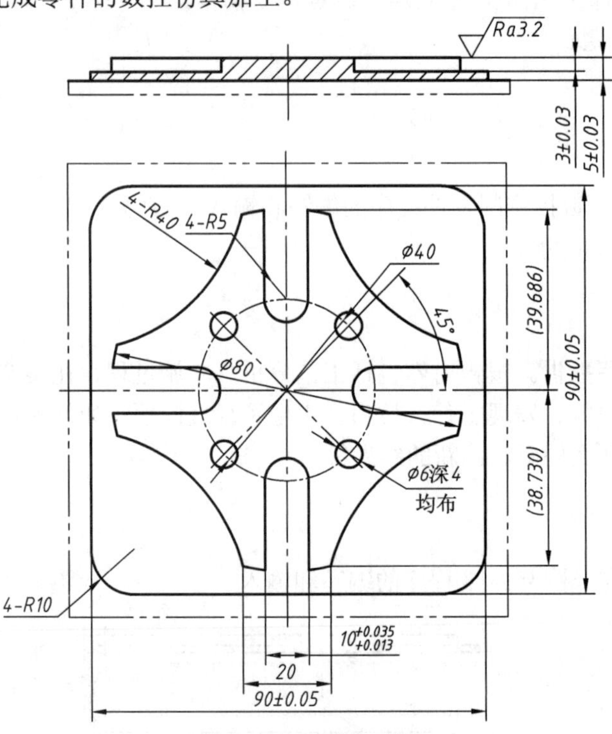

图 9-3-1 零件加工图

【相关知识】

自动加工流程如下：

(1) 将机床回零。

(2) 选择待加工的程序。

(3) 点击操作面板上的自动方式按钮，确定加工模式。

(4) 按运行开始按钮，执行程序。

(5) 程序执行完毕后，按复位按钮中断加工程序，若再按运行开始按钮则从头开始。

数控程序在运行过程中可根据需要暂停、停止、急停和重新运行(各项功能可参照第三部分项目八的任务三)。

【任务实施】

利用仿真软件完成图 9-3-1 所示的零件的数控仿真加工。

任务实施步骤如下：

(1) 机床回零。

(2) 选择待加工程序。

(3) 执行程序。

【任务评价】

(1) 完成图 9-3-1 所示的零件的数控仿真加工。(60 分)

(2) 分析报告。(40 分)

【任务总结】

整理材料，撰写报告。报告内容包括工艺分析、实施过程、在实施过程中掌握了什么知识、学会了什么技能、发现了什么技巧、出现了什么问题、如何解决问题、遇到的问题怎样改进、尝试了什么创新、创新的结果等。

【任务拓展】

完成图 9-3-2 所示零件的数控仿真加工。

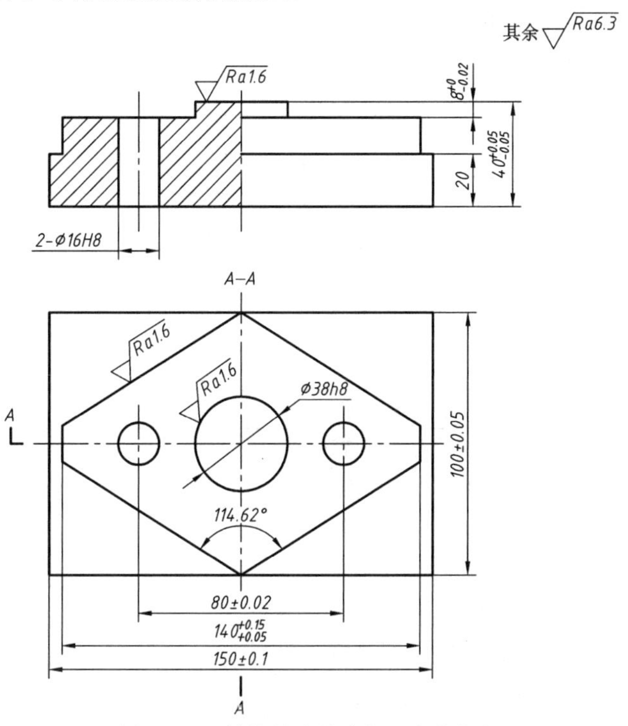

图 9-3-2　数控铣床仿真加工任务拓展

附表　SINUMERIK 802D 系统编程指令表

附表 1　SINUMERIK 802D 系统准备功能指令代码表

代　码	功　　能	说　　明
G0	快速移动	运动指令，模态有效
G1*	直线插补	同上
G2	顺时针圆弧插补	同上
G3	逆时针圆弧插补	同上
CIP	中间点圆弧插补	
G33	恒螺距的螺纹切削	模态有效
G331	螺纹插补	程序段方式有效
G332	不带补偿夹具切削内螺纹	同上
CT	带切线过渡的圆弧插补	同上
G4	暂停时间	同上
G63	带补偿夹具攻丝	同上
G74	回参考点	同上
G75	回固定点	同上
G147	SAR—沿直线切向进给	同上
G148	SAR—沿直线切向退出	同上
G247	SAR—沿四分之一切向进给	同上
G248	SAR—沿四分之一切向退出	同上
G347	SAR—沿半圆切向进给	同上
G348	SAR—沿半圆切向退出	同上
TRANS	可编程偏置(写存储器)	单程序段有效
ROT	可编程旋转	同上
SCALE	可编程比例系数	同上
MIRROR	可编程镜像	同上
ATRANS	附加的可编程偏置	同上
AROT	附加的可编程旋转	同上
ASCALE	附加的可编程比例系数	同上
AMIRROR	附加的可编程镜像	同上
G25	主轴转速下限或工作区下限	同上
G26	主轴转速上限或工作区上限	同上
G110	定义极点，相对于上次编程的设定位置	同上
G111	定义极点，相对于当前工件坐标系的零点	同上
G112	定义极点，相对于上次有效的极点	同上

续表

代 码	功 能	说 明
G17*	*X*/*Y* 平面	平面选择，模态有效
G18	*Z*/*X* 平面	
G19	*Y*/*Z* 平面	
G40*	取消刀补	刀具补偿，模态有效
G41	刀具半径左补	
G42	刀具半径右补	
G500*	取消可设定零点偏置	零点偏置，模态有效
G54	零点偏置	
G55	零点偏置	
G56	零点偏置	
G57	零点偏置	
G58	零点偏置	
G59	零点偏置	
G53	按程序段方式取消可设定零点偏置	可取消设定零点偏置，程序段方式有效
G153	按程序段方式取消可设定零点偏置，包括基本偏置	
G60*	准确定位	定位性能，模态有效
G64	连续路径方式	
G9	准确定位，单程序段有效	程序段有效
G601*	在 G60、G9 方式下精准确定位(精准停窗口)	准停窗口，模态有效
G602	在 G60、G9 方式下精准确定位(粗准停窗口)	
G70	英制	模态有效
G71*	公制	
G700	英制，也用于进给率 F	
G710*	公制，也用于进给率 F	
G90*	绝对值坐标	模态有效
G91	增量值坐标	
G94	进给率 F，毫米/分(mm/min)	模态有效
G95	主轴进给率 F，毫米/转(mm/r)	
CFC*	圆弧加工时打开进给率修调	进给率修调，模态有效
CFTCP	关闭进给率修调	
G450*	圆弧过渡	刀尖补偿拐角特性，模态有效
G451	等距线的交点，刀具在工件转角处不切削	
BRISK	轨迹跳跃加速	加速特性，模态有效
SOFT	轨迹平滑加速	
FFWOF*	预控关闭	预控，模态有效
FFWON	预控打开	
WALIMON*	工作区域限制生效	工作区域限制，模态有效
WALLIMOF	工作区域限制取消	
G290*	SIEMENS 方式	模态有效
G291	其他方式	模态有效
带*的功能在程序启动时生效		

附表 2　数控系统辅助功能 M 指令

M 代码	功　能	指 令 说 明
M00	程序暂停	执行该指令，程序暂停在本段，并保持本段状态。按下机床操作面板上的循环启动按钮可取消 M00 状态，使程序继续向下执行
M01	选择停止	功能和 M00 相似。不同的是，M01 只有在机床操作面板上的【选择停止】开关处于【ON】状态时此功能才有效。M01 常用于关键尺寸的检验和临时暂停
M02	程序结束	该指令表示加工程序全部结束。它使主轴运动、进给运动、切削液供给等停止，机床复位
M03	主轴正转	该指令使主轴正转。主轴转速由主轴功能字 S 指定，如某程序段为 N10 S500 M03，它的意义为指定主轴以 500r/min 的转速正转
M04	主轴反转	该指令使主轴反转，与 M03 相似
M05	主轴停止	在 M03 或 M04 指令作用后，可以用 M05 指令使主轴停止
M06	自动换刀	该指令为自动换刀指令，数控车床或加工中心用于刀具的自动更换
M08	切削液开	该指令使切削液开启
M09	切削液关	该指令使切削液停止供给
M30	程序结束	程序结束并返回程序的第一条语句，准备下一个零件的加工
M98	子程序调用	该指令用于子程序调用
M99	子程序结束	该指令表示子程序运行结束，返回到主程序

附表 3　其 他 指 令

指　令	功　能	指 令 说 明
IF	有条件程序跳跃	LABEL： IF expression GOTOB LABEL 或 IF expression GOTOF LABEL LABEL：
COS()	余弦	Cos(x)
SIN()	正弦	Sin(x)
SQRT()	开方	SQRT(x)
TAN()	正切	TAN(X)
POT()	平方值	POT(X)
TRUNC()	取整	TRUNC(X)
ABS()	绝对值	ABS(X)
GOTOB	向后跳转指令。与跳转标志符一起，表示跳转到所标志的程序段，跳转方向向前	GOTOB LABEL 参数意义同 IF
GOTOF	向前跳转指令。与跳转标志符一起，表示跳转到所标志的程序段，跳转方向向后	GOTOF LABEL 参数意义同 IF

续表

指　令	功　　能	指 令 说 明
MCALL	循环调用	MCALL CYCLE…(1.78，8，…)
CYCLE82	平底扩孔固定循环	CYCLE82 (RTP，RFP，SDIS，DP，DPR，DTB)
CYCLE83	深孔钻削固定循环	CYCLE83(RTP,RFP,SDIS,DP,DPR,FDEP,FDPR,DAM,DTB,DTS,FRF,VART,_AXN,_MDEP,_VRT,_DTD,_DIS1)
CYCLE84	攻螺纹固定循环	CYCLE84 (RTP, RFP, SDIS, DP, DPR, DTB, SDAC, MPIT, PIT, POSS, SST, SST1)
CYCLE85	钻孔循环 1	CYCLE85 (RTP, RFP, SDIS, DP, DPR, DTB, FFR, RFF)
CYCLR86	钻孔循环 2	CYCLE86(RTP, RFP, SDIS, DP, DPR, DTB, SDIR, RPA, RPO
CYCLE88	钻孔循环 4	CYCLE88 (RTP, RFP, SDIS, DP, DPR, DTB, SDIR)
CYCLE93	切槽循环	CYCLE93 (SPD, SPL, WIDG, DIAG, STA1, ANG1, ANG2, RCO1, RCO2, RCI1, RCI2, FAL1, FAL2, IDEP, DTB, VARI)
CYCLE94	凹凸切削循环	CYCLE94 (SPD, SPL, FORM)
CYCLE95	毛坯切削循环	CYCLE95 (NPP, MID, FALZ, FALX, FAL, FF1, FF2, FF3, VARI, DT, DAM, _VRT)
CYCLE97	螺纹切削	CYCLE97 (PIT, MPIT, SPL, FPL, DM1, DM2, APP, ROP, TDEP, FAL, IANG, NSP,NRC, NID, VARI, NUMT)

参 考 文 献

[1] 秦启书．数控编程与操作．西安：西安电子科技大学出版社，2005.
[2] 数控仿真系统使用手册．上海：上海宇龙软件工程有限公司，2007.
[3] 申晓龙．数控加工技术．北京：冶金工业出版社，2008.
[4] 韩加好．数控编程与操作技术．北京：冶金工业出版社，2008.
[5] 韩鸿鸾．数控车削工艺与编程一体化教程．北京：高等教育出版社，2009.
[6] 吴新腾．数控铣削编程与考级．北京：化学工业出版社，2009.
[7] 张梦欣．数控铣床加工中心编程与操作．北京：中国劳动社会保障出版社，2008.
[8] 施玉飞．数控系统编程指令详解及综合实例．北京：化学工业出版社，2008.
[9] 沈建峰，黄俊刚．数控铣床技能鉴定考点分析．北京：化学工业出版社，2007.
[10] 陈华．零件数控铣削加工．北京：北京理工大学出版社，2010.
[11] 袁锋．数控车床培训教程．北京：机械工业出版社，2004.
[12] 吴光明．数控铣床/加工中心操作工技能鉴定．北京：机械工业出版社，2010.